图 解
珍藏版

日常养护
科学喂养

张思莱 / 著

科学育儿全典

张思莱

U0172740

中国妇女出版社

目 录

日常养护
科学喂养

— A —

— B —

— C —

— D —

— E —

急诊急救
疫苗接种

疾病防治

9

早期教育

推荐序一

张思莱是位多年从事公益的科学育儿普及工作的医生，虽已70多岁并已退休，但她十几年如一日地为年轻父母普及科学养育知识，走遍全国近30个省、区、市进行公益讲座。她用微博、微信这些互联网形式的新传播手段，为年轻父母解答养育难题。同时，她写作出版了多本育儿著作，累计达百余万字，其中有她自己养育外孙的经验总结，也有坚持不断为父母答疑的精华汇聚，都为父母科学养育子女提供了非常大的帮助。

中国妇女出版社近日拟出版《张思莱科学育儿全典（图解珍藏版）》一书，此书集中了日常养育常识、各类儿童疾病的识别与防治，还有对早期教育的讲解，相信一定能够给广大家庭带去切实的帮助和指导。有感于张思莱医生的社会责任感和专业精神，特作此序。

中国关心下一代工作委员会主任
第十届全国人大常委会副委员长
中华全国妇女联合会原主席

推荐序二

学习与爱是每个父母的天职

妈妈是我人生的第一位启蒙老师。妈妈热爱她的儿科专业，有崇高的医德和极致的专业精神，还有一颗充满爱和活力的心。在童年的记忆中，她是北京的儿科名医，绝对完美主义的强势母亲。后来，她是卫生部[1]"儿童早期综合发展项目"的国家级专家，千万年轻父母的育儿专家导师。20世纪90年代末开始，已经六十几岁的妈妈开始学习互联网规则，建博客、微博，成为新浪育儿大V全国冠军，仅2015年一年里，她的微博点击量就超过21亿次。70岁时，妈妈从零开始创建微信公众平台，学习新的规则与沟通方式，以原创内容和知识传播为重点，仅仅一年多已经拥有70万微信粉丝。2016年9月，她又开始学习直播这种新兴的互联网传播方式，第一次直播活动就有100多万次的点赞。世界卫生组织也专门给她发来感谢信，感谢她创新地利用数字化平台，有效传播、科普医学知识，纠正公众在医学领域的误区。在妈妈的背后，没有商业力量的运作，没有专业团队的扶植，也没有任何资本的介入，支撑她的只有对儿科专业的爱和专注，与充满活力的公益心。我也很想成为她那样的人，一生为理想和公益有着无限的精力和学习精神！

记得还在我怀孕的时候，我在美国亚马逊订购了英文版的《美国儿科学会育儿百科》，妈妈那时就在念叨，中国还没有这样全方位，适于家长检索、学习的专业儿科家庭典藏工具书。这就是《张思莱科学育儿全典（图解珍藏版）》的由来。这本书汇集妈妈40余年儿科临床经验，以及近20年全国巡回讲座、网上咨询和为几千万年轻家长答疑

1　本书内涉及的国家政策性文件较多，时间跨度较大，其间经历了相关部门名称的多次变更。为方便读者理解，2013年机构名称变更前的国家卫生部简称为卫生部，2013~2018年机构名称变更前的国家卫生和计划生育委员会简称为卫计委，2018年机构名称变更后的国家卫生健康委员会简称为卫健委。

解惑时所了解的育儿痛点问题。我非常幸运，有一位名医母亲，可以时时指导我科学育儿的方法，因为我也像其他年轻妈妈一样，在育儿过程中常常会有很多疑问和挫折感。我很爱看妈妈的书，她凭借几十年做儿科医生的丰富经验，再加上自己带外孙成长的亲身体验，还有近20年来每日跟上千万父母的零距离接触，将那些养育孩子必须知道的事情讲解得深入浅出、全面生动。妈妈的书，还像一个超级实用的工具箱，有最新的医学及养育的清晰指导，能让我们用知识一点点提升自己的观察力和判断力，以更科学、正确的方式去养育自己的孩子。学习与爱是所有父母的天职，让我们能够互相勉励，在爱与挫折中陪伴孩子一起成长。衷心希望她的新书可以切实地帮助广大新手父母！

麦肯锡资深董事　　　沙莎
Digital Mckinsey亚洲领导人

自 序

敬畏之心

考大学填报志愿时，我选择了自己最热爱的职业——儿科医生。在医院一线工作的几十年里，从初出茅庐的年轻主治医生，到经验丰富的儿科主任，我一门心思都倾注在临床医疗上。研究新生儿的各种疑难杂症，钻研中西医结合的用药疗法，严格规范儿科科室的工作流程，以及培养提升年轻医生、护士的专业能力和职业素养……工作中的种种方面，我都是一个不折不扣的完美主义者。

目前，中国约有200万具备行医资质的医生，其中儿科医生非常匮乏，造成在医疗人才储备上的巨大缺口。专家返聘去工作量较轻的特需门诊是退休主任医师最常走的路，院领导也多次诚挚地挽留我，希望我能返聘。我不禁思考，什么方向最能让我为儿科事业、为广大家长带来最大的价值？《黄帝内经》讲："不治已病治未病，不治已乱治未乱，此之谓也。"上古的智者提示医师，要注重预防，应该做到未病先防、已病防变、已变防渐。对！这就是我的重要使命，我要借助多年来儿科专业知识的积累，指导家长掌握科学育儿知识，让孩子少得病，生了病家长知道如何去处理，尽量减少去医院、吃药、打点滴的次数。从家长和孩子的实际需要出发，跨学科扩大各知识领域的融合，如幼儿心理、营养等，再结合医疗知识做全面的育儿知识普及。

我是一个急脾气，方向想清楚了就要马上开始行动。20年来，我在电视栏目里、网络上，以及全国很多城市坚持进行公益科学育儿知识的巡讲。为了和年轻的家长实时互动，解答大家的疑难问题，我先后学习、创建了自己的育儿论坛、微博、微信公众号，甚至开始尝试最新的网络直播节目。这些年来，我先后受聘于中国儿童少年基金会"和孩子共同成长"、中国关心下一代工作委员会"中国母婴健康成长万里行"的公益育儿专家，几乎走遍了全国各个省、市、自治区。在与家长的接触中，我深深感受到大家对科学育儿理论知识的渴求，并为能让千千万万的年轻父母少走弯路、给孩子一个健康幸福的人生而感到莫大的快乐。在公益活动的同时，我也完成了《张思莱育儿手记》《张思莱育儿微访谈》《张思莱谈育儿那点事儿》等畅销育儿书籍的出版，同时还帮助女儿、女婿一起照顾着两个外孙子。尽管工作生活十分忙碌，但我觉得每一天都过得很有价值，很有成就感。

在网络和全国各地的讲台上，我和大量85后、90后网友沟通互动，感觉很多年轻爸妈还没来得及进行备孕育儿知识储备和心理准备，就一下子跳入全新的人生阶段。一旦孩子出现一些问题，他们就手忙脚乱、狼狈不堪。于是，我想写出一本系统介绍科学育儿的科普书籍给年轻的家长们。这本书一定要成为一部实用的家庭工具书，通俗易懂而不艰深晦涩，能够体现儿科医学和育儿理论的最新成果，遇到问题时打开这本书就可以得到帮助。本着这样的宗旨，我用了整整一年的时间，整理编写各类问题，并根据国内外最近有关知识更新的主要内容，同时向各个专业的专家请教相关知识以充实重点章节。现在，这本《张思莱科学育儿全典（图解珍藏版）》终于可以和大家见面了。我真心希望它能够帮助大家科学育儿！

在我最爱的儿科领域，几十年来，自己的角色和贡献方式虽然改变了，但一直没有改变的是对专业学习的热情和对科学的敬畏之心。希望各位业内同人一起来指正，一起来合作，为我国的下一代创造最好的成长环境！

CONTENTS
目录

第一篇 日常养护

第二篇　科学喂养

CHAPTER 4
辅食添加与营养素补充

第 一 篇
日常养护

CHAPTER 1

新生儿

护理、筛查与异常

新生儿护理

准备宝宝的生活用品

Q 我现在已经怀孕8个月，是不是该给宝宝准备他出生后用的东西了？我该准备些什么呢？

A 宝宝的降生是家中的一件大事，为了妥善照顾这个小生命，家长确实需要提前为他准备一些生活必需品。总的来说，有以下5大类。

宝宝的床上用品

● 小被子2床（作为包被使用），大小为90cm×90cm，内胆使用包上纯棉白布的蓬松棉，并用缝纫机轧上3～4行棉线，防止洗涤时卷缩。同样尺寸的被套4

床，三边缝死，一边开口，为了换洗方便。再用以上材料做一个大一些的被子，因为1岁以内的孩子发育迅速，身长可以达到73～78cm。也就是说，根据孩子的情况，需要不断更换不同尺寸的被子（小月龄时的包被可以在宝宝长大后做盖被使用）。例如，宝宝再大一点儿可以准备100cm×100cm的被子和110cm×110cm的被子。

● 小枕头4个，2个装晒干的茶叶或者谷皮，2个装荞麦皮（自己清洗干净的），每个枕头高2～3cm，宽大约15cm，长33cm。之所以准备这么多枕头，是因为小儿出汗多，枕头套需要天天洗，枕头芯需要天天晾晒，这样才能保证枕头清洁、干燥。

TIPS：婴幼儿枕头的选择

美国儿科学会是不建议小婴儿使用枕头的，因为婴儿床上的枕头可以堵塞婴儿的口鼻而发生窒息。当孩子学会走路（一般是1岁后），腰椎向前凸起形成腰曲时，枕头高度可以为2~3cm。枕头宽度大约是孩子的双肩宽度。

枕芯材质的选择也很重要，最好选择荞麦皮或者谷皮（必须清洗干净），也可以选择晒干的茶叶。因为这些材质的枕芯软硬合适，透气性好，吸湿性强，并且可以清洗，对于爱出汗的婴幼儿来说尤为适合。过硬的枕头会磨损孩子的头发，形成枕秃，容易被误认为是佝偻病造成的。也不能选择过于松软的蓬松棉和鸭绒枕芯，这些材质容易引起小婴儿口鼻堵塞，导致窒息。

TIPS：不建议给宝宝睡席梦思床垫

孩子出生时脊柱从侧面看没有成人特有的弯曲，几乎是直的或仅稍向后凸。当孩子2~3个月左右开始俯卧抬头时，就说明颈椎前凸出现了。当孩子6个月练习坐时，胸椎后凸就逐渐形成了。当孩子10~12个月练习站立和走时，腰椎前凸形成。在这些阶段，弯曲不是恒定的，孩子仰卧时仍可伸平。席梦思床垫由于弹簧质量不一，过硬或过软都不利于孩子脊柱弯曲的形成，所以小孩子是不能睡席梦思床的。建议婴儿睡的床为木板床，上面铺上3~4cm厚的棉花褥子。

新生儿衣物

为宝宝准备衣物的总原则是越简单越好，容易打理、手洗或者机洗都可以的最佳。

- 3~4套婴儿连衣裤，裆部为搭扣的款式（拒绝使用开裆裤）。
- 6~8件婴儿上衣。
- 3件新生儿睡袋。英国DK公司出版的《DK家庭医生》指出，让宝宝睡睡袋最大的好处就是他不会把睡袋踢散。另外，英国婴儿死亡研究基金会建议，不要用带兜帽的睡袋，并且确保睡袋环绕宝宝颈部的部分大小合适，这样宝宝就不会滑到睡袋底部了。不要使用羽绒被式的睡袋，否则宝宝会太热。
- 2件婴儿针织线衣。
- 2顶婴儿帽。
- 4双婴儿袜子。
- 4条婴儿抱毯（抱被）。
- 1套婴儿毛巾（尽量选择连帽浴巾）。

新生儿餐具

产前，我们不建议提前给婴儿购置奶瓶、奶嘴或者配方奶，因为这些餐具和配方奶很容易动摇妈妈以及家人坚持纯母乳喂养的信念。

因特殊原因不能母乳喂养或经专业人士（如医生）评估母乳确实不够，需要采取人工喂养或混合喂养的新生儿、小婴

● 买一两件合身的衣服，剩余的衣服尽量买大一点儿。因为小婴儿前 6 个月尤其是出生后 3 个月内生长迅速，每个月平均长 3 ~ 4cm。

● 为了避免衣服干燥起静电对婴儿造成伤害，所有的衣物都需要使用防静电洗衣液清洗，清洗时应该严格按照衣物的清洗说明操作。严格来说，婴儿衣物都不能用肥皂洗，因为肥皂可能把防静电洗衣液保护成分洗掉。

● 保证连衣裤有裆处的开口（有搭扣），在换尿布时方便操作。

● 注意不要购买那些脖颈、胳膊和腿部比较紧的衣服，以及带有领带、领结及绳子的衣服，这些衣服不仅存在安全隐患，而且孩子穿起来也不舒服。

● 不要给新生儿穿鞋。在孩子可以走路之前，鞋子都不是必要的，如果穿得过早，可能影响足部的发育。袜子和连脚睡衣如果对孩子来说太小，也会影响孩子足部的发育。

● 衣物的材料应该柔软、舒适，缝合处不能坚挺、过硬。选购白色或贴近肤色的浅色服装为最佳，颜色鲜艳的衣服有可能甲醛或者铅含量高。最好是全棉质地的。购买儿童衣物要到正规商店，买带有标识和使用说明齐全的产品。

● 所有的衣物在给宝宝穿之前，都应该用开水烫洗并在太阳下曝晒杀菌后再穿。宝宝的衣服最好用专用盆单洗、手洗，而且应该选用含天然植物成分的婴儿专用肥皂或者婴儿专用洗衣液，并漂洗干净，在阳光底下晾晒或者用烘干机烘干。

● 其实，孩子穿旧衣服也有一些好处，因为别人穿过的衣服在柔软性、舒适性等方面胜过新衣服，宝宝皮肤特别娇嫩，会更适应旧衣服。另外，洗涤多次的旧衣服基本上消除了甲醛、铅等安全隐患，可以放心使用。需要注意的是，父母要挑选健康孩子的旧衣服，并多洗两次确认消毒后再给孩子穿。

儿，建议准备如下餐具：

● 4个120mL的小奶瓶，4个260mL的大奶瓶。

● 10个0~3个月婴儿用硅酮橡胶奶嘴，10个3~6个月婴儿用奶嘴。要选择奶嘴眼扎得偏一些的奶嘴，因为孩子在吸吮时，如果奶嘴眼在正中央，吸出的液体直射咽部，孩子的吞咽动作不协调，很容易呛着孩子。因此，最好在奶嘴顶部两侧偏离中轴45°的地方扎2个小孔，这样不容易呛着孩子。

新生儿洗浴用具

● 给孩子准备浴盆最好选择盆沿宽、有防滑条纹的，盆底最好是平的，这样家长在给孩子洗澡时可以支撑住自己的胳

挑选奶瓶注意事项

●奶瓶的透明度：无论是玻璃还是塑料材质的奶瓶（不含双酚 A），优质奶瓶的透明度都很好，可以看清瓶内的奶或水。瓶上的刻度也要十分清晰、标准。

●奶瓶的硬度：优质的奶瓶硬度高，手捏不容易变形。质地过软的奶瓶，在高温消毒或加入开水时会发生变形，还可能会渗出有毒物质。

●奶瓶的气味：劣质奶瓶打开后闻起来会有一股难闻的异味，而合格的优质奶瓶是没有任何异味的。

●奶瓶的耐用性：奶瓶需要经常清洗，所以要选择经久耐用的。

●奶瓶是否容易清洗：不规则形状的奶瓶通常较不容易清洗。

●奶瓶的材质：

1. 玻璃奶瓶材质安全，耐高温，不容易被刮伤，容易清洗，使用寿命比较长，但是瓶身比较重，容易碎，所以更适合在宝宝需要妈妈拿着奶瓶喂奶的阶段使用。到了宝宝能够自己捧着喝的时候，就不适合了。

2. 塑料奶瓶的材质较轻便，容易携带，也不容易摔碎（但需要注意不含双酚 A 成分），适合外出时使用。当宝宝能捧着奶瓶喝奶时，推荐使用塑料奶瓶。其缺点是容易留有奶垢，清洗起来不方便。

●奶瓶的口径：分为标准和宽口两种。宽口径设计的奶瓶，在调乳时奶粉不容易撒出来，清洗起来比较方便，使用更便利。

●奶瓶的容量：市面上比较常见的容量有 125mL、150mL、200mL 和 250mL，不同的制造商数字会稍有差异。也有小于 100mL 的小奶瓶或者大于 300mL 的超大奶瓶。家长可以根据宝宝的食量和用途来挑选。容量小的奶瓶适合小月龄的宝宝，也可以用来喝水或果汁；容量大的奶瓶适合大宝宝，也可以装辅食。通常情况下，120 ~ 150mL 和 250mL 的奶瓶是使用率最高的。

挑选奶嘴注意事项

●奶嘴材质：

1. 天然橡胶材质的奶嘴富有弹性，很柔软，宝宝吸吮起来的口感更接近妈妈的乳头。缺点是奶嘴边缘软，旋紧的时候容易脱位、渗漏，而且有橡胶特有的气味，有些宝宝可能不喜欢。

2. 硅胶、合成橡胶材质的奶嘴比起乳胶的要硬，但不易老化、抗热、抗腐蚀、无臭无味，没有渗漏的问题。缺点是，有的宝宝吸吮时可能会产生排异感。

●奶嘴形状：奶嘴形状分为圆形和大拇指形两种。大拇指形或者说扁圆形的奶嘴，是根据宝宝吸吮妈妈乳头时，乳头被挤压后的形状来设计的，接近乳头的感觉，宝宝的接受度更高。

●奶嘴孔：宝宝的吸吮力和吸吮方式各有不同，不同形状的奶嘴孔，奶液的流速也会不同，适合不同的宝宝。

1. 圆孔形（图 1）是最常见的类型，奶水会自动流出，宝宝吸吮起来不费力，适合无法

图1

吮力来控制奶水的流量，不容易漏奶，而且孔口偏大，可以用来喝果汁、米粉或其他粗颗粒饮品，适合各个年龄段的宝宝。

4.家长也可以自己开口。选择距离奶嘴端原点两侧，与轴线呈45°的地方，待烧红的针在空气中降温后，扎两个小孔（图3）。注意不能在中心垂直扎孔，以避免宝宝因吞咽动作不协调而呛奶。

控制奶水流出量的小宝宝。

2.孔形大小一般分为S、M、L3种。小圆孔适合喝水，中圆孔适合喝奶，大圆孔则更适合用来喝半流质食物。

3.十字形孔型（图2）可以根据宝宝的吸

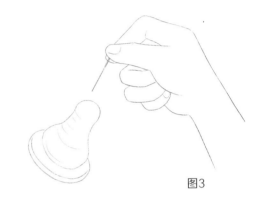

图3

图2

（以上部分内容摘自新浪亲子中心与《完美孕妇》杂志合作版）

膊，不会感到劳累，而且也安全。

●防滑地垫。如果打算给孩子盆浴，就要准备防滑地垫。

●温度计，可以检查水温，范围在35～38℃。也可以用肘部测水温，感到水温是暖而不热的最佳。

●柔软的绒布或者海绵。

●1个小的洗屁股盆和1个小的洗脸盆，方便日常清洁时使用。

●准备婴儿专用洗浴和护肤用品，要考虑到宝宝的皮肤十分娇嫩，应该为他专门准备儿童用的洗发水、沐浴露、婴儿用润肤油、护臀霜等。

●浴巾（2～3条）、毛巾、口水巾，要用棉质或纱布质地的，吸水性比较好，也比较柔软。

●有条件的可以预备一个带盖的尿布桶，把脏的尿布收集起来一起清洗。

其他用品

●婴儿衣物专用洗涤剂，如专门清洗宝宝衣物的肥皂、洗衣液等，成分比较天然，不容易刺激宝宝的皮肤。

●奶瓶刷、奶嘴刷、清洗奶瓶的清洁剂和蒸汽消毒锅（可用开水煮沸10分钟进行消毒）。

●婴儿专用指甲刀。

●婴儿梳子。

●围嘴（也称口水巾）。

●6个月以内的宝宝建议购买宽檐遮阳帽以及能够遮挡太阳光的浅色长袖衣和裤子，以避免外出阳光直晒。

●防晒霜选择防晒系数（SPF）30的为好。

宝宝房间的布置

 我是一位准妈妈，正在布置孩子的房间，我该如何购置孩子房里的装备？准备时还有什么需要注意的事项吗？

A 孩子的房间要以简洁安全、便于护理为原则进行布置。

室内物品的选择

| 婴儿床 |

选择安全的婴儿床十分重要，因为孩子有时会在无人照料的情况下一个人躺在床上。婴儿床栏的间隔必须小于5cm，以防止婴儿的头或者腿、躯干伸出而发生意外。材质要选择木质的，不会像金属材质那么冰凉，孩子摸起来也舒服。床的大小根据房间的大小情况决定。床头和床尾应该是光滑的床板，不要有雕刻和镂空花纹。床的四边和床头、床尾的床板一样高矮，外表光滑，不要有毛刺等，防止刮伤和钩住孩子的皮肤和衣物。床四周的护栏要固定。婴儿床最好使用带拉链床罩的（必须除去外包的塑料）、结实且偏硬、符合婴儿床内部尺寸的床垫（杜绝软床垫）。护栏的最佳高度是50～70cm，这样当孩子学会扶着站立的时候，不会从栏杆上方翻下来，以防止孩子发生意外。当

TIPS：不能用电热毯给婴幼儿保暖

婴幼儿的体液量相比成人多，而且年龄越小，体液量越多。新生儿体液总量约占体重的80%，1个月后约占75%，婴幼儿约占70%，成人是60%。由于小婴儿的新陈代谢旺盛，需要的水分也较多。孩子每天通过食物和饮水来补充身体所需要的水分，每天也通过大小便、出汗、呼吸从体内排泄出一部分水，肾脏在调节体液的平衡上起着主要的作用。由于电热毯不能很好地控制温度，高温的蒸发造成婴幼儿大量出汗或从呼吸的过程中大量丢失水分，而婴幼儿的肾脏因为发育不成熟，其调节机制相对较差，不能大量回收尿中的水分，这样容易造成孩子脱水。同时，由于丢失大量体液，孩子呼吸道黏膜会变得干燥，抵抗病原体的屏障作用减弱，容易引发疾病。环境温度过高，孩子大量出汗后，也容易受凉引发疾病。更何况由于电热毯质量的差异，孩子尿后若引起渗漏也容易导致电路短路，出现意外情况。所以，不能给孩子用电热毯，还是选择其他的取暖方式为好。

孩子在床上时，床栏要始终竖起来，确保锁住且坚固，孩子无法打开。婴儿床所有的部件一定要选用原配套的部件，安装牢固，以防止由于孩子活动，婴儿床散架。孩子长到90cm高时就要换婴儿床了。婴儿床不要使用床围，以预防意外发生。婴儿床上不要放被褥、枕头、衣物以及孩子玩的毛绒玩具。如果床上挂有床铃，一定要安装坚固，确保孩子无法拽下，同时建议床铃每周调换左右位置。孩子5个月大时就要去掉床铃。另外，不要把婴儿床安置在靠窗的地方，也不要在婴儿床上方悬挂画框等物品，更不能有电线插座。

|尿布台|

如果经济条件允许也可以选择一个结实稳当的尿布台，这样给孩子换尿布、换衣服时不但方便，也避免弯腰的劳累，同时还可以收纳尿布、衣物以及其他护理用品。尿布台的护栏表面要光滑，不要有毛刺，也不要有镂空或雕刻。尿布台同样也不要放在窗户下面（屋内所有的家具都不要放在窗户下面）。尿布台上方不要悬挂画框，周围不要有电线插座。尿布台四周围栏应该高于5cm，其台面中间略有凹陷。尿布台的垫子不要太厚，要将上面的塑料套去掉，然后套上侧面有拉链的布套。尿布台下面最好有伸手可及的两个抽屉，其中一个抽屉可以存放尿布和清洁护理的用品（最好放在一个无盖的盒子里），另一个抽屉可以放置孩子的衣物。尿布台旁边是尿布桶。家长在换尿布时，可以很方便地拿出清洁护理用品的盒子，放在尿布台的一角，距离上最好不要让孩子够到。这样就可以在尿布台上很方便地给孩子换好衣服或者尿布，将换下的脏尿布随手扔进尿布桶中（请及时清理尿布桶内污物）。需要注意的是，一定不要将孩子独自留在尿布台上，即使是很短的时间也不可以，因为意外就发生在瞬间。所以，一定要将孩子所使用的物品都准备好，然后再将孩子抱在尿布台上操作。

|其他|

儿童房间所有的电线插座都要有安全塞，所有的电器用品用完后一定要拔下开关插头。儿童房间不要使用门锁，防止孩子从内锁上门。房间内不要有细小的物品，如纽扣、别针、小珠子、电池和螺钉等，防止孩子吞咽。

保证室内环境的清洁

婴儿房间最好是向阳而且近期没有装修过的房间（防止装修污染对孩子的伤害），室内所有的物品包括窗帘等都应该保持干净无灰尘。窗帘不要有拉绳，以防勒住孩子引起窒息。室内最合适的温度为20℃～24℃，最适宜相对湿度为50%～65%。如果屋内空气比较干燥，可以使用加湿器，但是需要定期清洗加湿器的水箱。

虽然近些年人们对环境空气质量的关注度不断提高，但是对于室内空气污染问题以及室内空气污染对人们健康所造成的严重危害认识得还不够。人们往往只关注装修的污染问题，但这只是室内污染的冰山一角。室内空气的污染源主要来自4个方面：建筑材料、家电、取暖设备和做饭时产生的烟尘。室内空气中的化学污染物

依次为苯、一氧化碳、甲醛、二氧化氮、氡、三氯乙烯等9种物质。

室内首要污染物是苯，这种广泛在建筑材料中尤其是油漆饰料中使用的化学物质，对人类健康具有最大的杀伤力。苯可致癌，尤其会导致白血病。极其微小数量的苯就会产生危害。安全的环境中不应该有苯存在。

排在第二位的是一氧化碳，其安全标准是每立方米中低于0.7mg，时间限度为24小时。超量的一氧化碳会导致运动能力下降和缺血性心脏病的风险增加。

排在第三位的是甲醛，其安全标准是每立方米中含量低于0.1mg，时间限度不超过30分钟，超量或超时则会损伤肺部功能，并可能患上鼻咽癌和白血病。

2014年，第五届上海国际室内环境技术论坛谈到，有数据表明，大气中的颗粒物对室内渗透率高达30%～70%，其中0.1～1μm入肺颗粒物渗透率更高，室内要比室外高5～6倍。同时，世界卫生组织已把室内空气污染列为18类致癌物质之首。所以，室内空气污染是一个最容易被忽视的人类健康威胁，它被美国国家环境保护局（EPA）视为人类第四大污染威胁。

有一位爸爸曾谈到他装修房子后便结婚生子，结果孩子刚5个月就患了急性白血病，当孩子经过近2年的化疗，病情趋于稳定后再测屋内的甲醛，仍然超标1

倍多！可见当初他们结婚时屋内甲醛超标更高，导致孕妈妈、胎儿（婴儿）受害。孩子的父亲用自己的经历告诉大家，人们是如何犯下错误使自己的孩子患上恐怖的疾病。

如果您居住的地区有比较多的雾霾天气，最好购置适合自己房间大小的空气净化器以保证屋内的空气洁净。

附1
世界卫生组织发布《室内空气质量指南》中的5大污染物

2010年12月15日，世界卫生组织（WHO）在总部瑞士日内瓦发布了《室内空气质量指南》报告。这是该组织首次公布对身体健康产生影响的室内空气有毒物质的量化标准。2015年10月17日，世界卫生组织下属国际癌症研究机构发布报告，首次指认大气污染对人类致癌，并视其为普遍和主要的环境致癌物。虽然空气污染是作为一个整体致癌因素被提出，但它对人体的伤害可能是由其所含的几大污染物同时作用的结果。

● PM2.5（大气中直径小于或等于2.5μm的颗粒物），致癌/毒性指数：★★★★★

2010年，室外空气中颗粒物污染成为全球第七大死因，中国第四大死因。全球超过300万人死于该污染引发的各种疾病，其中中国有123万多人因此死亡，2400多万人减寿。每年有近200万过早死亡病例与PM2.5等颗粒物污染有关。在欧盟国家中，人类活动产生的PM2.5使人均期望寿命减少8.6个月。由此可见，PM2.5对人的影响要大于其他任何污染物。

● PM10（大气中直径小于或等于10μm的颗粒物），致癌/毒性指数：★★★★

PM10中除了包含PM2.5这样的细颗粒物，还包括一些直径介于2.5μm和10μm之间的颗粒，这些颗粒有的沉积在上呼吸道，有的进入呼吸道的深部，但无法进入细支气管和肺泡，故危害程度不及PM2.5，但仍属于空气污染的主要危害。

● 臭氧，致癌/毒性指数：★★★

每年全球有70万人死于因臭氧导致的呼吸系统疾病。若干项欧洲研究报告称，对臭氧的暴露每增加10μg/m³，日死亡率上升0.3%，心脏病增加0.4%。目前，臭氧是欧洲最令人关切的空气污染物之一。

● 二氧化氮，致癌/毒性指数：★★

流行病学研究表明，哮喘儿童发生支气管炎症状的增多与长期接触二氧化氮有关。目前，在欧洲和北美一些城市中，肺功能减弱现象的增加也与测量（或观察到）的二氧化氮的浓度有关。

● 二氧化硫，致癌/毒性指数：★★

研究表明，在空气中二氧化硫水平较高的日子里，因心脏病去医院就诊的人数增多，死亡率增长。当二氧化硫与水结合会形成硫酸。硫酸是酸雨的主要成分，是造成树木死亡的原因。

如何避免小儿受空气污染影响

世界卫生组织和美国国家环境保护局公布的研究文献指出，室内环境空气污染的水平一般比室外环境污染高得多，通常为2~5倍，极端情况下可超过100倍。而人们90%的时间是在室内活动的，尤其是婴儿和小孩比成年人呼吸更多空气（按呼吸量/体重比计算），故他们会接触和吸入更多的室内污染物。儿童是室内空气污染受害最严重的特殊群体。美国加州环保局空气资源委员会（CARB）书面文件显示，短期和长期颗粒物暴露会导致有害的健康影响。更令人震惊的是，美国加州环保局空气资源委员会儿童研究数据分析显示，从长远角度来看，它还对儿童健康有影响。该研究显示，在颗粒物严重污染的社区，儿童的肺部发育比较慢，并且运送空气的效率没有洁净空气社区儿童的肺部高。

婴幼儿出生后必须由成年人来照顾，由于体内各个组织系统发育不成熟，他们还不能左右自己的活动范围或者行为，被动地由看护人限制在室内活动，而且绝大多数时间都生活在室内。由于婴幼儿个子矮小，比成年人的身高低很多，而一些污染物质往往沉积在地面，使他们更容易受到吸入颗粒物等污染物的伤害，吸进有害的气体就会更多。由于婴幼儿每千克体重吸入的空气量比成年人多——他们的呼吸更快、运动量更多并且身体更小，而且儿童的免疫系统尚未发育成熟，都会使他们比成年人更容易发生颗粒物风险。

孩子不但可以通过呼吸道吸进污染的空气，还会通过皮肤接触、吸吮、啃咬等方式接触室内的各种污染源，如建筑材料和家电释放出来的有毒物质、取暖设备和做饭时所产生的烟尘污染。婴幼儿还多了一条接触的途径，即通过对玩具和物品的吸吮和啃咬吃进污染物，以及接触家长皮肤上的化妆品而获得。但是，婴幼儿用于解毒的肝脏和排毒的肾脏发育不成熟，功能不健全，对于进入体内的各种室内污染物质不能很好地解毒和排出体外，因此他们是受室内污染空气伤害更严重的人群。

尤其是我国大部分地区一旦进入严寒的冬季，人们绝大多数时间是生活在空调、暖气和燃烧固体燃料的密闭房间内避寒。家长往往为了避免孩子受冷挨冻，更是不让幼小的孩子去户外活动，这样室内过高的温度、众人呼出的二氧化碳、燃料燃烧所释放出的一氧化碳，以及家长吸烟都会造成室内空气严重污染。同时，室内因为装修而释放的挥发性有机物，像苯、甲醛等有害气体，高温引起的空气湿度下降，家电释放出的有害气体，以及做饭时无论是燃气灶还是固体燃料燃烧后所产生的烟尘废气等，都会充斥整个房间，加之密闭的室内空气不流通，所有的污染物会长期滞留在房间内，婴幼儿毫无疑问会百分百地吸进或者接触这些污染物质。这严重地危害了婴幼儿的健康，造成孩子抵抗力下降，呼吸道疾病频发，如咳嗽、打喷嚏迁延不愈等，过敏性疾患（无论是呼吸道还是皮肤）也时有发生。世界卫生组织在2012年发布关于化学品对人类健康影响的报告中指出，在过去20年里，小儿哮喘的患病率增长了一倍以上，是目前儿童住院和旷课的主要原因。据在10个欧洲城市进行的新研究估计，14%的慢性儿童哮喘由繁忙路段附近的交通污染暴露引起。

据2015年1月7日《生命时报》报道，日本福冈大学学者进行的一项调查表明，暴露于二手烟中会让孩子更容易患上蛀牙。日本牙科专家亦称，儿童吸二手烟长蛀牙。研究人员发现，二手烟对儿童口腔菌群和乳牙发育的矿化过程会产生不良影响，并通过影响唾液腺的发育和功能，降低唾液的生成和有效性。此外，二手烟往往增加了环境中镉元素的含量，减少体内维生素C含量，削弱了孩子免疫系统的功能。二手烟还会引起鼻塞，增加了孩子用嘴呼吸的时间。

建议如下。

1.在没有雾霾的天气，每天上下午定时开窗通风换气，保证每天不少于2次，每次不少于30分钟，以确保屋内空气新鲜。开窗通风是室内空气消毒的最好方式之一。

2.在没有雾霾的天气，让孩子多做一些户外活动，尤其是空气浴和日光浴等训练，对于婴幼儿来说尤为需要，因为这是增强孩子抵抗力、获得维生素D的最好途径。

3.合理使用家用电器。屋内建议使用空气净化器、绿色植物帮助净化空气，同时还可以增加屋内的湿度，如使用加湿器或者摆放水盆、湿毛巾、衣物等。

4.不要带孩子去人口密集的公共场所，杜绝接触带有更多病原体的环境。

5.年轻的妈妈在接触孩子时，尽量减少化妆品、染发剂的使用，减少婴幼儿接触污染的机会。如果家中有客人来看宝宝，他的身上可能携带一些细菌污染空气，这些细菌对于成年人可能不会引起疾病，但是对于抵抗力低下的新生儿来说，可能会带来严重影响。尽量减少孩子的会客时间，并且定下一个原则，即"许看不许摸"。而且，每次客人走后必须马上开窗换气，保证室内空气新鲜。另外，家里人外出回来，必须换上在家穿的衣服，以防将外面不清洁的东西带回家。

6.在冬季阳光明媚的日子尽量带婴幼儿做户外活动，不但可享受冷空气浴和日光浴，进行寒冷训练，也可以通过户外活动让孩子亲密接触大自然，增长见识，活化孩子的大脑，提高他的认知水平。

7.孩子所用物品和玩具要及时清洗及消毒。勤给孩子洗手，杜绝污染物从口入。

8.如果家中有吸烟的家长，请勿在家吸烟，回到家中要将外衣换掉，洗干净手，尽量减少二手烟和三手烟对孩子的伤害。

新生儿的分类

Q 我的孩子是37周出生的，体重2400g，医生和护士说我的孩子是足月低体重儿。而我邻床的孩子是33周出生，出生体重也是2400g，却称适于胎龄儿。这是为什么？

A 新生儿分类是根据出生胎龄、出生体重、出生体重和胎龄关系、出生后周龄这4项来分类。

根据出生胎龄分类

足月儿是指出生时胎龄≥37周且<42周，早产儿出生时胎龄≥28周且<37周，极早早产儿出生时胎龄≥22周且<28周，过期产儿出生时胎龄≥42周。

根据出生体重分类

正常出生体重儿出生体重在2500~3999g，低出生体重儿是体重<2500g，极低出生体重儿是体重<1500g，超低出生体重儿是体重<1000g，巨大儿是体重≥4000g。

根据出生体重与胎龄关系分类

适于胎龄儿是出生体重在同胎龄平均体重的第10~90百分位；小于胎龄儿是出生体重在同胎龄平均体重的第10百分位以下；足月小样儿胎龄已足，但出生体重<2500g；大于胎龄儿出生体重在同胎龄平均体重的第90百分位以上。

根据出生后周龄分类

早期新生儿是指出生一周以内的新生儿，晚期新生儿是指出生后第2~4周的新生儿。

高危新生儿是指已经发生和可能发生危重情况的新生儿，如母体孕期存在着高危因素，出生过程中存在着高危因素，胎儿或新生儿存在着高危因素。

生长发育指标的测量与生长发育曲线

Q 我们这个地区的保健是通过测量宝宝身长、体重、头围，标示在生长发育曲线图上，来比较孩子每个阶段发育的情况。怎么测量这几个指标？如何通过这张图来了解宝宝发育的情况呢？

A 正常的小儿生长发育是遵循一定的规律持续进行的，其身长、体重、头围是衡量是否正常发育的一个十分重要的客观指标。而要了解宝宝生长发育是否正常，掌握孩子的自身生长发育规律，这就要利用生长发育曲线了。下面，我就详细给大家介绍。

生长发育指标的测量

|体重|

测量孩子体重应该选择在合适的室温下，一般在进食后1小时，排完大小便，脱去全身衣帽（仅留背心和短裤）后进行。注意每次测量应在同一时间段、同一条件下进行。小婴儿卧在秤盘中；1～3岁的孩子可以赤足站在画好脚印的踏板上，双手自然垂直，不能摇动和接触其他物体，以免影响准确性。生后6个月内，每半个月测量一次，病后恢复期可增加测量次数；7～24个月，每2～3个月测量一次；2～3岁，每3个月测量一次。

目前，常用体重计算公式为：1～6个月时体重=出生体重+月龄×0.7kg；7～12个月时体重=6+月龄×0.25kg。1岁以后的平均体重：城市为年龄×2+8kg；农村为年龄×2+7kg。（注：家中体重秤可能有100g误差，医院婴儿体重秤大约是10g误差。）

|身长|

3岁以下小儿测量卧位身长时，应脱去鞋袜，仅穿单裤（或不穿），仰卧于量床底板中线上。然后，一个成年人固定头部使其接触头板。孩子面向上，两耳在同一水平上，两侧耳珠上缘和眼眶下缘的连接线构成与底板垂直的想象平面。测量者位于小儿右侧，左手握住孩子两膝，使双下肢互相接触并紧贴底板，右手移足板，使其接触两侧足跟，双侧有刻度的量床应注意两侧读数要一致。3岁以上的孩子测量时脱去衣帽和鞋，仅穿背心和短裤，取立正姿势，两眼正视前方，胸部稍挺起，腹部微后收，两臂自然下垂，手指并拢，脚跟靠拢，脚尖分开约60°，脚跟、臀部和两肩胛角间几个点同时靠在立柱上。待校正符合要求后，读取立柱上所示数字。

新生儿身长：男孩平均50.2cm，其中95%在46.8～53.6cm；女孩平均为49.6cm，其中95%在46.4～52.8cm。生后3个月内每月平均增长3～3.5cm，3个月共约10cm；4～6个月每个月平均增长2cm；7～12个月每个月平均增长1～1.5cm。第一年小儿共增长约25cm，1岁时身长大约是75cm。第二年约长10cm。1岁以后也可以用以下公式计算出身长的大概数值：身长＝［（年龄×5）+80］cm。

|头围|

3岁以内的小儿应常规测量头围。小儿取立位、坐位或卧位，测量者立于被测量者的前面或右方。用右拇指将软尺零点固定于小儿头部右侧，软尺齐小儿眉弓上缘处，经枕骨结节绕头一周。测量时应将软尺紧贴皮肤，左右对称。头发长者应将头发在软尺经过处向上、向下分开。

新生儿平均头围，男孩33.9cm，女孩33.5cm。新生儿头围比胸围大1～2cm，前半年约可增8～10cm，后半年约增2～4cm，1岁时头围大约是46cm，第二年时头围约增长至48cm，5岁时头围约为50cm。

以上测量的数据个体差异比较大，但需要注意，疾病、营养、生活环境、遗传、运动和精神状态等都会影响以上检查的数据。

生长发育曲线的使用

生长发育曲线是通过检测众多正常婴幼儿发育过程后描绘出来的，整个曲线由若干条连续曲线组成。根据百分位生长发育曲线图，最下面的一条曲线为3%，意思是将有3%的婴幼儿低于这一水平，可能存在生长发育迟缓；最上面的一条曲线为97%，意思是将有3%的婴幼儿高于这一水平，可能存在生长过速。这两种情况都应该引起关注。中间的一条曲线为50%，代表平均值。可以通过生长百分位曲线图来了解宝宝生长情况。欧美等国家都广泛采用百分位生长曲线图对孩子体格发育进行综合评价。目前，我国很多医院的儿科和儿保科医生也在采用将宝宝某个项目（如体重、身长、头围）的生长数据指标为纵坐标，以年龄为横坐标绘制成的曲线图。每次测量宝宝的身高、体重、头围后，对照年龄列，按照测量的数字画上一点；连续测量几次后，将这些点连接起来的曲线就是生长曲线图。百分位是指，以100个孩子来计算，由低到高排列，若孩子的体重、身长及头围等的测量值，均落在同一年龄的3百分位至97百分位之间（包括落在3百分位或97百分位），且当年龄增加时，沿着同一曲线向上移动，则为正常。只要曲线落在正常范围，且一直都沿着曲线往上走就是标准的。而第50百分位是平均值。如果宝宝的百分位曲线在正常走势时突然下降，说明孩子出现了一些问题。由此可见，生长曲线可以直观、快速地了解宝宝生长的情况，通过连续追踪观察可以清楚地看到生长的趋势和变化情况，及时发现生长偏离的情况，以便及早找出原因并采取相应的措施。

目前，世界卫生组织对婴幼儿生长发育状况评价采用的是Z评分。自2006年世界卫生组织启动新的儿童生长标准Z评分以来，它已被140多个国家采用。新标准的建立以母乳喂养作为生物学规范，以母乳喂养婴儿为生长和发育的标准。原来的参考图表大部分以喂养婴儿配方奶粉的婴儿生长为基础。不同于原来的国际参考以一国儿童（美国儿童）为基础，世卫组织婴儿生长标准针对的是全世界儿童。世界卫生组织生长标准是家长、看护者、卫生工作者、政策制定者和倡导者监测儿童健康生长的必要衡量和评估工具，确保及时筛查、治疗和建议，并遵守适当的营养做法。

Z评分采用的是一个统计学指标，即将身长（身高）、体重和体质指数（BMI）Z评分应用于0～5岁儿童营养与健康状况的评价。根据中国营养学会妇幼分会编著的《中国孕期、哺乳期妇女和0～6岁儿童膳食指南》解释：Z评分是将某个儿童测量的数据与推荐的理想儿童群体的数据进行比较，若该儿童的生长数据高于这个群体一般水平，则Z评分为正值，反之则为负值。Z评分的绝对值越小（最小为0），说明该儿童的生长状况越接近一般水平，Z评分的绝对值越大，说明该儿童的生长状况越好或者越差。有关0～5岁儿童各项生长数据Z评分的详细内容请参见本书"附录"相关内容。

例如，孩子出生6个月内每2周测量一次身长（身高）、体重，在生长发育曲线图上标识，然后连成一条线，如果其曲线在正常范围内平稳上升，就视为正常。如果突然升高超过正常范围值或者低于正常范围值，就要找出原因，采取相应的措施补救。需要注意的是，每次测量应该选择相同的时间，吃奶（吃饭）后1小时，排空大小便，脱掉衣服，仅留内衣和内裤进行测量。这样测量的数据才准确并具有可比性。

让宝宝受益终身的第一次拥抱

Q 宝宝一出生，马上就被护士抱走了，但是我听别人说应该尽早接触宝宝，给他拥抱和爱抚，是这样吗？

A 前任世界卫生组织驻华代表施贺德撰写过评论文章《妈妈的第一次拥抱，孩子的终身礼物》，同时指出，中国每年有15万新生儿死亡，这让人扼腕，因为其中2/3都可以预防，干预措施方便而便宜，比如第一次拥抱。文章指出，孩子出生后，首先应尽快擦干，接着马上抱还给母亲，实现出生后第一次拥抱。世界卫生组织提出的出生后第一次拥抱，其实就是我们谈到的早接触，即肌肤接触。宝宝刚从温暖的子宫里出来时极为脆弱，产房里有各种风险，如寒冷（低体温）、有害细菌等，很容易引起刚出生的孩子不适应，产生不安全感。

近来科学家认为，母子之间最早的皮肤接触，有助于建立早期的依恋关系，再经过一段时间的相互作用，才能形成牢固的依恋关系。母子间最初皮肤接触时间的早晚比早期接触的绝对时间长短更重要，这是因为产妇体内雌激素作用可能产生最强烈的感情，促使她去关心自己的孩子，有利于形成早期依恋。如果不利用，激素的作用就会消失。所以，现在要求孩子在出生半小时内进行皮肤接触，吸吮初乳。我们原来的护理程序与自然母性背道

TIPS：为了宝宝的健康，请勿亲密亲吻宝宝

正常成年人的口腔内含有大量的细菌，每颗牙齿大约含有上亿个细菌、病毒等微生物，舌面含有的细菌和病毒更多，其中致病的细菌和病毒含量并不少。对于成年人来说，由于机体抵抗力比较强，致病的细菌和病毒受到制约，可能不会引起成年人生病，但是这些细菌或病毒会潜伏下来，而人体就成为这些有害细菌或病毒的终生携带者。一旦亲密亲吻婴儿，这些致病细菌或者病毒等有害的微生物就会随着唾液传递到婴幼儿口腔内或者皮肤上，而婴幼儿免疫机制发育不成熟，不能抑制这些有害细菌或病毒，就很容易引起疾病，如引起孩子产生龋齿的变形链球菌，引起胃、十二指肠溃疡病的幽门螺杆菌，引起传染性单核细胞增多症的EB病毒，引起疱疹感染的单纯疱疹病毒等，均能通过唾液亲密接触感染。尤其是有些感染对于免疫缺陷的婴幼儿来说，可能会引发全身性疾患，甚至危及生命。另外，如果成年人有皮肤感染、吸烟、口腔疾病，处于感冒潜伏期、腹泻、其他传染病的潜伏阶段，或者使用化妆品，都会随着亲吻而贻害孩子。如果你爱孩子，请不要亲密亲吻孩子！

而驰，宝宝一出生往往就被抱离母亲的怀抱，以便医护人员开展新生儿体检等重要工作。这些工作虽然重要，但顺序不对。

目前建议新生儿擦干净身体后即刻与妈妈肌肤进行亲密接触，即医生一直提倡的"早接触"。孩子出生后脱离母体成为一个独立的人，开始哭、睁眼以及发生觅食反射，会自觉地寻找妈妈的乳房，并接触妈妈乳房尝试进行吸吮，然后入睡。这是任何哺乳动物都需要完成的一个过程。通过"第一次拥抱"，孩子会更容易安抚，获得情感上的满足，自我调节能力会更强。据统计，凡是没有经历这一过程的新生儿，其哭闹的次数要比经过早接触的孩子高10倍，这样的孩子更容易产生焦虑情绪。第一次拥抱不但促进母亲激素分泌，促进宫缩和胎盘的娩出，而且接触妈妈的肌肤有利于新生儿建立免疫屏障。

调整后的程序应该为：

1.第一时间为宝宝擦干身体。

附

袋鼠养育（KMC）

袋鼠养育主要是针对早期新生儿的一种抚触护理方式，推荐其作为出生体重≤2000g或低出生体重儿常规护理方式。在医疗机构里，新生儿临床状况稳定后就应该进行袋鼠养育。具体方法是，早产儿俯卧于母亲或父亲胸前，使两者皮肤充分接触（图4）。这种皮肤接触能使早产儿保持体温及生命体征稳定，促进其中枢神经系统发育，帮助早产儿与父母建立情感纽带，提高母乳喂养成功率。这类似于袋鼠将小袋鼠养育在养育袋里紧贴着袋鼠妈妈的肌肤。当早产儿或者低出生体重儿体重达到2000g出院后，也建议家长将此护理方式坚持到校正胎龄为40周时。袋鼠养育的开展不需要复杂的装备，能够在世界各地使用，包括许多低收入国家的边远地区的产房。目前的研究表明，袋鼠养育能够减少早产儿的死亡率，院内感染率更低，有利于早产儿神经系统的发育，减轻母亲产后的焦虑，以及加强母亲和新生儿产后的相互交流。甚至在新生儿重症监护病房，袋鼠养育也有利于新生儿疾病的恢复和母亲情绪的稳定。世界卫生组织在2015年强烈推荐了袋鼠养育法，并列入《提高早产儿预后干预方法指南》。

图4

2.即刻将裸体的新生儿俯卧于母亲温暖的胸膛上，妈妈拥抱新生儿约持续1～3分钟。

3.剪断脐带，并采取相应的脐带护理措施。

4.进行早吸吮，初乳的喂食。

5.进行日常护理，如眼部护理、补充维生素K$_1$、称重等。

6.早产儿日常护理完，也建议继续与妈妈进行肌肤接触。没有条件继续长期肌肤接触的，也建议间断肌肤接触（即袋鼠养育，对早产儿尤其重要）。

第一次拥抱传给宝宝爱、温暖、胎盘血液和保护性细菌，是建立终身特殊感情纽带的第一步，可以改善新生宝宝健康。第一次拥抱还可促进母乳喂养。母乳喂养可提高宝宝免疫力，并降低未来患慢性非传染性疾病的风险。

促进发育的新生儿抚触

Q 我是一个准妈妈。医院通知我学习新生儿抚触训练，说对孩子生长发育有好处。请问新生儿抚触有什么好处？如何做？

A 抚触是根据孩子的需求产生的，可以促进新生儿神经系统发育，增强机体免疫力，减少婴儿焦虑，有利于孩子的独立自信性格的建立，让孩子更聪明。

抚触的好处

胎儿在母亲的子宫里被温暖的羊水包裹着，经受羊水轻轻的按摩，听到母亲有节律的心跳以及传来的肠蠕动声，还能听到外面的声音，这时的胎儿是平和的。孩子出生时经过产道的挤压，使全身皮肤都受到触觉的刺激，这些触觉的刺激使孩子的中枢神经系统和内分泌系统都得到锻炼。孩子出生后建立自主呼吸，但是由于环境发生了根本的变化，孩子不能马上适应，由于惊慌失措、不安全感的产生而大声哭闹。当孩子被母亲搂抱时，重新听到那熟悉的心跳，孩子情绪上获得安慰，又通过第一次吸吮妈妈的乳头，孩子得到了进一步的安慰及满足。抚触正是根据孩子的需求而产生的。

抚触可以促进新生儿神经系统的发育，增强机体的免疫力，减少婴儿的焦虑，促进胃肠道的激素分泌，帮助食物吸收，有利于孩子生长发育和情绪的稳定，减少焦虑不安的情感。通过抚触，孩子可以早日建立良好的生活规律。

抚触的操作及注意事项

抚触时室温要保持在28℃以上，如果孩子是全裸，就需要更高的室温。应该选择两次喂奶中间孩子清醒安静时，最好是睡前或洗澡后进行。室内播放轻柔优美的音乐，操作者剪短指甲，双手清洁温暖并用润滑油涂抹，手法轻柔，逐渐加大力度。操作者充满了爱意，边给孩子做抚触，边与孩子进行感情和语言上的交流。

具体操作如下：

|头部|

1.用两手拇指从前额中央向两侧滑动至耳垂（图5）。

图5

2.用两手拇指从下颌中央向外侧、向上活动（图6）。

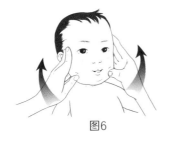

图6

3.两手掌面从前额发际向上后滑动至后下发际，并停止于两耳后乳突处，再轻轻地按压（图7）。

图7

|胸部|

两手分别从胸部的外下侧向对侧的外上侧滑动（图8）。

图8

|腹部|

1.两手分别从腹部的右下侧经中上腹滑向左上腹（图9）。

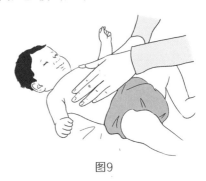

图9

2.右手指腹自右上腹滑向右下腹，左手指腹自左上腹滑向左下腹，右手指腹自右下腹经右上腹、左上腹滑向左下腹，左手指腹自左下腹经左上腹、右上腹滑向右下腹（图10）。

图10

|四肢|

1.双手抓住上肢近端，边挤边滑向远端，并搓揉大肌肉群及关节。

2.下肢与上肢相同（图11）。

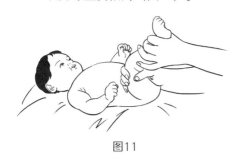

图11

|手足|

两手拇指腹从掌面跟侧依次推向指侧，并提捏各手指关节，足与手相同（图12）。

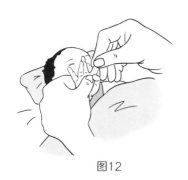

图12

|背部|

婴儿呈俯卧位，两手掌分别于脊柱两侧，由中央向两侧滑动（图13）。

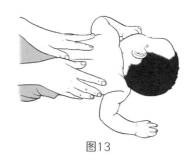

图13

|注意事项|

1.按摩要适当用力。

2.密切注意孩子在按摩前、中、后期是否有消极和活动的迹象，并根据孩子的反应及时调整按摩的方式和力量。

3.按摩时出现以下反应，如哭闹、肌张力增高、肤色出现变化或呕吐，应停止该部位的按摩；如果上述反应已持续1分钟，应完全停止按摩。

4.按摩在一些孩子身上有延迟反应，所以停止按摩后，仍要观察一段时间。

5.脐带未闭锁的孩子不要进行按摩。

6.注意孩子的个体差异，健康状况，行为反应，发育阶段。

一般刚开始做按摩，时间控制在5分钟，逐渐延长至15分钟，一天2~3次。

竖抱宝宝的技巧和注意事项

Q 网上有人说，小婴儿出生6个月内不能竖抱，因为孩子的脊柱不能承受压力，应该让孩子躺着。可是我的孩子就喜欢我们竖着抱他，只要竖着抱起来后他就四处看，一放到床上就哭闹。请问婴儿可以竖抱吗？

A 孩子出生以后就可以竖着抱，但是需要保护好孩子的后背和头。

为什么宝宝喜欢竖着抱

孩子喜欢竖着抱，是因为竖抱使孩子的视野广阔，获得的信息多。如果孩子总是躺着，他看到的就是白花花的天花板，任何其他视觉信息都没有。长此以往，他的视觉皮层大多数神经细胞只对白色的天花板起反应，对别的形状就不起反应了。在视觉系统早期发育过程中，丰富的视觉经验在塑造着大脑皮层的神经细胞，竖着抱孩子令其眼界开阔，使他接收更多的视觉信息，获得视觉经验，提高视觉皮层神经细胞的敏感性和孩子的认知水平。另外，竖着抱孩子还可以训练孩子的头竖立。

竖抱的具体操作方法

|1～2个月|

横抱，半卧位（头高脚低）。可以短时竖抱，让孩子的头靠着大人肩或前胸，注意保护好孩子的后背和颈部（图14）。

图14

因为新生儿的头占全身长的1/4，竖抱宝宝时，其颈部还不能支撑头竖立，所以竖抱的时候要扶持宝宝头部和背部。也

图15

可以将宝宝的背贴着成人的胸部，面朝前，一手托着宝宝臀部，另一只手扶着宝宝胸部（图15）。随着时间推移，逐渐延长竖抱的时间，头竖立可以从数秒到一两分钟。

|3~5个月|

半卧位抱或竖抱。

此时宝宝的头能初步直立了，但颈部和背部肌肉支持力量还不够，可以逐渐由半卧位抱到竖抱。竖抱时间的长短根据孩子的接受程度决定。竖抱时，可以让婴儿面朝成人，坐在成人的一只前臂上，胸和头靠向成人胸部，成人另一只手托着孩子的臀部。宝宝在4~5个月时头竖立已经很好，就可以竖着抱宝宝了。

宝宝头竖立是需要平时训练的，想宝宝头竖立做得很好，需要家长有意识的以正确姿势抱宝宝进行训练。如果孩子4个月时头竖立还不稳的话，就要高度警惕，需要请医生做进一步检查和指导。

|6个月以上|

可尝试多种抱姿。

家长可以根据不同情况采取不同抱姿，比如醒着时可以面向外竖抱，情绪不好时可以面向里竖抱，困倦时可以躺在妈妈的臂弯里面等。

抱宝宝的注意事项

1.抱宝宝前，爸爸妈妈应洗净双手，摘掉饰物，并待双手温暖后，再抱宝宝。

2.抱宝宝时，动作要轻柔，妈妈应当始终微笑地注视着宝宝的眼睛，面对面进行感情交流。动作不要太快太猛，即使在宝宝哭闹时，也不要慌乱。多数宝宝喜欢妈妈用平稳的方式抱着自己，这使他们感到安全。

3.3个月前的宝宝颈部力量很弱，还无法支撑自己的头部，所以妈妈在抱起和放下宝宝的过程中，应始终注意扶持着他的头。

4.将宝宝放下时，最安全的姿势是让他背部向下仰躺在床上。

5.半卧位和竖抱是宝宝最喜欢的姿势，因为宝宝可以通过视觉接收更多的信息，对于提高宝宝认知水平和大脑发育非常有利。这也是早期教育的一种方式。

熟悉新生儿大便的一般规律

"

Q 我的宝宝现在3个月，纯母乳喂养。孩子从生下来一直拉稀便，一天六七次，严重时一天可以达到10余次。而邻居家的孩子刚出生1个月，也是纯母乳喂养，那孩子经常三四天不解大便，甚至个别时候可以一周不解大便，但解出的大便也是软软的黄色糊状大便。这两个孩子的精神、吃奶都不错，体重发育也达标。请问这两个孩子的情况都正常吗？需要用药吗？会影响宝宝的生长发育吗？

"

A 新生儿大便问题需要具体问题具体分析，详见下文。

大便次数多

有的纯母乳喂养的孩子自出生后大便次数就多，尤其是出生后3~4周内，但是宝宝体重正常增长。一些专家认为这可能与母乳中的前列腺素E2（PGE2）含量过高有关。

前列腺素E2可促进胃肠蠕动及水、电解质代谢，孩子胃肠功能尚未发育成熟或是过敏性体质而导致腹泻，多见于6个月以内母乳喂养的有过敏体质的婴儿。这些孩子往往虚胖，并且脸部常有湿疹，出生后不久就出现稀水样大便，带奶瓣或少许透明黏液，伴有酸味，但无臭味，大便每天多达7~8次。孩子除大便次数多、不成形外，无其他不适，精神好、食欲佳，体重照常增长，随着月龄的增长，按时增加泥糊状食品，大便就能逐渐转到正常。

大多数专家认为这种腹泻不影响孩子的发育，也不必用药，自然就会好的。但是，也有的专家认为可以给妈妈服用"消炎痛"（吲哚美辛），可以很快降低前列腺素E2在母乳中的含量，进而使孩子的生理性腹泻治愈。这种治疗必须在医生指导下酌情选用，不要私自用药。

攒肚

新生儿出生后排完胎便，母乳喂养的婴儿随后大便转为淡黄色的黏稠便，每天可能有3~4次。3~6周后，一些母乳喂养儿可能1周才大便一次，这就是老百姓俗称的"攒肚"现象。只要排出的粪便是软的，孩子精神好，体重平稳增长，吃奶好，均属于正常情况。这是因为母乳好消化，利用率高，产生的食物残渣少，不足以刺激结肠蠕动，导致大便次数减少。如果家长比较着急，建议每天可以围绕孩子的肚脐顺时针按摩腹部，也可以用消毒好的棉签蘸着消毒好的植物油（即将植物油放在小碗中，隔水上锅蒸20分钟）轻轻刺激肛门，孩子也会很快大便的。但是，不建议长期用这种方法（包括用开塞露），以免孩子产生排便的依赖性。随着发育，攒肚状况会逐渐缓解。

如果孩子几天不排大便、哭闹、呕吐、腹部高度膨胀、腹部皮肤发亮、腹壁可见肠形，则高度怀疑巨结肠，需要及时去医院就诊。

如何促进胎粪排空

如果出生后48小时内没有排出大便，或第一天内没有排出小便，需要注意消化系统和泌尿系统的问题，警惕先天畸形的问题。

通常胎便需要2~3天排空，每天大约排便3~5次，大便呈墨绿色。随后转为过渡性大便。所以，建议孩子出生后需要频繁吸吮母乳，刺激肠蠕动，有助于促进胎便排空。

但也有的新生儿因胎便黏稠，积聚在乙状结肠及直肠中，稠厚的胎便秘结而形成粪塞，难以排出，因此有可能出生后48小时内没有排便，称为胎粪样便秘。这种情况多不是器质性病变，应该去医院请医生通过用等渗盐水15~30mL/次灌肠，多数情况下会排出大量胎便，其症状立刻缓

解，不再复发。

大便性状

纯母乳喂养儿的大便多是黄色或者金黄色的，均匀呈膏状或带有少许黄色粪便颗粒，偶尔略带绿色，不臭，有酸味。人工喂养儿的大便，如果是以牛奶或羊奶喂养的小儿，大便是淡黄或者灰黄色的，较干稠，有明显的臭味。如果大便中有奶瓣，多是未消化的脂肪与钙或镁化合成皂块，如果量不多，就没有什么问题。大多数形状正常的绿色便是正常大便。正常人的粪便颜色和其中所含胆汁的化学变化有关。小肠上部胆汁含有胆红素及胆绿素，此处的排泄物呈黄绿色。当这些排泄物到结肠时，胆绿素被此处的菌群还原成胆红素，使大便呈黄色。一般牛奶喂养儿的大便偏碱性，可以使胆红素还原为无色的粪胆原，所以大便的颜色较淡。但是，也有因为进食奶液过多、消化不良或者急性腹泻的婴幼儿因为肠蠕动加快，胆绿素在肠内来不及转化为粪胆原，致使出现绿色便。还有一种情况就是服用铁剂过多或者维生素C缺乏引起铁吸收不良，从而造成墨绿色或黑色的大便。

如果孩子的大便是糊状便，没有奶瓣，也没有黏液，而且一天只有一次，基本可以排除因消化不良或急性腹泻所导致的绿色便，但也要注意是不是因为喂奶过

多造成的。

现在0～6个月的配方奶粉都是强化铁的配方，主要是因为孩子在将近4个月的时候，从母体中带来的铁几乎已经消耗完，必须从外界获得补充，否则孩子就很容易发生缺铁性贫血。因此，第一阶段的配方奶强化了铁。孩子吃了较多的配方奶，其摄入的铁也就多了一些，这些铁没有完全被身体吸收利用，与空气接触氧化后形成绿色的大便。过多的奶液经过消化道没来得及转化为粪胆原就被排泄出来了，这也是造成绿色大便的因素之一。

对于这种情况，首先要控制奶量，不要过度喂养，保证每天所需奶量（3个月内每天奶量为500～750mL，4～6个月每天奶量为750～1000mL）就可以了。继续观察孩子的大便，如果大便仍然是墨绿色的，可以适当补充一些维生素C。

要不要给宝宝洗胎脂和剃胎毛

Q 孩子出生后，医生没有把孩子身上的胎脂洗掉，说会自然吸收，是这样吗？我们这个地方在孩子满月后有剃胎毛的习俗，同时还包括剃眉毛、剪睫毛，认为这样孩子以后头发和眉毛就会长得乌黑发亮。不知道这个习俗有科学依据吗？

A 不要给刚出生的孩子洗掉胎脂，也不要剃掉胎毛，否则容易对孩子的皮肤产生伤害。

不要马上洗去新生儿身上的胎脂

足月新生儿出生后全身皮肤覆盖着一层灰白色的胎脂，以背部、肩胛间区、颈部、腋窝、阴股部等处为多。胎脂的多少是有个体差异的，早产儿出生时多半没有或仅有少许胎脂保护，这是因为胎脂在孕晚期才会分泌。胎脂具有保护皮肤避免损伤和防止散热的作用，这层胎脂在羊水中保护胎儿的皮肤不直接接触羊水、不受羊水直接浸渍。出生后，新生儿从宫内羊水温暖的环境到逐渐适应宫外干燥有氧低温环境，胎脂提供了重要的保护作用。将胎脂完整地保留在皮肤表面，逐渐干燥，生后数小时至1～2天会逐渐被吸收。而且，因为新生儿的皮肤还没有发育完善，又十分薄，只要将皱褶处胎脂用温开水轻轻擦去即可。目前专家们认为，将胎脂过早去除易发生感染。因此，初次洗浴时最好不要洗去胎脂，可待其逐渐吸收而消失。对于胎脂少的早产儿出生后应放入保暖箱内帮助早产儿维持体温。

剃胎毛的危害

人体各个器官和组织的生长是完全根据人体生理需要，非常科学和巧妙地安排好的。小婴儿的皮肤娇嫩，比成人薄，大约是1mm厚，成年人皮肤大部分是2mm厚。而且，婴儿表皮的角质层、透明层、颗粒层均很薄，发育不完善，皮下血管丰富，防御功能差，对外界刺激抵抗力差，所以很容易因剃毛受到伤害，导致感染。一旦感染不容易控制，容易造成迅速扩散。

胎毛的作用与毛发生长特点

新生儿的头发有着显著的个体差异，有的孩子出生时几乎没有头发，有的孩子出生时头发非常浓密。这时孩子的头发多少和颜色并不决定以后头发的特点，因为大多数毛囊是在1岁以后才开始迅速活跃起来，逐渐长出浓密的头发。一般孩子在2~3岁后头发会自然变得浓密。但是，头发的浓密程度、头发的多少以及颜色如何，与遗传、营养、健康状况和头发的养护等诸多因素有关。

同样，刚出生的孩子睫毛和眉毛发育得也不好，但是眉毛和睫毛是保护眼睛的两道防线，可以阻挡外来的异物进入眼睛。睫毛还可阻挡灰尘、飞虫进入眼睛。当强烈的光线照射时，睫毛可以像帘子一样挡住强光，避免强光对眼睛的刺激。如果剃去眉毛和睫毛就等于去掉了保护眼睛的防线。另外，剃掉睫毛容易损伤眼睑边缘而发生细菌感染。小婴儿到3~5岁时，眉毛和睫毛的长度会长到几乎与成人相等，所以家长根本不用担心眉毛和睫毛长不好。

新生儿拍嗝和打嗝

Q 我的孩子刚出生不久，常常在吃完奶后吐奶，医生告诉我应该给孩子拍嗝，以预防孩子溢奶。如何给孩子拍嗝呢？邻居的孩子每次吃奶后都爱打嗝，是什么原因造成孩子这样爱打嗝？孩子痛苦吗？如何减少打嗝？

A 新生儿之所以喝完奶会溢奶和打嗝，都是生理发育不成熟造成的，具体原因和处理方法见下。

拍嗝的方法

新生儿和小婴儿由于生理发育不成熟，所以喂完奶（不管是母乳喂养还是奶瓶喂养）后都有可能因为吸吮吞进一部分气体，让孩子感到不舒服而烦躁不安。如果孩子仰卧在床上很容易溢奶或者大口吐奶，导致误吸。针对这种情况家长应该学会如何给孩子拍嗝。

孩子吃完奶后，大人把孩子竖着抱在胸前，让孩子的头靠在大人肩上，一手扶着孩子，另一只手呈空手心状态在他的背部轻轻拍打。通过拍打使孩子打嗝并排出吞进的空气。

根据《美国儿科学会育儿百科（第6版）》介绍，成人还可以采用以下两种姿势拍嗝：

1.扶住孩子，使其坐在大人的膝盖上，一手支撑着他的胸和头部，另一只手轻拍他的背部（图16）。

图16

2.让孩子趴在大人的腿上，扶着他的头，让头部略高于胸部，然后轻轻拍他的背，或者轻轻画圈抚摩（图17）。

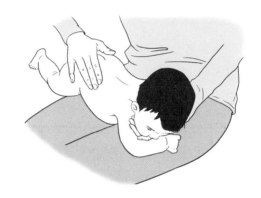

图17

我国家长和医务工作者多采用的是第一种方法。虽然这些方法有可能拍不出嗝来，家长也不要着急，可以继续竖立着抱孩子20～30分钟，然后再让孩子躺在床上。如果孩子还是溢奶，《实用新生儿学》第四版建议，吃完奶拍嗝后可以让小儿躺在抬高30°的床上。如果仍然吐奶可以左侧卧位，大约1～2小时后可以转换体位。

如果采用奶瓶喂奶，奶嘴眼需要适合。因为奶嘴眼大，奶液的流速就会快；如果奶嘴眼小，孩子吸吮费力可能会吸进更多的空气。如何看奶嘴眼是否合适？家长可以将奶瓶放好奶液后，将奶瓶翻转，奶嘴滴出几滴而不是连续不断地流出形成水流，更不是很难滴出一滴，那么这个奶嘴眼就合适了。

打嗝的原因及处理方法

打嗝是婴儿期一种常见的现象。出生一两个月的宝宝，由于调节横膈膜的自主神经发育尚未完善，所以当膈肌或相邻的肌肉受到刺激，脊髓的打嗝中枢就会受到影响，造成孩子打嗝。其实，孩子打嗝一点儿也不痛苦，一会儿就会自行缓解。吸入冷空气、吃奶太快时，膈肌会突然收缩，引起快速吸气而打嗝。一般当宝宝3个月后，打嗝现象会自然好转。平时要避免当宝宝哭得很凶时给他喂奶，防止吸入太多空气，引发打嗝。

造成孩子打嗝有以下几种原因：

- 进食不当造成消化不良；
- 吃得过急或过缓；
- 进食过凉或者孩子吃奶时间长，可能因为吸吮而吞进很多的冷空气，刺激膈肌造成孩子打嗝。

处理办法：

- 如果吃的配方奶过凉，可以给孩子喝点儿热水；
- 如果吃得过急或过缓，那么应该纠正这个习惯；
- 如果孩子打嗝有些酸臭气，可能是孩子消化不良，要检查原因给予治疗。

如何清洗宝宝的衣物

Q 我女儿屁股上总是有红红的小疙瘩，女儿经常用手挠，越挠疙瘩越多。老人认为是我给孩子洗尿布和衣物时用的洗涤剂多造成的。我一般先用肥皂洗一遍，再用洗衣液，最后使用柔顺剂处理，请问是我采取的洗涤方法不对吗？

A 目前市面上销售的洗衣液碱性强，含有一些对宝宝皮肤有害的漂白物质或荧光物质等，尤其是一些家长使用的洗涤剂稀释比例不当，衣物浸泡的时间过长，家长漂洗马虎，残留在衣物或尿布上的洗涤剂就可能刺激宝宝的皮肤。

婴幼儿的皮肤很柔嫩

婴幼儿皮肤表皮的角质层较薄，皮肤油脂分泌少，皮肤的厚度又较成人薄得多，其防御功能差，对外界刺激抵抗力差，易于受伤和感染。婴幼儿阶段新陈代谢旺盛，自主神经系统发育不成熟，调节汗腺的功能差，孩子出汗多。另外，因为孩子小，膀胱还不能储存大量的尿液，所以尿的次数多。当汗液或尿液浸湿孩子的衣物或尿布时，这些洗涤剂的残留物就会刺激宝宝的皮肤，引起皮肤的伤害。例如，隆冬季节，孩子出汗少，但是孩子尿量相对于夏天多，案例中的家长每次都将孩子的衣物和尿布使用柔顺剂处理。柔顺剂虽然可以减轻衣物和尿布对皮肤的物理刺激，但是会引起一些体质异常的婴幼儿产生过敏性皮炎。同时，柔顺剂容易在衣物和尿布的表面上形成一层保护膜，不利于吸收孩子的汗液和尿液，所以孩子出现

尿布疹也就不足为奇了。

清洗婴幼儿服装的注意事项

洗孩子的衣服时要专盆专用，不能与大人的衣服混合洗，而且需要使用婴儿专用洗衣液，多漂洗几遍，可以使用烘干机烘干，这样也能起到消毒的作用。如果家庭没有烘干机，就要放在阳光下晾晒，通过阳光中的紫外线进行消毒。每天保证换洗1～2身衣服。如果孩子衣服被尿液或奶液弄脏也要及时换，不能让孩子身上有异味。

纸尿裤与传统尿布的优缺点

Q 我的女儿最近生了一个女孩，我帮她照看孩子。因为天气炎热，我愿意给孩子用传统柔软的纯棉布做尿布。可是我的女儿不乐意，她喜欢纸尿裤。为此，我们意见不一致。请问纸尿裤真的这样好吗？

A 纸尿裤是近十几年来为了减轻家长带孩子的劳累而发明的，也算是一个科学进步的产物。但凡事都有两面性，纸尿裤也不例外。

纸尿裤的产生大大减轻了家长带孩子

的换洗劳累，外出也减轻了养育者由于孩子大小便带来的尴尬，确实是一个方便家长的好产品。但任何一个新的产品都有它不利的一面：

1.厂家由于成本的缘故，可能采用的原料纸漂白处理得不好，造成孩子臀部过敏，或渗透不好，引发尿布疹。

2.有的家长不能及时换掉已经污染的纸尿裤，引起孩子尿道感染，尤其是女孩的尿道口短，引起感染的机会更多。在天气炎热或孩子腹泻时，感染发生的概率更高。

3.由于用纸尿裤大大减轻了家长的负担，家长容易忽视孩子规律性排便的训练，使孩子在他应该学会控制大小便的年

龄，没有得到很好的训练，因此不能养成孩子按时大小便的习惯。

4.由于纸尿裤每次使用的时间长，因此对于孩子臀部的变化，包括病理性变化，家长观察得不及时，使一些问题得以掩盖，引发不该发生的疾病。

5.价格昂贵，用量大，会增加家庭的经济负担。

科学使用纸尿裤

● 首先要选用正规的、知名厂家的产品，以保证纸尿裤的质量。

● 在家中有人的条件下，白天可以用柔软棉布的传统尿布。注意勤换、勤洗传统尿布，最好用沸水冲烫，尽量在太阳下晾晒。夜间或外出再用纸尿裤。

● 如果家长坚持整天用纸尿裤的话，一定要勤换纸尿裤，每次大小便后要清洗臀部，保持婴幼儿臀部干爽清洁。

如何准备旧式布尿布

准备一些柔软、纯棉材质的布，一部分裁成60cm×60cm的正方形，使用时对折成三角形；一部分裁成30cm×60cm的长方形，使用时对折成15cm×60cm的细长形尿布。使用时，最好将三角形的尿布放在底下，细长形尿布竖着放在三角形的尿布上面，用细长形尿布覆盖住孩子的裆部，再用三角形的尿布包裹住孩子的屁股。

旧式的布尿布吸水性好、透气、经济实用，便于家长及时发现孩子大小便，易于更换，可以反复清洗，孩子也不容易形成尿布疹，而且有助于及早建立良好的排便习惯。

建议：白天最好用旧式布尿布，夜间可以使用纸尿裤，以解除夜间频繁起床换尿布之劳累。现在市面上出售有类似三角裤式样的尿布垫，买来后可以在三角裤里面放上布尿布，很是方便。

给宝宝洗澡的正确步骤

Q 我是一个准妈妈，正为将来给宝宝洗澡犯愁，该如何给宝宝洗澡呢？需要注意什么？

A 正常的新生儿或小婴儿由于皮脂腺的分泌、汗液排出、皮屑脱落以及大量粘在皮肤上的细菌等原因，适合冬天有条件的每天洗一次澡，没有条件的2～3天洗一次澡；夏天因为炎热，孩子出汗多，每天可以洗两次澡。宝宝皮肤表皮薄，防护功能比成人差，细菌很容易侵入，成为全身感染的门户。为避免交叉感染，宝宝必须使用专用的浴盆，室温控制在20℃以上。

1. 先准备好洗澡所需的物品：婴儿专用的干净浴盆、柔软的大浴巾、洗脸用的小软毛巾、婴儿专用浴液、消毒棉签、极细棉签、指刷、干净的尿布（或一次性纸尿裤）与衣服、婴儿专用小梳子、婴儿专用润肤油、75%浓度的酒精或者碘伏（因为碘伏是浅棕色，可能不利于家长观察孩子的脐带，如果没有经验还是使用75%浓度的酒精为好）。

2. 盆内盛1/3～1/2的水，最适宜的水温是38～39℃（视室温而定），可先以温度计或肘部测试温度，以不烫皮肤为宜。

3. 脱掉宝宝的衣服后，用左手托着小婴儿的枕部，并用手指将婴儿的双耳耳郭向前按，贴在脸上。孩子的身体仰卧在家长的左臂上，臀腰部夹在操作者的腋下（图18）。用右手拿着软毛巾先洗孩子的脸部和头颈部，以后依次为手臂、上身、双腿，然后用右手托住宝宝左腋下，让他面向家长的右前臂靠好，再清洗背部，最后清洗小屁股。注意皮肤皱褶处要清洗干净。婴儿洗澡时一周只需用1～2次婴儿浴液，防止孩子皮肤的油脂被清洗掉，导致皮肤干燥。最后使用温水（38～39℃）冲洗全身。有条件的话最好使用流动温水进行清洗。如果孩子的脐带没有脱落，注意

不要打湿脐部。

图18

4. 用大浴巾包裹婴儿，轻轻擦干全身，尤其注意皮肤皱褶处。如果脐带未脱落，用消毒好的棉签蘸着75%浓度的酒精或碘伏进行消毒。注意，要在脐痂下进行消毒。用棉签蘸干外耳道水分，然后用婴儿专用润肤油涂抹全身以滋润皮肤保湿。

5. 用消毒好的指刷或者纱布蘸着清水轻轻擦拭口腔黏膜、牙龈，并轻轻擦拭舌面，因为舌苔常填有脱落的角化上皮、唾液、奶液残留、渗出的白细胞和寄生在口腔内的细菌等。否则舌苔积聚增厚，其酸性环境有利于白色念珠菌生长。

6. 用极细棉签蘸着清水清洗婴儿鼻孔，一个鼻孔一根，轻轻旋转一圈即可，以保证鼻腔的清洁和呼吸道的通畅。

7. 穿上尿布或者纸尿裤、衣服，用婴儿小梳子轻轻梳头后，全套洗澡程序完毕。

TIPS：宝宝不愿意洗澡怎么办

孩子不愿意洗澡，可能是因为孩子洗澡时被水声吓到或是耳朵、眼睛进了水，对洗澡产生了恐惧心理。这是孩子的一种保护自己的防御性条件反应。防御性条件反应在婴幼儿的生活中是经常发生的，在生活中有很多引起他们恐惧或厌恶的刺激物，使婴幼儿产生躲避行为和哭闹反应。

父母可以采取两种办法改变这种状况。

1.先让孩子玩水，逐渐引起孩子玩水的兴趣，进而让孩子一只胳膊放在水里玩，以后放两只胳膊，再放一条腿，进而放两条腿，让孩子在玩水的过程中逐渐忘记恐惧。这里需要注意：一是必须引起孩子的玩水兴趣；二是要循序渐进，不要操之过急，需要有个过程。

2.孩子每次洗澡时，家长拿给他一个他喜欢的玩具。经过一段时间后，孩子逐渐把洗澡和玩具结合起来，产生愉快的情绪，会克服洗澡的恐惧。

需要注意的是，新生儿或小婴儿四肢和躯干十分娇嫩，头不能竖立或竖立不好，稍有护理不当就会在洗澡的过程中发生意外。年轻的妈妈以及看护人不会像儿科的护士那样熟练操作，尤其是给孩子使用上浴液后，全身滑溜溜的，更加重了年轻妈妈及看护人的紧张情绪，不妨选择一个安全、卫生、易于清洗、便于护理者操作的浴盆。

选择的婴儿浴盆必须带柔软防滑的浴网，用固定带将浴网悬挂在浴盆两边。浴网上最好备有专用枕头，这样洗澡时孩子头高脚低，能与妈妈面对面，增进母子之间亲情的交流。妈妈可以按照医院孕妇班教的洗澡前后顺序以及注意事项，轻松地给孩子洗澡。浴网还起到将孩子与洗过的水隔开的作用，这一点对于新生儿就更重要了。选择浴盆也要考虑经济实用，最好选择那些等孩子大一些需要去掉浴网使用时，还可以让孩子半卧或坐着洗澡的浴盆。如果旁边再配上一些洗澡的玩具，让孩子边洗澡边玩，那么洗澡对于孩子来说就是一件非常惬意的事了。

预防臀红，清洗小屁股很重要

Q 我的孩子刚出生不久，是个女孩。每次大便后需要清洗小屁股，可是我不知道如何清洗，一直不敢动手给孩子洗。请问，该如何给男孩和女孩洗小屁股呀？

A 孩子大小便后我都建议给孩子清洗小屁股，因为尿中的氨和大便中的污秽物很容易污染孩子的外生殖器及娇嫩的皮肤，从而发生臀红和尿布皮疹。给婴儿清洗小屁股最好选用流动清洁水，水温要调节到大约30℃。

给女婴清洗小屁股的方法

女孩先洗干净生殖器的外部，然后扒开大阴唇用流水冲洗即可，不用扒开小阴唇清洗，洗完后可以用干净的小毛巾擦干。有的小婴儿尤其是初生婴儿可能有一些分泌物或者血性分泌物，这是正常现象，家长不要紧张，用干净棉签轻轻擦去即可。如果有大便污染，应该先清洗前部，再清洗肛门部分，而且注意尿道口附近的清洗，可以用干净棉签蘸着清水轻轻将尿道口附近的脏东西清理干净，然后用流动水进行冲洗，但是不要冲洗阴道内，以免破坏尿道和阴道的自我保护功能，扰乱其微生态环境。

给男婴清洗小屁股的方法

男婴除了清洗小屁股的局部皮肤外，还要认真清洗阴囊和阴茎以及皮肤的皱褶部分。没有必要撸开包皮清洗阴茎头，因为小婴儿大多数都是生理性包茎，而且一些孩子包皮和龟头粘连，生硬撸开有可能造成局部撕裂伤。如果有的婴儿包皮可以撸起的话，可以用干净的棉签蘸着清水沿着龟头环形清洗干净。

孩子用于清洗小屁股的毛巾一定要专人专用，洗屁股盆也要专人专用，浴液要选择婴儿专用的浴液，但不建议天天使用，可以3~4天使用一次。尽量不要使用以滑石粉和玉米粉为主要成分的爽身粉。

从出生开始，就要给宝宝进行口腔护理

Q 我看到有些医院的宣传片介绍，孩子出生后洗澡的时候就要进行口腔的清洁护理。新生儿还没有出牙，为什么要做口腔清洁护理？

A 孩子出生后就要开始进行口腔清洁护理，尤其是舌面更需要进行清洁护理，因为新生儿和小婴儿的舌面有一层薄薄的舌苔。舌体黏膜上不同形态的舌乳头突起，其中丝状乳头细而长，呈白色丝绒状，遍布舌体表面。口腔浅层上皮细胞不断角化脱落并和食物残渣、唾液、细菌、

渗出白细胞共同附着在舌黏膜的表面形成舌苔，其中各种繁殖旺盛的细菌更是构成舌苔的主要成分。科学家在人的口腔中发现700多种寄生的细菌，其细菌的总数大约是几十个亿。孩子出牙后牙齿上的牙垢会寄生很多细菌，一颗牙齿上可能会有5亿个细菌。

健康人舌苔很淡薄。正常成年人舌的自洁包括咀嚼、谈话及唾液分泌等因素的作用。咀嚼食物伴有吞咽活动，对舌有摩擦作用，促使舌苔脱落清除。但是，新生儿与小婴儿唾液腺不发达，分泌量极少，口腔较干燥，而且以流食（母乳或配方奶）为主，直接吞咽，还不会咀嚼的动作，舌机械摩擦作用减少，所以自洁能力很弱。反流的奶液或者滞留在口腔中的奶液沉着或吸附在舌表面，成为细菌生长繁殖的最好培养皿。这些细菌包含致病菌，不但可以寄生在口腔内，也可以随着吞咽动作直接进入胃肠。孩子发热、营养不良、微量元素缺乏或抵抗力下降，都可以引发感染性疾病。因此，孩子出生后就需要做口腔清洁护理，每天早晚2次（清晨醒后以及晚上临睡前），可以使用指刷或者消毒好的纱布缠在大人洗干净的食指上，蘸着清水轻轻擦拭口腔的舌面、牙龈以及两颊黏膜（图19）。孩子习惯了这样的护理，待他出牙后家长再给刷牙，孩子就不会抗拒了。

图19

这样为宝宝进行脐带护理才科学

Q 我的宝宝已经出生14天了，可是脐带还没有完全脱落，而且脐窝里有一些黄色的分泌物，但是没有气味。

有人告诉我可以在脐部擦涂紫药水，我想还是问了大夫再处理。请问，为什么有的孩子脐带脱落得早呢？我孩子的脐带应该如何处理？

A 脐带是胎儿和母体联系的一条通路，胎儿通过脐带从母体中获得营养，促使胎儿发育。当孩子出生后，这条脐带就完成了历史使命，因此需要剪断脐带进行结扎。

由于医生采取结扎的方法不同，脐带脱落的时间略有差异，一般是3～7天干燥自然脱落，个别的可以延长至2周左右。脐带上端会自动逐渐干燥结痂，但是由于脐窝往往还有浆液性分泌物，因此在日常护理工作中，要注意保护孩子脐带的清洁和干燥。

● 给孩子兜尿布时，尿布的上缘要放在肚脐下，以防孩子的尿液浸湿脐带，引起感染。

● 孩子洗澡时不要打湿脐带。

● 常用的脐部消毒药物是75%浓度的酒精或碘伏。酒精刺激性强一些，有时会引起孩子疼痛，碘伏比较柔和，但是会有颜色残留，因而掩盖脐部早期的炎症表现，没有经验的家长还是使用75%的酒精为好。建议家长脐部消毒前洗干净双手，每天两次用75%的酒精（或者碘伏）消毒脐部。注意一定要把脐痂下消毒干净，因为脐窝部浆液性的分泌物是细菌的最好培养皿，很容易感染化脓，造成脐部的蜂窝组织炎，乃至败血症。

● 脐带应该自然脱落，即使连着一点儿，也不要用外力促使它脱落，因为这样容易形成创伤口，处理不当易继发感染或

出血。如果脐部清洁过程中少量出血，建议使用干净棉签轻轻擦拭2次，如果未见再出血就没有什么问题，无须紧张。如果

TIPS：新生儿出生后提倡推迟结扎脐带

我国长期以来胎儿娩出后助产士都会在10秒内结扎脐带。胎儿降生后如果晚结扎脐带，由于新生儿脱离了母体内的压力环境，抽吸力会使脐带和胎盘内的血液流向新生儿，这个过程即为生理性胎盘输血。生理性胎盘输血量可以达到新生儿总血量的一半以上。同时，脐带血还含有不少珍贵的干细胞。如果早结扎脐带则会阻断上述输血，使血液积留在胎盘和脐带中，同时也阻断了干细胞的流动。

根据《中华围产医学杂志》2013年12月第16卷所述，近年来诸多研究认为，对于所有的新生儿，延迟结扎脐带可增加新生儿期的血红蛋白浓度、红细胞压积及血清铁储备，减少4～6个月婴儿的缺铁性贫血的发生，且不会增加母儿的风险；对早产儿可显著减少脑室内出血、坏死性小肠结肠炎及晚发型败血症，并可能减少脑室周围白质软化，改善远期预后，且安全易行。而世界卫生组织也建议新生儿出生后与妈妈进行第一次拥抱持续1～3分钟，再剪断脐带及采取相应的脐带护理措施。

目前多建议出生后1～3分钟再结扎脐带。如果推迟结扎脐带时间过长，可能造成新生儿红细胞增多症，增加新生儿高胆红素血症发生率。对于需要窒息复苏的新生儿，现在大部分的操作仍然是立即断脐，交由儿科医师处理。

出血不止就要去医院处理了。

● 若脐带长时间（超过半个月）不脱落，可以去医院二次结扎脐带，让其脱落。如果脐带脱落后，创面不愈合且下面有红色的肉芽，可能形成脐茸，需要请医生帮助处理。

● 如果脐部有分泌物而且是粪水，就应该考虑是否有脐肠瘘，需要去医院请医生处理。如果分泌物是清亮的液体，则应考虑是否为脐尿管未闭合，同样需要去医院请医生确诊。脐部出现有异味的黄色分泌物，同时肚脐周围皮肤（脐轮）红肿，可能是脐炎，必须请医生处理，以避免感染扩散发展为蜂窝组织

炎。也有的孩子脐带脱落后根部形成脐茸。脐茸有可能是肉芽组织或者有一个或几个出血点，因此可能会造成长期分泌物流出，甚至还可能会出现黄色有异味的分泌物，这种情况也必须请医生及时做处理。对于肉芽组织或者出血点，医生多采用硝酸银灼烧。

不要外用龙胆紫（紫药水）。虽然它是杀菌力很强的外用药水，但是往往由于涂上紫药水后脐带上端很快形成脐痂，从而掩盖了脐痂下的脓性分泌物。据国外医学家研究发现，龙胆紫有极强的致癌性，不能用于破损伤口消毒和外用药物使用。

正常新生儿的特殊表现

Q 我的孩子出生以后发现有一些异常的现象：乳房出现硬核，阴道处有一些像月经一样的分泌物。对此，家里人十分着急，怕孩子发育异常。请问这些表现都是正常的吗？

A 有的孩子出生后会有一些异常的表现，但是这属于新生儿的正常情况。

假月经

有些女婴出生后一周左右阴道会有血性分泌物，这是因为胎儿阴道上皮及子宫内膜受母体雌激素影响。与女性排卵期相仿，出生后由于母体雌激素突然中断，造成类似月经出血。这种假月经不用处理，数天后即可消失。

红色尿

生后3～5天，一些新生儿尿液会呈现红色，有时还会染红尿布，引起家长

恐慌。这是因为孩子出生后白细胞分解较多，使得尿酸盐排泄增多，再加上刚出生的孩子吃得比较少，尿也少，就会出现红色的尿。家长不用着急，无须处理，过几天红色尿就会消失。

蒙古斑（青记）

大多数孩子出生后在腰部、背部、臀部以及大腿部会有一片光滑、平坦，像一片瘀青的胎记。这种胎记多为淡蓝色或者蓝黑色，可以是几厘米大小或者大片融合。这是因为胎儿神经系统开始发育时，神经嵴的黑色素细胞在向表皮移行时未能穿透表皮和真皮的交界，潴留在真皮中延迟消失所致。蒙古斑一般在孩子2～3岁消退，个别孩子在7～8岁自然消失，不需要治疗。

马牙

一些新生儿出生后在牙龈上或者上颌的中缝部分，可见一些黄白色的小颗粒，俗称"马牙"。其由上皮细胞堆积而成，或为黏液包囊的黄白色小颗粒。马牙形成的确切原因还不十分清楚，目前公认是形成牙齿和唾液腺的上皮细胞在乳牙形成的末期有少部分未被吸收所致。由于它是牙齿在发育的过程中牙釉质没有被吸收而形成的角化钙，很像小牙，所以得名。马牙可以存在较长时间（数周或者数月），

逐渐脱落，自然消退，不需要医治。家长千万不要挑破，以免引起感染，严重者还会引起生命危险。

螳螂嘴

有的新生儿出生后在两颊部各有一个突起的脂肪垫，俗称螳螂嘴，主要是利于吸吮乳汁之用，千万不可以挑破，否则会引起感染，严重者还会引起生命危险。

粟粒疹

有的新生儿出生后在鼻尖、鼻翼以及颜面处可见针尖大小、黄白色的粟粒疹，这是由皮脂腺堆积而成。粟粒疹不需要处理，随着新生儿脱皮后会自然消失。

橙红斑（鹳咬痕）

有的新生儿出生后在前额、眼睑、鼻尖、鼻梁、脑后以及颈部会出现一片不规则的红斑，即微血管痣。这主要是在宫内受母亲激素影响产生的。它们通常会在数月后自行消失，无须处理。

新生儿红斑

孩子出生后1～2天内出现大小不等、边缘不清的斑丘疹，散布在头面部、躯干和四肢，且孩子没有任何不适，即为新生儿红斑。目前新生儿红斑产生原因不

清，在1周左右开始消失，不需要做任何处理。

胎生牙（额外齿）

新生儿出生时，在乳牙的下门牙处带有1个或者1个以上的异位切牙，属于多生的牙。这个牙齿易于松动脱落，无釉质，会刮伤孩子的舌头、舌下系带和妈妈的乳头。由于松动的牙齿在婴儿吸吮时容易吞食或者误入气管中，因此医生往往建议将其拔除。当发现新生儿有这种情况时，请医生做进一步诊断以决定是否拔除。

足部姿势异常

有的新生儿出生后双脚出现一些异常表现，如足上翻、足底内翻、足趾重叠、足趾弯曲等，主要是受胎儿宫内胎位不正，出生前受母亲骨盆以及子宫的强力压迫，或者小子宫、羊水过少等因素影响。胎儿习惯了宫内的位置，出生后仍然保持着宫内的姿势，一旦改变这种姿势，新生儿就会感到不舒服或者哭闹，而恢复了原来的位置就会安然入睡。随着生长发育，再配合家长每天多次按摩，足部姿势异常就会恢复正常了。

外耳异常

有的孩子出生后耳轮和耳郭折叠，外展紧贴着头部，一般在生后数周可以恢复正常。其发生的原因主要是宫内压迫所致。但是，如果在宫内压迫的时间过长，双耳生长可能会出现不对称的情况。

乳房增大

孩子（不管是男婴还是女婴）出生后不久可见暂时性乳核增大，或者出现黑色乳晕甚至分泌微量乳汁。这主要是因为在宫内受母亲内分泌影响所致，一般2~3周内消失。此时千万不要挤乳房，以防感染。

睾丸移动

刚出生的新生儿睾丸可能在阴囊中来回移动，有的时候可以移动到阴茎的根部，也有可能缩到大腿的根部，尤其是遇到冷的刺激后，睾丸容易出现移动的现象。只要大多数时间睾丸都在阴囊中，个别时候睾丸上下移动都可以视为正常现象，不用担心。

为什么不能给小婴儿戴手套

Q 我的宝宝已经出满月了。住院时，医院给孩子发的小衣服带手套。每次护士给孩子洗完澡后，都给孩子戴上手套，说是防止孩子抓破脸。可是回到家后，同事告诉我不应该给孩子戴手套，说不科学。为什么不能给孩子戴手套呢？

A 小婴儿的运动属于不随意运动，动作不准确，而且他还没有认识和使用自己肢体的意识，这都是因为神经系统发育还不成熟造成的。而且，小婴儿肌肉的紧张度较高，尤其以四肢的屈肌最为明显，所以小婴儿卧位时四肢常常屈曲，呈握拳状态。当负责上肢屈肌的大脑皮层兴奋时，屈肌收缩，前臂呈上举内收或旋内状态。由于孩子总握拳，所以动作不准确，就像是在揉眼睛。孩子在做这个动作时偶尔会张开手，如果指甲过长，可能就会抓破脸。所以，家长要给孩子勤洗手，保持清洁，注意剪短孩子的指甲，防止污染眼睛和抓破脸。

但是，给孩子戴上手套防止他抓破脸的做法是不科学的。0～6个月是孩子感知觉发育的关键期，孩子需要探索外界事物。嘴、手、脚以及皮肤是他探索的工具，其中嘴和手是最敏感的部位。婴儿在0～3个月有着无意识的、原始的够物行为，并通过手的自由活动，逐渐在大脑中铺设好手—眼—脑结合的神经通路。给孩子戴上手套就等于剥夺了他用手去探索的机会，使触觉和知觉不能很好地发展，不利于孩子认知发展和获得生活经验。另外，随着情感的发育，孩子会出现吃手的现象，以求自我安慰，获得满足。如果手套不清洁，容易造成孩子一些疾病的发生。有的小儿手套加工粗糙，一些线头可能缠绕上孩子的小手指，如果家长一时疏忽，没有发现，可引起手指局部血液循环不畅。而且，越小的孩子对疼痛感觉越不敏感，导致家长不能及时发现孩子的异常，容易造成手指缺血坏死。因此，家长千万不要给孩子戴手套。

新生儿疾病筛查

"

Q 我的孩子出生后第三天，护士采取足跟血进行新生儿疾病筛查，并告诉我这是一项新生儿应该做的常规筛查。请问，为什么新生儿要做疾病筛查？有什么意义？

"

A 《实用新生儿学》第四版这样解释新生儿疾病筛查：新生儿疾病是指通过血液检查对某些危害严重的先天性代谢疾病及内分泌病进行群体过筛，使它们在临床症状尚未表现之前或表现轻微，但生化、激素等变化已比较明显时，得以早期诊断，早期进行治疗，避免患儿重要脏器如脑、肝、骨等不可逆性的损害所导致的死亡或生长、智能发育的落后。

大量国内外研究证明，新生儿疾病筛查是一套行之有效的提高人口质量、降低弱智儿发生的有力措施。但是，新生儿疾病筛查在我国是非强制的医疗手段，必须征得家长的知情和同意。2001年国务院颁布的《中华人民共和国母婴保健法实施办法》强调了必须推广新生儿疾病筛查的重要性，为此2010年卫生部颁发了《新生儿疾病筛查技术规范（2010年版）》文件，有力推动了各地新生儿疾病筛查工作的推广。所以，家长应该积极让新生儿进行疾病筛查。

新生儿疾病筛查对象是所有活产新生儿。我国采用的是国际统一的滤纸片法，使用特定的干滤纸片进行：1.在孩子出生72小时后，以减少甲状腺功能减退症筛查的假阳性；2.哺乳至少6~8次后，避免高丙氨酸血症筛查出现假阴性。筛查时，采取新生儿足跟血进行筛查。采血护士填写清楚新生儿姓名、性别、出生日期、出生医院、住院号码、采血时间、新生儿是否使用过抗生素、是否接触过碘、家庭联系电话和住址等。采血时需要使用专用的采血滤纸。将足跟血3～4滴滴在专用滤纸片上，室温下晾干，置于2～10℃冰箱内保存，并在规定的时间内送达筛查中心。目前我国主要筛查以下几种疾病：甲状腺功能减退症；高丙氨酸血症；根据地域特点的不同，有的地区还增加了其他先天性遗传代谢性疾病的筛查，如先天性肾上腺皮质增生症、红细胞葡萄糖-6-磷酸脱氢酶缺乏症（又称蚕豆病，下文简称G-6-PD缺乏症）的筛查。

甲状腺功能减退症或高丙氨酸血症的患儿在出生时可能没有任何症状，但可以通过新生儿疾病筛查检查出来。部分甲状腺功能减退症患儿，在新生儿期有黄疸时间延长、便秘、脐疝等症状，以后逐渐出现眼距较宽、舌常伸出口外等表现。高丙氨酸血症的患儿皮肤常有湿疹、呕吐频繁、头发逐渐变黄、尿有种特殊的臭味等。随着年龄的增长，甲状腺功能减退症和苯丙酮尿症的患儿智能和体格发育均落后于同年龄孩子的平均水平。一旦症状表现出来就无法治愈，使他们失去治疗时机。因此，早期进行新生儿疾病筛查，早期发现以上两种疾病，及时治疗，使他们的智力发育不受影响是非常必要的。

孩子出生的医院会让产妇填写一张有详细联系方式的表格，并且告诉产妇或家属如果在1个月之内没有收到通知，就说明新生儿疾病筛查没有问题，反之则必须到指定的医院进行复查。

新生儿听力筛查

Q 我的孩子出生后第三天医院给做了听力筛查，据说这是早期发现听力障碍的有效方法，是这样吗？

A 胎儿听觉感受器在6个月时就已基本发育成熟，9个月以前完成听觉神经系统的髓鞘化。所以，孩子一出生就具备了听的能力，也具有初级原始的视听、视触等感觉协调能力。在1岁内通过常规体检和父母识别几乎不能发现听力障碍儿童，唯有新生儿听力筛查才是早期发现听力障碍的有效方法。早期发现儿童听力障碍在预防聋哑和语言发育障碍中具有十分重要的作用。

新生儿听力筛查的意义何在

正常的听力是进行语言学习的前提。听力正常的婴儿一般在4～9个月便能咿呀学语，这是语言发育的重要阶段性标志。而有严重听力障碍的儿童由于缺乏语言刺激和环境的影响，如果不能在11个月以前进入咿呀学语期，在语言发育最重要和关键的2～3岁便不能建立正常的语言学习，这时才经检查发现先天性的听力损伤，并开始进行语言康复治疗，已经太迟了。轻者导致语言和言语障碍、社会适应能力低下、注意力缺陷和学习困难等心理、行为问题，重者导致聋哑，严重影响其智力发展，并对儿童将来的生活造成生理、心理和经济问题。如果在新生儿或婴儿早期及时发现听力障碍，使其在语言发育的关键年龄段之前运用助听器等人工方式帮助其建立语言刺激环境，则可使语言发育不受或少受损害。因此，新生儿听力筛查可以做到早期发现、早期诊断、早期干预，使有听力障碍的患儿在年幼时听力和语言功能得到健康发展。

新生儿听力筛查如何进行

欧美许多发达国家都以立法的形式规定，所有的新生儿必须进行听力筛查，有听力障碍的儿童需在出生后3个月内得到确诊，6个月内接受治疗。我国各地相继出台《0～6岁儿童听力筛查、诊断管理办法》，同时卫生部曾向全国普及和推广"新生儿听力筛查技术"并开办了"全国新生儿听力筛查和诊断培训班"，要求全国各级从事助产工作的医疗保健机构应对出生72小时的新生儿在出院前进行听力筛查，各级设有新生儿急救病房的医疗保健机构，对收治的新生儿出院前要进行相应的听力筛查。

新生儿听力筛查须在新生儿生后3～5天内安静状态下（睡眠、吃奶后）和周围安静环境下，由专人用耳声发射（OAE）或（和）自动听性脑干诱发反应（AABR）的方法对其进行听力筛查。未通过者产后42天复查或直接转往当地儿童听力诊断指定医疗机构。

应特别强调的是，并不是所有的婴幼儿时期的听力损伤在出生时都能表现出来，更何况部分婴儿可能因为一些后天性和继发性的原因而导致后来的听力障碍。所以，新生儿听力筛查正常并不能排除听力异常，有必要对一些在日常生活中发现听力异常的孩子做进一步的检查。

对确诊听力障碍的儿童应转往相应的聋儿治疗、康复机构，进行耳聋分析和听力测试，选配助听器以及接受听力语言康复训练。同时，婴儿父母应及早接受培训，花更多的时间陪伴婴儿，利用视觉信号和实例来教育孩子认识这个世界，以使听力障碍造成的损失得到最大程度的减轻。

建议：0~6岁的儿童应该每年进行一次常规听力筛查。发现问题及时做听力诊断，一旦确诊听力有问题，根据听力损失的程度和类型采取不同的干预方法，以及听力矫正后的语言康复训练。

何为具有听力高危因素的新生儿

国外研究表明，高危新生儿听力障碍的发生率高达2%~4%。发生新生儿听力障碍可影响言语—语言、认知及情感的发育，因此早期诊断、及早进行干预治疗，可以使部分患儿获得相当于发育年龄的言语能力。

对具有以下听力高危因素的孩子进行听力随访十分重要：

1.手术产儿，如难产、使用产钳、引产的新生儿。

2.孕28周~<37周出生的早产儿。

3.孕母在妊娠期间患有风疹、病毒感染、弓形体病、细胞肥大病毒感染。

4.极低出生体重儿，即出生时体重<1500g。

5.妊娠期间孕母用过氨基糖苷类抗生素，如庆大霉素。

6.新生儿患高胆红素血症。

7.新生儿缺氧，因为新生儿窒息缺氧不但可致耳蜗损伤，而且还可以导致脑干听觉通路受损。

8.婴幼儿严重感染，如脑炎、脑膜炎。

9.家族耳聋史。

新生儿阿氏评分

Q 我的孩子刚出生时，我看到产房的医生马上给孩子进行阿氏评分，来判断孩子出生时的状况。事后医生告诉我，这个评分很重要，是孩子出生后必须做的。为什么？

A 阿氏评分是Apgar评分的简称，是1953年由一位美国学者Virginin Apgar提出，用评分来对新生儿窒息进行评价。该方法一直是国际上公认的评价新生儿出生时状况的最简易且实用的办法。

通过阿氏评分可以评价窒息的严重程度以及复苏的效果。虽然近几十年使用过程中发现它有不足之处，即不能指示何时开始复苏和指导复苏，但是目前仍然认为其是新生儿窒息的判断标准。现在产房内要求评分的同时也将复苏措施记录。

阿氏评分

体征	0	1	2
肤色	青紫或苍白	四肢青紫	全身红润
心率	无	<100	>100
呼吸	无	微弱，不规则	正常，哭声响亮
肌张力	松软	四肢略有弯曲	动作灵活
对刺激反应	无反应	反应及哭声弱	哭声响，反应灵敏

在新生儿出生后1分钟和5分钟分别进行评分：1分钟内评分0～3分诊断为重度窒息，4～7分诊断为轻度窒息。当5分钟后评分仍然<7时，应每隔5分钟评分一次，直到20分钟。

阿氏评分对判断新生儿窒息的预后有重要的价值：1分钟评分为8～10分的新生儿预后良好，0～3分的新生儿预后差；5分钟评分仍然为0～3分的新生儿死亡率和伤残率高。

新生儿 20 项行为神经测定

Q 我的孩子是39周出生，出生后3天医生给我的孩子进行了行为神经测定。检查时，医生让我们在旁边看着。看到我的孩子竟然能够迈步，并跟着红球移动而转移目光，听到咯咯声头会转向发出声音的地方，我们感到太神奇了！请问这就是新生儿行为神经测定吗？

A 新生儿行为神经测定（NBNA）可以全面了解新生儿体格发育、行为能力、视听感知能力和神经系统的情况，有利于早期开发智力，并能早期发现轻微脑损伤，以便早期干预。充分利用早期中枢神经系统发育的关键期和可塑性强的时机，进行早期干预，可以达到良好的功能代偿，防止伤残发生。

结合我国实际情况而制定的新生儿20项行为神经测定方法包括5部分：行为能力6项，被动肌张力4项，主动肌张力4项，原始反射3项，一般评估3项。每项评分为3个分度，即0分、1分、2分。满分为40分，35分以下为异常。

测查者经过培训且必须取得合格证书

才能持证上岗进行测查。测查室的环境要安静、半暗，室温为22～27℃。检查需在10分钟内完成。

新生儿做检查时，建议家长在场观看，使家长了解新生儿能力发展情况，学会和新生儿交往，密切亲子关系，有利于优育和智力开发。

本检查只适用于足月新生儿。早产儿孕周纠正至40周后进行测查，足月窒息儿可从出生后第三天开始测查，如果评分低于35分，出生后第七天应重复测查，仍不正常者出生后第12～14天再次测查（该日龄测查有评估预后的意义），出生后第26～28天再查。及时发现问题，早期进行干预。

早产儿视网膜疾病筛查

Q 我的孩子是32周早产儿，曾在保温箱中住院2周，这期间因为有时呼吸不规律，出现缺氧现象而吸氧治疗。出院时，医生让孩子满月后到指定的医院去做视网膜疾病的筛查，这是为什么？

A 早产儿因呼吸系统发育不成熟，有可能会发生呼吸困难，所以常常通过供氧的医疗手段进行缓解。当早产儿出现发绀或者呼吸困难时给予吸氧，但不建议长期持续使用，氧浓度以30%～40%为宜。早产儿氧疗时间过长或浓度过高，可严重影响视网膜血管的形成，而发生眼部视网膜血管增生性疾病。那么，吸氧会不会导致视网膜病变？有些专家认为，这取决于多种因素：吸氧的浓度、吸氧的时间、吸氧的方式、动脉氧分压的波动以及对氧的敏感性。

我国2013年发布的《早产儿治疗用氧和视网膜病变防治指南（修订版）》和2014年发布的《中国早产儿视网膜病变筛查指南》，都明确指出：

1.对出生体重<2000g，或出生孕周<32周的早产儿和低出生体重儿，患有严重疾病或有明确较长时间吸氧史的早产儿，生后4～6周或矫正胎龄31～32周开始进行眼底病变筛查。检查由具有足够经验和相关知识的眼科医师进行。眼底病变筛查随诊直至周边视网膜血管化。

2.对患有严重疾病或有明确较长时间吸氧史、儿科医师认为比较高危的患儿可适当扩大筛查范围。

卫生部2012年颁布的《新生儿访视技术规范》也指出，有吸氧治疗史的早产儿，在生后4～6周或矫正胎龄32周转诊到开展早产儿视网膜病变（ROP）筛查的指定医院，开始进行眼底病变筛查。

我国早产儿、低出生体重儿的存活率明显提高，但是早产儿视网膜病变在我国的发病率仍有上升趋势。病变严重时可导致失明，也是目前儿童致盲的首位原因，给家庭和社会造成沉重负担。早产儿视网膜病变的发生原因是多方面的，与早产、视网膜血管发育不成熟有关。用氧是抢救早产儿的重要措施，又是致病的常见危险因素，而且出生孕周和体重愈小，发生率愈高。这是因为早产儿视网膜血管尚未发育完全，出生后需要继续发育。这些组织对氧非常敏感，若婴儿吸入高浓度氧，易致血管闭锁及抑制更多的血管形成，因此需要进行早期筛查以早期发现、早期治疗。根据病变的严重程度，该病分为5期，对1～3期早发现、早治疗，预后较好。

● 筛查对象

1. 出生体重<2000g，或出生孕周<32周的早产儿和低出生体重儿。

2. 患有严重疾病或有明确较长时间吸氧史、儿科医师认为比较高危的患儿。

● 筛查起始时间

首次检查应在生后4～6周或矫正胎龄31～32周开始。

● 干预时间

确诊阈值病变或Ⅰ型阈值前病变后，应尽可能在72小时内接受治疗，无治疗条件要迅速转诊。

● 筛查人员要求

检查应由有足够经验和相关知识的眼科医师进行。

● 筛查方法

检查时要适当散大瞳孔，推荐使用间接检眼镜进行检查，也可用广角眼底照相机筛查。检查可以联合巩膜压迫法进行，至少检查2次，并随诊到生后3～6个月，其间定期检查眼底，直到眼底没有病变才停止检查。

黄疸

Q 我是一位准妈妈，请问新生儿黄疸产生的原因是什么？怎样判断孩子是否出现黄疸呢？父母应该怎么应对？常见的病理性黄疸有哪些？

"

A 皮肤和巩膜出现黄染，医学上称为黄疸。黄疸是新生儿期最常见的临床表现之一。

新生儿黄疸既可能是一种正常现象，也有可能是某种疾病的严重表现，而且严重的黄疸可以引起脑部的伤害。

说它是一种正常现象，是因为胎儿在宫内的低氧环境中，为了满足胎儿对氧的需要，会产生大量的红细胞。出生后，宝宝建立了肺呼吸，血氧浓度迅速升高，新生儿不再需要那么多的红细胞，因此大量的红细胞被破坏，胆红素产生过多。另外，新生儿红细胞的寿命短，为70～90天，而成年人为120天。再加上新生儿的肝脏功能发育不成熟，不能及时处理和排泄由于大量红细胞破坏而生成的胆红素，血液中胆红素浓度增高，因此造成新生儿在生后2～14天内出现新生儿生理性黄疸。其特点是无临床症状，肝功能正常，间接胆红素增加，但足月儿不能超过220.6μmol/L（12.9mg/dL），早产儿不能超过256.5μmol/L（15mg/dL）。但生理性黄疸不仅有个体差异，也因种族、地区、遗传、家族和喂养方式不同而异，黄种人、印第安人生理性黄疸范围较白人高。大多数新生宝宝的黄疸都是生理性黄疸，这是新生儿正常发育过程中发生的一过性血胆红素增高现象，对于新生儿没有什么危害，也不需要治疗。

生理性黄疸多在出生后2～3天出现皮肤黄染，4～5天达到高峰，轻者可见颜面部和颈部出现黄疸，重者躯干、四肢出现黄疸，大便色黄，尿不黄，一般没有什么症状，偶尔伴有轻度嗜睡和食欲差。正常新生儿7～10天黄疸消退，早产儿可以延迟2～4周。如果母乳喂养进行不理想的新生儿，或者出生时有头皮下血肿或者皮肤瘀血，也有可能使黄疸加重且消退得比较晚。一般生理性黄疸不需要特殊治疗，可自行消退，主要是早期喂奶，给足奶量，刺激肠蠕动，肠道内建立正常菌群，有助于黄疸消退。

但是，也有少部分新生儿因为某些疾病出现了病理性黄疸，严重者可以危害大脑（发生核黄疸，又称新生儿胆红素脑病），受累终生，甚至死亡。因此，关键是需要分辨生理性和病理性黄疸，以免贻误或扩大诊断和治疗，预防核黄疸的发生，避免对新生儿造成不必要的伤害。

宝宝一旦出现下述情况，就可能为病理性黄疸，要及时就诊：

1.宝宝出生后24小时内就出现黄疸，血清总胆红素大于102 μmol/L（6mg/dL）；

2.足月儿血清总胆红素超过220.6 μmol/L（12.9mg/dL），早产儿大于256.5 μmol/L（15mg/dL）；

3.血清结合胆红素大于26 μmol/L（1.5mg/dL）；

4.每天黄疸进行性加重，血清总胆红素每天以85 μmol/L（5mg/dL）上升；

5.全身皮肤重度黄染，呈橘皮色，或者皮肤黄色晦暗，大便色泽变浅呈灰白色，尿色深黄；

6.黄疸持续时间延长，超过2～4周，且进行性加重。

家庭中如何初步观察、判断黄疸

在自然光线下，黄疸首先出现在眼白，以下依次为颜面部、胸部、腹部，最终表现在四肢和手足。如果仅仅是眼白和面部黄染，则为轻度黄染；如果躯干部皮肤黄染，则为中度黄染；如果四肢和手足心也出现黄染，即为重度黄染。但是，因为新生儿皮肤颜色差异，尤其是比较黑的新生儿通过这种形式判断是有困难的。所以一般情况下，如果宝宝在黄疸发生后出现精神萎靡、嗜睡或易激惹、吮奶无力、肌张力减低、前囟紧张、呕吐、不吃奶以及各种生理反射比较弱等症状，就可能是病理性黄疸，必须尽快送宝宝去医院接受专业治疗。

常见病理性黄疸类型

|胆红素生成过多|

胆红素生成过多产生病理性黄疸的原因有很多，其中有几种重要的病因：

1.溶血性黄疸：主要是因为母婴血型不合，母亲的血型抗体通过胎盘引起胎儿和新生儿红细胞破坏。这类疾病仅发生在胎儿与早期新生儿中，最常见的是ABO溶血性黄疸，极少数Rh因子不合溶血性黄疸。ABO溶血性黄疸主要发生在孕妇是O型血、胎儿是A型或B型血的宝宝身上，第一胎即可发病。Rh因子不合溶血性黄疸主要是胎儿红细胞的Rh血型与母亲不合，而胎儿红细胞所具有的抗原恰为母体所缺少。若胎儿红细胞通过胎盘进入母体循环，因抗原性不同使母体产生相应的血型抗体，此抗体又经胎盘到胎儿循环系统，作用于胎儿红细胞，并导致溶血，发生黄疸。多数为第二胎发病。一般通过产前检查，医生会做出相应处理。

2.地中海贫血：近年来因为我国婚姻登记取消了婚前检查，地中海贫血的患儿逐渐增加。这些患儿在新生儿期出现溶血，发生黄疸。地中海贫血是一种由基因变异导致造血机能缺失的遗传疾病。如果父母双方是基因携带者，其后代发生疾病的概率为25%。婚前检查是最好的预防办法。

3.红细胞酶缺陷：我国华南地区多见的G-6-PD缺乏症是一种红细胞酶缺陷的遗传病，可以导致新生儿出生后溶血，引发黄疸。另外，感染、缺氧、大量出血和使用一些药物都可能诱发溶血

而致黄疸。

4.红细胞增多症：也是常见的一种病因，如母—胎之间输血、过晚结扎脐带、宫内发育迟缓、先天性青紫性心脏病，以及糖尿病母亲的新生儿都可能产生红细胞增多，导致破坏也增多，引发黄疸。

|肝脏功能低下|

新生儿感染、缺氧、窒息、低血糖、低体温、低蛋白血症以及一些药物，如磺胺、消炎痛、水杨酸、维生素K_3都会抑制肝酶的活性，肝细胞摄取和结合胆红素的能力降低，造成血中胆红素升高，引起黄疸。

|胆红素排泄异常|

肝细胞排泄功能障碍或胆管受阻，可发生胆汁淤积性黄疸。比较常见的有由病毒感染引起的新生儿肝炎综合征、先天性胆道闭锁、胆汁黏稠综合征。

另外，先天性肠道闭锁、巨结肠、胎粪性肠梗阻、饥饿、喂养延迟、药物所致肠麻痹等造成的胎便排出延迟，都会增加胆红素的回吸收，也是造成血中胆红素升高引发黄疸的原因。

应对病理性黄疸，父母要做到以下几点。

● 仔细观察黄疸变化

观察黄疸必须在光线明亮的环境下进行，如果色泽鲜艳并有光泽，呈橘黄

色或金黄色，应该考虑为高未结合胆红素血症，即中医所说的"阳黄"。如果黄疸色泽呈灰黄色或者黄绿色，则为高结合胆红素血症，即中医所说的"阴黄"。黄疸是从头开始黄，从脚开始退，而眼睛是最早出现黄染，也是最晚退的。所以，父母可以先从宝宝的眼睛进行观察。

● 注意宝宝大便颜色

肝脏处理好的胆红素会经由肠道排泄，大便因此才会带有颜色。如果是肝脏、胆道发生问题，如胆道闭锁，胆红素堆积在肝脏无法排出，大便会变白，但不是突然变白，而是愈来愈淡。与此同时，如果妈妈发现宝宝身体皮肤也出现变黄的趋势，就必须立即带宝宝就医。正常情况下，该问题必须在宝宝2个月内尽快处理。

● 保证新生儿出生后早开奶，吃得饱

孩子出生后半小时就要开奶，新妈妈一定要勤喂奶，做到24小时内哺乳8～12次或者更多。妈妈还要仔细观察宝宝是否确实有效地吸吮到乳汁，使宝宝充足地摄取乳汁。如果宝宝一天尿6次以上，大便每天1次以上，并且体重持续增加，就表示吃的奶量足够。如果因为某些原因确实母乳不够，就需要添加配方奶，这样才能促进排便，减少胆红素的回吸收，有助黄疸消退。

此外，需要提请父母格外注意的是，新生儿不要接触能诱发溶血的药物、化学物品。孩子的衣物和被褥不要使用樟脑丸或萘防虫，不要给新生儿吃磺胺、呋喃坦丁、痢特灵、阿司匹林、维生素K₃、吲哚美辛、噻嗪类利尿药、水合氯醛、婴儿素、七厘散、牛黄粉等药物。如果是纯母乳喂养，妈妈也要忌用氧化剂药物，忌食蚕豆，忌与樟脑丸或萘接触。

严重的病理性黄疸可以造成神经系统的伤害，而发生新生儿胆红素脑病，所以需要监测血清胆红素浓度，一旦发现足月儿胆红素浓度超过256.5 μmol/L（15mg/dL）、早产儿胆红素浓度超过171.0 μmol/L（10mg/dL）就要及时处理，并密切注意神经系统症状的出现。预防高胆红素血症的出现是预防新生儿胆红素脑病的关键，尤其是早产儿，由于其血脑屏障相对不完善，胆红素更容易造成早产儿神经系统的伤害，因此治疗应该更积极！

母乳性黄疸出现的原因及家庭处理

近年来一些纯母乳喂养的新生儿发生的黄疸不随生理性黄疸的消失而消退，黄疸可延迟28天以上，程度以轻度至中度为主，宝宝一般情况良好，生长发育正常，肝脾不大，肝功能正常。这种黄疸我们称为"母乳性黄疸"。

最近一些妈妈在网上询问，新生儿黄疸不退是否可以使用茵栀黄口服液给孩子退黄。在这里，我劝告家长不要使用茵栀黄口服液给孩子退黄。为什么呢？

茵栀黄汤是由古代医学经典《伤寒论》所载"茵陈蒿汤"转化而来的。茵陈蒿汤主要用于急性黄疸型传染性肝炎，也就是中医讲的湿热阳黄的肝炎患者。目前经过西化处理，市面上有茵栀黄口服液、茵栀黄颗粒和茵栀黄注射液，其中的主要成分都是茵陈、栀子、大黄（或黄芩）、金银花提取物。这几味中药性苦寒，主要功能是清热解毒、利湿退黄，用于肝胆湿热所致的黄疸，症见面目黄染、胸胁胀痛、恶心呕吐、小便黄赤，以及急、慢性肝炎见上述症候者。

新生儿黄疸按中医理论是属于"胎黄"，而胎黄可以是新生儿正常发育过程中出现的症状，也可以是某些疾病的表现。除病理原因的高胆红素血症的治疗外，虽然有一些中西医结合医生做过光疗和中药联合治疗新生儿高胆红素血症有关方面的研究，但是没有更多的循证依据证明究竟是光疗起了主导作用，还是口服中药制剂退黄起的作用。一般茵栀黄口服液医生都建议吃3～7天，但是新生儿和小婴儿吃了茵栀黄制剂（或颗粒）不但可能会影响他的消化道功能，出现恶心、呕吐、腹泻等常见不良反应，而且还促使肠道微生态平衡失调。更何况其药物说明还明确提出，不良反应尚不明确，药品禁忌尚不明确。试想，对于这种研究还尚不明确的药物怎么可以给发育稚嫩的新生儿吃呢？更何况对于没有达到病理性黄疸的小儿，即使不给茵栀黄口服液服用，也会自然退黄。对于病理性黄疸，除了根据病因进行处理外，必定要进行光疗，即使使用了茵栀黄也难说是茵栀黄治疗起的作用，更何况新生儿或小婴儿因此长时间腹泻造成的臀红、糜烂以及胃肠功能的伤害不可低估。

对于茵栀黄注射液，2008年10月19日上午，卫生部曾紧急召开电话会议，通报了陕西省延安市志丹县医院因使用了山西太行药业生产的茵栀黄注射液（批号为071001）后，导致4名新生儿发生不良反应，其中1名出生9天的新生儿于10月11日死亡。通知还强调，各级医疗机构和医务人员要严格依法行医，按照诊疗规范进行操作，使用药品要参照使用说明书，不得擅自扩大使用范围和适应证。

2016年8月31日，国家食品药品监督管理总局发布第140号关于"修改茵栀黄注射液说明书"的公告。根据药品不良反应评估结果，为进一步保障公众用药安全，国家食品药品监督管理总局决定对茵栀黄注射液说明书增加警示语，并对"不良反应""禁忌"和"注意事项"项进行修订。该公告也明确规定了新生儿、婴幼儿、孕妇禁用茵栀黄注射液。

同时，由于茵栀黄口服液中含有金银花提取物，目前已经明确证实金银花可以诱发G-6-PD缺乏症（蚕豆病）患者发病。蚕豆病以广东、海南、广西、云南、贵州、四川、重庆等地为高发区，发生率4%～15%，个别地区高达40%。

2017年8月21日，国家食品药品监督管理总局发布了《总局关于修订茵栀黄口服制剂说明书的公告（2017年第96号）》，详见文末"附1"和"附2"。

我国在2014年中华医学会儿科学分会新生儿学组所颁布的《新生儿高胆红素血症诊断和治疗的专家共识》中对于高胆红素血症的治疗给出了建议：1.进行光疗；2.换血疗法；3.药物治疗，静脉注射丙种球蛋白（IVIG）或者白蛋白。该共识也没有提到使用茵栀黄口服液（关于新生儿黄疸的几种治疗方法，详见文末"附3"和"附4"）。

由人民卫生出版社出版的《实用新生儿学》，有关新生儿黄疸治疗的内容只写了生理性黄疸和高胆红素血症的预防与治疗措施，也没有使用茵栀黄口服液以及茵栀黄注射液来退黄一说。

为了新生儿和小婴儿的健康，请不要使用茵栀黄口服液给新生儿或小婴儿退黄。

母乳性黄疸最早是从20世纪60年代开始被报道，当时发病率大约为1%～2%。随着人们对母乳性黄疸的进一步认识，从20世纪80年代开始文献报道的发生率就有逐年上升的趋势。据有关文献报道，现在正常母乳喂养的婴儿出生28天黄疸发生率大约为9.2%，实际上发生率要比报道的数量大得多。

母乳性黄疸主要特点是新生儿母乳喂养后血液中的未结合胆红素升高，表现出黄疸。母乳性黄疸可分为早发型和迟发型。早发型母乳性黄疸出现的时间是出生后3～4天，黄疸高峰时间是在出生后5～7天；迟发型母乳性黄疸在出生后6～8天出现，黄疸高峰时间是在出生后2～3周，黄疸消退时间可达6～12周。

对于母乳性黄疸的病因及发病机制目前还未完全明确。现认为这是在多种因素作用下新生儿胆红素代谢的肠—肝循环增加所致，主要包含3个方面。

1.喂养方式。喂奶延迟、奶量不足或者喂养次数减少造成新生儿肠蠕动减慢，肠道正常菌群建立延迟等原因，导致肠道的未结合胆红素吸收增加，是早发型母乳性黄疸发生的主要原因。也有人认为，初乳中β-葡萄糖醛酸苷酶含量较高，促进新生儿肠—肝循环，导致未结合胆红素含量增高。但是，目前对于早发型母乳性黄疸确切的发病机制尚有争论。

2.母乳原因。生后1周以上纯母乳喂

养的新生儿出现黄疸，血胆红素超过传统的生理性黄疸的标准，称为迟发型母乳性黄疸。推测母乳中β-葡萄糖醛酸苷酶含量高，在新生儿肠道内通过水解结合胆红素称为未结合胆红素，使得胆红素回吸收增加，导致黄疸。但目前缺乏重复性试验研究的证明，所以该原因仍然在研究中。

3.肠道微生态原因。胎儿期间消化道内有少许细菌（主要来自母亲胃肠道的细菌）。新生儿出生后，随着哺乳期间来自乳房的细菌，以及口腔、鼻、肛门和皮肤上的大量细菌迅速进入机体，使肠道内细菌种类与数量迅速增加并于第三天接近高峰，而且母乳中含有的天然低聚糖会成为新生儿体内微生物平衡的根基，使新生儿逐渐建立并维持肠道的微生态平衡。这些细菌不但参与水解蛋白，分解碳水化合物，使脂肪皂化，溶解纤维素，而且还合成维生素K和B族维生素。同时，肠道中某些细菌还有一个重要的作用，即转化肠道内的胆红素形成粪胆原排出体外，以减少未结合胆红素的重吸收。但是，有的母乳喂养儿缺乏转化胆红素的菌群，是造成母乳性黄疸的原因之一。

此外，还有一些纯母乳喂养的宝宝可能是因为尿苷二磷酸葡萄糖醛酸苷转移酶1基因突变，使得黄疸加重或消退时间延长。

大量研究表明，早产儿经母乳喂养者比足月儿更容易发生母乳性黄疸（主要以迟发型母乳性黄疸为主），尤其是出生时体重低于1500g的早产儿。其原因可能是与早产儿的肠—肝循环增加以及母乳中某些因子含量高、活性强有关。

目前，母乳性黄疸缺乏诊断手段，往往在排除了其他引起新生儿黄疸产生的病因后才能确诊。

本病确诊后不需要特殊治疗，预后良好。一般母乳性黄疸的孩子需要继续哺乳，而且勤喂母乳，保证每天8～12次，促进肠蠕动及大便排泄，有利于黄疸消退。

对于早发型母乳性黄疸出现在生理性黄疸期，且总血清胆红素值高于220.6μmol/L（12.9mg/dL）或者迁延不退，超过生理期限仍有黄疸，总血清胆红素值大于34.2μmol/L（2mg/dL），可继续母乳喂养并同时进行光疗。早发型母乳性黄疸常伴有生理性体重下降>12%。母乳性黄疸的处理主要包括帮助母亲建立成功的母乳喂养，确保新生儿摄入足量母乳。如果新生儿生理体重下降超过7%，建议补充配方奶。避免错误地喂食葡萄糖水，这样容易使哺乳次数减少，不利于乳汁的分泌。

对于迟发型母乳性黄疸，总血清胆红素低于256.5μmol/L（15mg/dL）可继续母乳喂养，加强监测。如果总血清胆红素为256.5～342.0μmol/L（15～20mg/dL），可以暂停母乳3天，并配合光疗，改用配方奶喂养（最好使用小杯子喂奶，不要使用奶瓶、奶嘴，否则停母乳3天后孩子会拒绝妈妈亲喂母乳，不利于保证纯母乳喂养成功），黄疸可以消退50%。恢复母乳喂养后，黄疸虽有轻度上升，但随后逐渐降低至消退。在停母乳期间，乳母需要按时挤出母乳，排空乳房，有利于孩子恢复母乳喂养后能够获得充足的奶量。早产儿当总血清胆红素到171.0μmol/L（10mg/dL）即应警惕，及早干预。（有关母乳相关性黄疸的几个问题，详见文末"附5"。）

一般情况下，母乳性黄疸预后良好，国内迄今为止没有见胆红素脑病的报告。因为有人报告母乳性黄疸有导致轻微的中枢神经系统损害的可能，所以对于血清胆红素浓度较高的母乳性黄疸的患儿，尤其是早产儿应密切观察给予及时的处理。

早开奶、勤吸奶，保证孩子的奶量，让孩子吃饱以刺激肠蠕动，增加大便排出，仍是减少早发型母乳性黄疸发生的一个好措施。

附1
总局关于修订茵栀黄口服制剂说明书的公告（2017年第96号）

根据药品不良反应评估结果，为进一步保障公众用药安全，国家食品药品监督管理总局决定对茵栀黄口服制剂说明书【不良反应】和【注意事项】项进行修订。现将有关事项公告如下：

一、所有茵栀黄口服制剂生产企业均应依据《药品注册管理办法》等有关规定，按照茵栀黄口服制剂说明书修订要求（见附2），提出修订说明书的补充申请，于2017年9月29日前报省级食品药品监管部门备案。

修订内容涉及药品标签的，应当一并进行修订；说明书及标签其他内容应当与原批准内容一致。在补充申请备案后6个月内对已出厂的药品说明书及标签予以更换。

各茵栀黄口服制剂生产企业应当对新增不良反应发生机制开展深入研究，采取有效措施做好茵栀黄口服制剂使用和安全性问题的宣传培训，指导医师合理用药。

二、临床医师应当仔细阅读茵栀黄口服制剂说明书的修订内容，在选择用药时，应当根据新修订说明书进行充分的效益/风险分析。

三、茵栀黄口服制剂为处方药，患者应严格遵医嘱用药，用药前应当仔细阅读茵栀黄口服制剂说明书的新修订内容。

特此公告。

附件：茵栀黄口服制剂说明书修订要求

食品药品监管总局

2017年8月17日

茵栀黄口服制剂说明书修订要求

一、【不良反应】项增加以下内容：

本品有腹泻、呕吐和皮疹等不良反应报告。

二、【注意事项】项增加以下内容：

1.鉴于茵栀黄口服制剂有葡萄糖-6-磷酸脱氢酶（G6PD）缺乏患者发生溶血的个例，目前关联性尚无法确定，有待进一步研究，建议葡萄糖-6-磷酸脱氢酶（G6PD）缺乏者谨慎使用。

2.脾虚大便溏者慎用。

新生儿光疗

光疗的目的是通过转变胆红素，产生异构体，使胆红素从脂溶性转变为水溶性，不经过肝脏的结合，经胆汁或尿排出体外。这是一种降低未结合胆红素的简单易行办法，也是我国中华医学会儿科学分会新生儿学组所颁布的《新生儿高胆红素血症诊断和治疗的专家共识》中公认的对于高胆红素血症的治疗手段。光疗同样也是美国儿科学会等机构公认的高胆红素血症治疗方法。全球已经应用光疗40多年，已经证明了光疗的疗效并无严重的副作用。

光疗适用于高未结合胆红素血症的患儿、早产儿（包括极低出生体重儿），对一些高危儿也应该适当放宽光疗的指征。

新生儿光疗箱是全透明的有机玻璃暖箱，有可以打开和关闭的暖箱门。暖箱上下面都有并排的几组灯管。灯管采用蓝光灯，波长为420～470mm。白光光源也可以，但是临床治疗上不如蓝光光源效果好。光疗箱内的温度设置为30℃，相对湿度为50%～65%。如果作为预防性治疗可以采用单光治疗，即只开上面的灯管。如果是高胆红素血症患儿治疗，以开启上下灯管双光治疗为宜。

新生儿光疗是目前对新生儿黄疸治疗的一种手段，可以有效地降低黄疸对新生儿的负面影响。如果新生儿在出生后24小时内出现黄疸，或者48小时内胆红素大于154μmol/L（9mg/dL），又或者48小时后胆红素大于205μmol/L（12mg/dL）；早产儿胆红素大于171μmol/L（10mg/dL）都应进行光疗。光疗又分为强光疗和标准光疗。具体采用哪种光疗需要医生根据患儿的病情决定。

停止光疗指征：对于>35周新生儿，一般当血清总胆红素<222～239μmol/L（13～14mg/dL）即可停止光疗。

新生儿进入光疗箱，需要裸体放在箱内的有机玻璃板上，用黑布罩遮住双眼（因为蓝光可以伤害新生儿眼睛的黄斑部位），用尿布遮盖住生殖器。除了需要进行的清洁护理和喂奶以外，可连续治疗24～48小时。新生儿在光疗箱内因不显失水增加，需要额外增加饮水。如果新生儿是预防性治疗，也可以白天进行光疗，夜间回到妈妈身边。光疗期间需要每天6～12小时监测一次。对于溶血症或胆红素接近换血水平的患儿需在光疗开始后4~6小时内监测。当光疗结束后12~18小时应监测胆红素水平，以防反跳。光疗时，新生儿可能会出现发热、皮疹、腹泻，光疗停止后即可痊愈。也有可能出现青铜症（皮肤呈灰棕色，血清、尿均呈相似颜色），多见于直接胆红素达68μmol/L（4mg/dL）的新生儿。青铜症是无害的良性自然过程，可自行消退，对疾病的预后、精神及体格发育无影响。

光疗可以单面光疗和双面光疗，双面更优于单面。光疗时间可以是连续光疗或者间断光疗，医生需要根据病情来决定。

另外，家长必须明确，光疗不能代替换血疗法，但是能够在一定程度上减少换血的次数。

附4
换血疗法

换血疗法是治疗高胆红素血症的最迅速的办法，多用于重症母婴血型不合的溶血病。通过换血及时换出抗体和致敏的红细胞，减轻溶血，降低血清胆红素浓度，防止胆红素脑病并纠正贫血，防止心力衰竭。

需要换血的患儿由专业医生针对不同疾病引起的高胆红素血症选择不同的血液进行换血。手术应在严格消毒的房间内进行，并同时具备相应的医疗设备。换血量通常为新生儿血容量的2倍，然后按照换血步骤进行换血。

换血后仍要密切观察黄疸进展的程度，患儿的精神状态、呼吸、心率以及拥抱反射是否存在等。先给予葡萄糖水试喂，没有呕吐等情况发生可以进行正常喂养。同时需要检测血常规、血糖、电解质、血气分析等，以便发生异常时能够及时给予处理。

附5
有关母乳相关性黄疸的几个问题

2018年，由中华医学会儿科学分会儿童保健学组、中华医学会围产医学分会、中国营养学会妇幼营养分会、《中华儿科杂志》编辑委员会发布的《母乳喂养促进策略指南（2018版）》推荐，母乳相关性黄疸婴儿不应中断母乳喂养。其推荐说明，一项前瞻性队列研究显示，母亲产后1个月时仍坚持母乳喂养的婴儿黄疸发生率较低，而院内临时中断母乳喂养的婴儿黄疸发生率较高。母乳相关性黄疸的婴儿短期中断母乳喂养会影响继续母乳喂养。对于诊断明确的母乳相关性黄疸婴儿，当胆红素水平低于光疗界值时，不建议光疗和其他治疗。指南进一步推荐说明，如果新生儿一般情况好，体重增长符合正常速率，尿、粪便的颜色和量均正常，胆红素水平低于光疗界值，母乳相关性黄疸婴儿不需要治疗。对于诊断明确的母乳相关性黄疸婴儿，当胆红素水平达到光疗指征，允许母亲在婴儿光疗间歇期进行母乳喂养并照顾新生儿。

咽下综合征

Q 我的孩子是剖宫产儿，出生后不停地呕吐，吐出的东西是黏液和黄绿色的水。医生检查后认为是咽下综合征，决定给孩子洗胃。咽下综合征是一种什么病？

A 有一些难产儿、宫内窒息或者过期产儿在出生后1～2天内，还没有开奶前就开始呕吐，其呕吐物可以是泡沫带有黏液或者黄绿色的水样物，有的新生儿呕吐物还带有咖啡色血样物。这些新生儿开奶后会呕吐得更加严重，但孩子的精神状况正常，也没有呛咳或者口唇发绀的情况。此种情况很可能就是新生儿咽下综合征。这是因为胎儿一般在宫内吞进少量羊水后，并无不适反应，但是难产儿、过期产儿或发生宫内窒息的胎儿在分娩过程中常常吞进大量羊水。另外，宫内窒息的胎儿还可能因为宫内缺氧而排出胎便，在分娩过程中有可能吸入被胎便污染的羊水，因此呕吐物可能呈黄绿色。这些被吸进的过多羊水、被胎粪污染的羊水或含有母血的羊水就会刺激新生儿的胃黏膜而引起呕吐。

咽下综合征的新生儿一般无须治疗，只要吐尽了吸入的羊水，一般1～2天即可自愈。呕吐严重的新生儿可以用温生理盐水兑上等量的温水，洗胃1～2次，呕吐即可停止。

新生儿湿肺

Q 医生说我的孩子得了新生儿湿肺，这是一种什么病？严重吗？

A 新生儿湿肺是由于肺泡内羊水积聚引起的一种自限性疾病。患有新生儿湿肺的孩子出生后可能会出现呼吸急促、发绀、呻吟、吐沫、不吃、不哭、反应差，由此引起家长的紧张、焦虑。

正常情况下，胎儿在母体时肺泡内是有一定量液体的。这主要是为了防止胎儿肺泡黏着，使得肺泡保持扩张状态，有利于出生后充气扩张。同时，肺泡内液体还起到调节胎儿体内酸碱水平的作用。胎儿到34～35周肺液达到最大量，以后逐渐减少。到出生前几天肺液开始清除，同时肺液分泌也受到抑制。对于正常足月阴道产的胎儿，在生产过程中由于受到产道的挤压，肺液通过口、鼻排出，而多余的肺液也会由肺泡移行到肺间质中，所以新生儿出生后6小时内肺液会全部清除。

但是，如果胎儿有宫内窘迫，出生时窒息，产妇在产程中大量使用镇痛麻醉药，剖宫产，早产儿等因素的存在，就会造成肺液吸收和清除延迟而引起新生儿湿肺。其中剖宫产儿，尤其是选择性剖宫产儿由于缺乏产道的挤压，又缺乏应激反应，促使肺液蓄积过多，更易发生湿肺。

新生儿湿肺多发生在出生后，一般仅给予短时吸氧处理。绝大多数病程在24小时内恢复正常，最短病程为生后5～6小时，极少延长到4～5天。

新生儿低血糖

Q 我怀孕的时候得了妊娠期糖尿病，但血糖不是很高。孩子是足月出生，体重3.5kg。出生时血糖2.2mmol／L，后喝糖水血糖升至2.7mmol／L，没有其他症状。现在一个月了，发育得很好，体重已经4.5kg。请问他还会不会出现低血糖的症状？

A 新生儿发生低血糖的症状或体征非特异性，只是表现少动、嗜睡、少吃，少部分新生儿低血糖无症状，不容易引起看护者的注意。同样水平的血糖患儿所表现的症状也有很大的差异。无症状性低血糖患儿比有症状的低血糖患儿多10～20倍。

患儿主要表现为反应差、嗜睡、阵发性发绀、震颤、呼吸暂停、不吃、眼球不正常转动。有的孩子表现为多汗、脸色苍白、反应低下。一些家长往往误认为孩子乖巧、不闹、省心省力而忽略没有处理。但是，低血糖是造成新生儿中枢神经系统损害和智力发育低下的原因之一，而且发生得越早，血糖越低，持续时间越长，就越容易造成中枢神经系统的永久损害，留下后遗症。正常的足月新生儿低血糖的发生率为1%～5%，而早产儿和小于胎龄儿的发生率为15%～25%，因此预防新生儿低血糖更为重要。

新生儿产生低血糖的原因有很多。胎儿主要在胎龄32～36周储存肝糖原，而代谢产热、维持体温的棕色脂肪的分化是从胎龄26～30周开始，一直延续到出生后2～3周。孩子出生后离开母亲温暖的子宫到温度相对于子宫低的外界环境，为了适应周围的环境，代谢所需的能量相对变高，但是糖原储存得少，尤其是早产儿和小于胎龄儿其糖原合成酶的活性较低，但是组织器官代谢需糖量却相对较大，因此新生儿尤其是小于胎龄儿和早产儿更容易发生低血糖。

孕母在怀孕的时候如果有妊娠期糖尿病，由于自身血糖高，胎儿的血糖也随之增高，因此胎儿的胰岛素代偿性增高。出生以后，新生儿不能从母体中再获得糖原，而胰岛素还维持在一个高水平，因此更容易发生低血糖。如果孕母发生过妊娠高血压综合征或胎盘功能不全者，新生儿低血糖发生率更高。但是，有个别孩子也会因为延迟开奶，发生低血糖。如果新生儿还伴有其他疾病，如感染、窒息、呼吸道疾病等，也容易发生低血糖。新生儿低血糖多发生在生后数小时至1周内，只要产后1小时内做到早接触（现在称为第一次拥抱）、早开奶、早吸吮（合称"三早"）和勤吸吮，一般就不会发生新生儿低血糖。

如果因为医疗原因不能母乳喂养的孩子，生后应及时添加配方奶，也不会发生低血糖。医生对于高危儿应密切监测，如果发生低血糖及时补充糖水，很快就会纠正低血糖，血糖常常在12小时内达到正常水平。目前低血糖的诊断是，足月儿最初3天内血糖低于1.7mmol/L（30mg/dL），3天后血糖低于2.2mmol/L（40mg/dL），才能诊断为低血糖。小于胎龄儿和早产儿生后3日内血糖低于1.1mmol/L（20mg/dL），3日后低于2.2mmol/L（40mg/dL），才能诊断为低血糖。但是，一些业内人士认为上述诊断界限值偏低，有的孩子在血糖1.7～2.2mmol/L时常出现低血糖症状，给予葡萄糖后症状即消失。

中华医学会儿科学分会儿童保健学组、中华医学会围产医学分会、中国营养学会妇幼营养分会、《中华儿科杂志》编辑委员会发布的《母乳喂养促进策略指南（2018版）》推荐《美国新生儿低血糖管理指南》中的相关建议：新生儿出生>24小时内，血糖水平应持续>2.5mmol/L；出生>24小时，血糖水平应持续>2.8mmol/L；低于上述水平则为低血糖。高危儿易发生低血糖，当其出现激惹、呼吸急促、肌张力降低、喂养困难、呼吸暂停、体温不稳定、惊厥或嗜睡等临床症状时，均应在生后1小时内监测血糖，以后每隔1～2小时复查，直至血糖浓度稳定。指南同时建议，有临床症状或血糖<2.6mmol/L的低血糖婴儿可静脉输注葡萄糖。无症状低血糖可以继续母乳喂养（每次间隔1~2小时）或按1~3mL/kg体重（最高不超过5mL/kg体重）喂养挤出的母乳或捐献人乳。如喂养后血糖水平仍很低，应立即进行葡萄糖静脉输注治疗，在此期间母乳喂养仍可继续，但随着血糖的逐渐恢复相应减少输糖量。

新生儿头皮下血肿

Q 我的孩子是顺产儿，出生后发现头颅的顶部有一个凸起的硬包，轻轻压迫有波动感。现在孩子快满月了，这个硬包仍然没有消退，怎么办？

A 孩子出生时，如果最先露出的是头顶的部分，由于产道压迫造成皮下组织渗液，或者是头皮下的血管破裂，都会出现头顶囊状包。前者称为产瘤，其特点是边缘不清楚，没有囊样感觉，肿胀的地方可见凹陷性水肿，一般几天后消失。后者称为头皮下血肿，触摸有波动的囊样感（图20）。头皮下血肿因为很少合并感染，绝对禁止抽取积血（如果抽血反而有可能引起感染，造成感染扩散）。头颅血肿大多数6~10周吸收，个别的孩子血肿部位积血没有完全吸收会钙化，形成了与颅骨连在一起的硬块，使得头形局部凸起，除了影响美观外没有其他影响。不过，头皮下血肿如果积血过多，有可能使新生儿黄疸加重。

图20

新生儿锁骨骨折

Q 我的孩子是自然产儿，在接生的时候由于娩肩困难发生锁骨骨折，经医院小儿骨科会诊，医生告诉我处理后对孩子的发育不会产生什么影响，但是我却不放心。请问骨科医生说得对吗？

A 新生儿锁骨骨折是一种比较常见的骨折，正常胎位发生率大约是0.5%，胎位不正的新生儿发生率大约是16%。锁骨骨折多见于体重比较大的新生儿、母亲骨盆比太小，或使用产钳助产的新生儿。锁骨骨折的孩子有的时候没有什么特殊表现，只是在活动患侧上肢时孩子哭闹或者锁骨局部有些凸起。因为新生儿锁骨骨折多为青枝骨折，而且新生儿骨膜肥厚、有弹性并有强韧的组织支撑，骨折处稳定性比较好，所以骨折后外形变异的可能性不大。即使错位比较严重，孩子生长过程中也会自行矫正。如果不伴有臂丛神经损伤，多数专家认为无须固定，在出生后3周内不要牵动患侧的上肢，不需要特殊治疗。也有的专家建议使用十字绷带固定。锁骨骨折诊断依赖于X光检查。

单纯锁骨骨折新生儿的愈合能力很强，对弯曲变形的重塑拉直、拉长的能力很大，一般生后1周骨折处形成骨痂，2周后就会愈合。只要没有合并臂丛神经损伤，一般不会对孩子生长发育以及以后活动产生不利的影响。

新生儿肺炎

Q 我的孩子刚出生2天，出生时胎粪3度污染，在婴儿室观察一天后因新生儿肺炎收住院治疗。我们并没有接触外面的人，他怎么会得新生儿肺炎呢？

A 新生儿肺炎是对新生儿期患肺炎的一个总称，其实医学上没有新生儿肺炎这一诊断。

新生儿肺炎包括吸入性肺炎和感染性肺炎。最常见的新生儿吸入性肺炎为胎粪吸入综合征，主要是新生儿在出生前或者出生时吸入胎粪、大量羊水、血液而引起呼吸系统疾病。新生儿吸入性肺炎也包括产后因误吸奶液引起的呼吸系统病理改变。胎粪吸入综合征多与胎儿宫内窘迫有关。因为胎儿宫内缺氧导致胎粪排出，污染羊水，在宫内或者出生时被胎儿吸入。这样的孩子出生后多表现为呼吸困难、发绀、呻吟、鼻翼翕动，体征会出现三凹征（即吸气时胸骨上窝、锁骨上窝、肋间隙出现明显凹陷）、明显的气急、呼吸浅而快，肺部听诊可闻及啰音。该病根据胸片和临床表现就可以确诊。而奶液误吸引起的吸入性肺炎也比较多见，新生儿因为吸入奶液表现为突然呛咳、颜面部青紫、窒息、气急、呼吸困难等，同样体征可以出现三凹征、肺部啰音，进而继发感染引起肺炎。该病结合胸片即可诊断。

新生儿感染性肺炎可以在宫内、出生时或者出生后由于细菌、病毒或原虫等引起。宫内感染主要是指孕母受到细菌、病毒或原虫感染，胎儿通过吸入污染的羊水感染；或者孕妇妊娠后期感染病毒、原虫、支原体即梅毒螺旋体，虽然孕妇没有任何症状，但是病原体可以通过胎盘屏障，血行传播给胎儿，致其肺部感染。胎儿出生时吸入被产妇阴道病原体污染的分泌物，或者断脐不洁，都会引起新生儿感染性肺炎。但是，出生时感染是需要经过一段潜伏期才发病。而出生后感染肺炎发生率最高，其感染途径主要是通过呼吸道，或者本身患有的感染性疾病病原体通过血行传播，又或者医源性传播，包括医用器械、院内交叉感染、滥用抗生素等原因。

孩子患肺炎住院后，通过医生检查，确诊引起肺炎的原因，才能对症治疗，早日康复。

新生儿腹胀便血

Q 我的孩子足月顺产，人工喂养。出生后不久，孩子出现腹胀、腹泻，1～2天后大便呈深棕色，大便潜血化验呈阳性，医生高度怀疑是新生儿坏死性结肠炎，让孩子住院治疗。孩子怎么得了这个病？医生说可能与冲调配方奶不对有关，是这样吗？

A 新生儿坏死性结肠炎多发生在早产儿、有窒息生产史、有细菌感染的新生儿身上，尤其在新生儿腹泻流行的季节容易病发，也有因喂养不当造成的。此病多发生在孩子生后2～3周。

早产儿由于抵抗力弱，胃肠道发育不成熟，极易发生肠道感染，进而引起肠道损伤、缺血坏死。如果早产儿每次喂奶增加奶量过快、过多，造成肠腔内压力过高膨胀，肠壁血流灌注少，也会发生肠壁缺血坏死。新生儿窒息缺氧，造成肠壁血流减少，因缺血而坏死。足月儿如果有细菌感染，尤其是腹泻的孩子，肠壁也会因细菌感染而发生缺血坏死。一些人工喂养的孩子，如果不按配方奶的浓度配制，例如过浓，造成肠腔内高渗透压，促使肠壁血管内的大量液体转入肠腔，造成肠壁黏膜缺血损伤，进而发生坏死。

预防新生儿坏死性结肠炎发生首先要预防早产。新生儿生后要注意科学喂养，主张母乳喂养，尤其对于早产儿更为重要。如果医院有母乳库，也可以使用母乳库的奶，以减少新生儿坏死性结肠炎。同时，注意与有感染的患儿进行隔离。对于必须人工喂养的孩子，家长一定要按照配方奶说明的冲调方法和配置比例进行冲调、喂养。

新生儿乳房肿大

Q 近来，我发现宝宝右侧乳房肿胀，左侧乳头凹下去，听老人们说宝宝生下来要把乳房里的黄水给挤出来，可是我不敢这样做。请问挤乳头会对孩子有影响吗？

A 新生儿生后4～7天常见乳房肿大，如黄豆、蚕豆甚至胡桃那么大，有的还可以见到乳晕，分泌白色的液体。这是由于母体中雌激素通过胎盘残留在孩子体内影响所致。有的地方有挤乳头的习惯，这是一个非常不好的陋习。乳房肿大虽然是新生儿的一种特殊情况，但也是新生儿的正常现象，只不过不是每个孩子身上都有。

给新生儿挤乳头很容易引起细菌感染。新生儿从母体来到这个大千世界，要面对各种病原体的威胁，而新生儿对多种疾病的特异性免疫主要是通过母体获得，但是他们的特异性免疫反应很不活跃，况且有的抗体还不能通过胎盘给予孩子，因此新生儿体内的非特异免疫还不成熟和完善，抑菌、杀菌能力很低。在成年人看来微不足道的感染，对于抵抗力相当弱的新生儿来说却是灭顶之灾。因此，新生儿需要我们仔细、科学地呵护。

千万不能挤孩子的乳头，随着孩子的　　成长，乳房会自然恢复正常。

剖宫产儿出生一周内最容易出现的问题

Q 我因为骨盆狭小准备做剖宫产，但是我听说剖宫产儿出生一周内很容易出现一些问题，是这样的吗？

A 根据我多年的临床经验，剖宫产儿在出生一周内最容易出现以下几个问题。

哭闹问题

95%以上剖宫产儿出生后很快就会出现不同程度的哭闹、多动、不喜欢触摸、易惊以及睡眠障碍。即使很小的声响也能引起剖宫产儿过强的反应，而且晚上常常莫名其妙地哭闹。这些孩子的哭闹很难安抚，甚至拒绝进食，引起父母紧张、焦虑不安，久而久之超出了父母忍耐的限度，导致父母因反感而疏远孩子，不利于亲子依恋关系的建立。据研究，这种情况的发生是因为胎儿在子宫内吞咽了大量羊水，由于实施了剖宫产，吞咽的羊水不能通过产道的挤压而排出来，大量滞留在新生儿消化道，造成危害，引起肠绞痛。也有的专家认为，剖宫产儿哭闹主要与感觉统合失调，即触觉防御性反应过度有关。

下奶晚及母乳不足引发的一系列疾病

剖宫产儿出生后由于妈妈还在手术中或状态不佳，不能在生后半小时内进行早吸吮，不利于妈妈早期建立生乳反射和喷乳反射。另外，手术疼痛的打击，产妇精神紧张、焦虑、忧郁，止痛药或麻醉药在体内残留均可抑制或影响乳汁的分泌。而且，剖宫产会使5-羟色胺分泌增加，导致泌乳素和催产素分泌减少。再加上手术后医生需要观察产妇的肠功能是否受损，因此饮食受到限制，乳母只能进流食或半流食，不能满足其对营养的需求。以上均可造成下奶晚或母乳分泌少，不利于母乳喂养成功。同时，剖宫产儿由于不能及时获得初乳中的一些免疫物质，其免疫功能差，易合并感染。下奶晚或母乳不足也容易引发新生儿低血糖。人的大脑代谢主要依靠的能量来源是糖，低血糖对大脑造成的损伤往往是不可逆的。同时，由于喂养延迟或母乳不足，造成剖宫产儿胎粪排出延迟，增加胆红素的回吸收而发生高胆红素血症。也有报道因为产妇所用麻醉药物通过胎盘进入胎儿血循环中，致使红细胞通透性改变，存活期缩短而大量破坏，致黄疸加重。

研究发现，剖宫产儿的胎便菌群中有益的乳酸杆菌定植程度显著低于顺产婴儿。新生儿的菌群与分娩方式有关，剖宫产儿身上来自母体阴道的有益细菌较顺产婴儿少得多。研究人员通过检测发现，足月剖宫产儿肠道菌群在第八周后与足月顺产儿趋于相似。也有研究认为，分娩方式给婴儿带来的菌群差异会持续更长时间。所以，我国微生物研究专家段云峰认为，剖宫产儿一出生就输在肠道微生物的起跑线上了。

容易发生剖宫产儿综合征

剖宫产儿综合征主要是指剖宫产儿呼吸系统并发症，如窒息、湿肺、羊水吸入、肺不张和肺透明膜病等。剖宫产儿湿肺的发生率为8%，而阴道产儿湿肺的发生率仅为1%。在孕期，由于发育的需要，胎儿肺内存在一定量的肺液，但在出生的瞬间，这些肺液必须迅速加以清除，为出生后气体顺利进入呼吸道，减少阻力，保证肺能够马上进行气体交换，建立有效的自主呼吸。阴道产儿由于产道的挤压和儿茶酚胺的调节，使得胎儿呼吸道内的肺液1/3～2/3被挤出，剩

余的肺液在出生后被进一步清除和吸收。但是，剖宫产儿缺乏这一过程，肺液排出较少，肺内液体积聚过多，增加了呼吸道内的阻力，减少了肺泡内气体的容量，影响了通气和换气，导致不少剖宫产儿特别是择期剖宫产儿出生后出现呼吸困难、发绀、呻吟、吐沫、反应差、不吃、不哭等症状，发生新生儿湿肺，严重者导致窒息、新生儿肺透明膜病、新生儿缺血缺氧性脑病的发生。另外，由于剖宫产儿没有经过产道挤压，无法更好地适应出生后血流动力学和血生化的瞬间改变，所以颅内出血也时有发生。

不利于建立早期依恋关系

心理学家指出，几乎所有的母亲对孩子的爱都是无限的，特别是当孩子分娩出的那一刻，母爱达到顶点，母亲不能忍受与宝宝片刻的分离。心理学家把这一阶段称为母性的敏感期。剖宫产儿由于妈妈还在继续手术或者因为妈妈的状态不佳，不能及时与母亲进行肌肤密切接触。虽然我国爱婴医院规定孩子出生后半小时内必须和母亲进行皮肤接触，尤其是世界卫生组织又提倡生后与新生儿第一次拥抱，但是往往由于各种原因而做不到，因此造成母婴最初的"隔离"。而刚出生的孩子是最需要母亲爱抚的，如果母亲不能第一时间接触孩子，会使宝宝亲近母亲的天性得

不到自然的发展，不能获得安全感和满足感，对其日后的健康成长是非常不利的。

近来有科学家认为，母子之间最早的皮肤接触，有助于建立早期依恋关系，并且经过一段时间的相互作用，便有可能形成牢固的依恋关系。母子间最初皮肤接触时间的早晚比早期接触的绝对时间长短更重要，这是因为产妇体内雌激素作用可能产生最强烈的感情，促使她去关心自己的孩子，有利于形成早期依恋。如果不利用，激素的作用就会消失。

过敏概率比较高

根据研究发现，剖宫产儿对普通过敏原的过敏概率是阴道产儿的5倍。这是因为剖宫产儿没有接触母体阴道和肠道的菌群，无法建立起正常的菌群环境，免疫调节功能相对较弱。另外，剖宫产儿往往由于母乳下来得比较晚，最先接受的是配方奶，而母乳中含有很多免疫因子，能帮助新生儿建立正常的肠道菌群，有利于婴儿免疫系统正常发育。虽然过敏是很多因素导致的，但还是尽量选择阴道产，选择母乳喂养。

所以，为了妈妈和孩子的健康，除了具有医疗指征不适合阴道产外，孕妈妈都应该选择阴道产。

CHAPTER 2

宝宝
日常照顾

给孩子穿多少衣服合适

Q 我的孩子已经8个月了，经常发现他手脚发凉，家里的老人认为这是给他穿的衣服少，孩子受冷的缘故。可是多穿衣服后，孩子大汗淋漓。请问孩子手脚发凉是衣服穿得少，还是其他问题导致？

A 在我们生活中经常发现有的婴幼儿手脚发凉。一些家长就认为孩子可能穿得少，认为孩子的手脚发凉是受冷造成的，因此就会给孩子增加衣服，岂不知这样做反而容易造成孩子感冒。为什么呢？原来婴幼儿尤其是1岁以下的孩子四肢含有的血量少于内脏，通往四肢末端的血管对温度更为敏感，遇到冷空气会收缩，因此四肢供血不足，可能是造成孩子手脚发凉的原因之一。又由于婴幼儿神经系统发育不成熟，尤其是自主神经发育不成熟，不能很好地控制血管收缩和舒张，所以孩子会出现手脚发凉的现象。随着孩子逐渐发育，这种现象就会消失。

家长可以通过以下办法来观察孩子是否冷：哺乳的婴儿在吃奶时，妈妈可以通过乳头来感受孩子口腔，判断孩子是否冷；摸摸孩子的后背和腋下的温度，如果后背和腋下温暖，就说明孩子不冷，不需要给孩子额外加衣服。

孩子喜欢在家里光着脚走路，好吗

Q 我的孩子已经2岁多了，夏天习惯了在家光脚走（家里是木地板），现在入秋之后在家不让穿袜子或鞋，不知道天冷了小朋友光脚在地板上走会不会受凉呢？

A 脚是一个触觉器官，也是一个知觉器官，更是一个运动器官，光着脚走路促进了感知觉的发展，有助于双脚抓地的功能建立，也有助于脚弓的形成。由于双脚的运动可以促进脚的血液循环，所以孩子不会受凉的。南非斯泰伦博斯大学和德国耶拿大学发表在《儿科前沿》杂志上的研究表明，南非大多数习惯光脚上学的孩子，在进行体育和休闲活动时，他们的光脚运动非常规律，更善于跳跃，平衡感更好。因此，适当光脚有助于孩子成长和运动发育。孩子如果已经习惯光脚走路，不需要制止，光着脚走路还可以训练孩子的耐寒力。当然，如果进入秋天，给孩子穿着袜子在屋里走路也是可以的。

请勿给孩子穿开裆裤

Q 我的宝宝已经1岁多了，是个女孩。这几天孩子尿尿时哭闹，尿色发红，到医院就医，诊断为尿路感染。医生说尿路感染与穿开裆裤有关，是这样的吗？

A 一些人喜欢给婴幼儿穿开裆裤，认为穿开裆裤护理方便，可以轻松把大小便或者随时小便，不至于弄脏裤子，减轻大人负担。其实，这是一个很不好的习惯，弊病多多。

婴幼儿穿开裆裤，整个小屁股裸露在外面，孩子又经常在地上活动，很容易受凉引起感冒或腹痛、腹泻。尤其是随着孩子大运动能力不断发展，随地坐、满地爬，外生殖器都暴露在外面，一些不洁之物，如泥土、虫卵和一些肉眼看不见的细菌很容易进入尿道口，造成尿路感染，甚至感染上行引起肾脏的病变。女孩由于阴道和尿道都开口在外阴，更容易引起尿路和阴道的感染，而且孩子小屁股的皮肤直接接触外界，也容易引起外伤，甚至造成外生殖器的伤害。穿开裆裤还容易养成孩子随地大小便的坏习惯，既破坏了公共卫生，又让孩子养成了不正确的行为习惯。因此，孩子不应该穿开裆裤。

从尊重孩子的隐私和自尊心考虑也不应该给孩子穿开裆裤。孩子是一个独立的人，他与大人一样有尊严，是一样平等的人。家长仅仅为了图省事，完全不考虑孩子的尊严，毫不顾忌孩子的羞耻，不仅不尊重孩子，而且不尊重他人，包括家长自己。家长应该帮助孩子保护自己的隐私，维护

他的自尊心。家长要教育孩子从小不要在外人面前暴露自己的身体，尤其是外生殖器，这也是一种性教育。而且，穿开裆裤还可能养成孩子或他人无意识或有意识地玩弄外生殖器。养成这种癖好，对孩子以后的性心理发展可能造成不良的后果。

因此，建议家长给孩子穿上合裆裤。为了防止尿裤子，可以使用纸尿裤或者布尿布。1岁半以后的孩子，家长应该进行如厕训练，需要引导他开始坐盆大小便。随着生长发育，孩子控制大小便的能力就会逐渐加强。同样的道理，为了保护孩子臀部及外阴的清洁卫生，孩子脱离纸尿裤后就要给孩子穿上内裤，并且做到每天一换洗。

找准原因，应对宝宝哭闹

"

Q 孩子从小就爱哭，我听其他家长说，如果孩子一哭就抱着哄，很容易养成坏毛病。还有家长说，孩子哭时就要抱起来，否则得不到安慰，对孩子心理发育不利。那么孩子哭闹的时候，我该不该抱呢？

"

A "哭"是一种不愉快的、消极的情绪反应，是宝宝天生就会的，对小婴儿的生

存具有重要的意义。因为小婴儿不能用语言表达需求，主要是通过"哭"的情绪反应与成人进行交往，满足个人的需求，更好地适应外界环境。因此，不能简单地判断哭闹应该抱还是不应该抱，需要具体问题具体分析。

小婴儿通过哭可以反映自己正经受的不适宜的刺激，如寒冷、饥饿、疼痛及身体的不适。他们也可能是通过哭来吸引抚养人与之接近，给予爱抚，帮助他解决问题。抚养人也可以根据孩子哭声的不同，来识别孩子的不同需求。同时，哭声也检

是否可以使用安抚奶嘴，专家们的看法有很大分歧。我认为，使用安抚奶嘴有利也有弊，但是弊大于利。有利的是，使用安抚奶嘴可以满足孩子口欲的需要，即吸吮的需要，同时也起到安抚宝宝情绪的作用。使用安抚奶嘴应该选择在孩子吃完奶后或者两次吃奶之间用，而不是孩子饥饿哭闹时作为安抚物给他使用，这样反而让孩子更加烦躁。在新生儿时期不建议给孩子使用安抚奶嘴，尤其对母乳喂养的宝宝，最好不要给孩子使用安抚奶嘴，否则会影响纯母乳喂养成功。一些专家认为，使用安抚奶嘴可以降低猝死综合征。

使用安抚奶嘴也有许多弊病：

● 由于孩子不停吸吮安抚奶嘴，促使唾液腺不断分泌，造成很多消化酶丢失。

● 由于吸吮安抚奶嘴，使孩子吃进过多的气体，容易造成孩子腹胀，严重的可以引起肠痉挛。

● 孩子反复吸吮安抚奶嘴，如果奶嘴清洗不及时或不彻底，很容易造成奶嘴污染，加上孩子的免疫系统发育还不健全，因此容易引起一些感染性疾病。

● 长时间不断地吸吮安抚奶嘴，容易引起孩子牙齿排列不整齐，上下颌骨和牙齿向外突出发育。这不但不利于孩子日后牙齿的咬合，而且也影响孩子颜面部的美容。所以，牙医反对孩子使用安抚奶嘴，1岁以后的孩子应逐渐断掉安抚奶嘴。

● 孩子经常吸吮安抚奶嘴不利于孩子的语言和感情交流，也不利于孩子的身心发展。

● 有的专家认为使用安抚奶嘴易引发中耳炎。

使用安抚奶嘴要避免使用老化的奶嘴，并及时消毒。同时也要注意选择相应年龄段的安抚奶嘴，并且一定要选用没有可以卸下的小部件的安抚奶嘴，以防止孩子吞咽和气管异物发生。切不可用绳子将奶嘴挂在孩子身上，以防止勒住孩子脖颈部。

孩子的嘴是一个非常敏感的触觉器官，婴幼儿正处于口欲期，需要大量的触觉刺激和口欲的满足，孩子喜欢安抚奶嘴实际上是一种自我安慰行为。如果孩子离不开安抚奶嘴，家长要考虑孩子是不是口欲没有得到满足，平常的时候是不是和孩子交流得少，孩子得到家长的爱抚是不是少，以至于孩子只能通过吸吮安抚奶嘴获得触觉的满足和安全感。

验家长的抚养行为是否正确。

引起婴儿哭闹的原因很多，其中一部分是非病理性的原因，如饥饿、口渴、过热、过冷、大小便后尿布不洁净、要人抱等。宝宝这样的哭闹，哭声洪亮，间歇时精神面色正常，家长解决了宝宝的需求并给予一定的爱抚，宝宝的哭闹很快就会停止，恢复愉悦的情绪。也有一些哭闹是属于疾病的早期反应，是病理性的哭闹。病理性哭闹的哭声不同于平常，尖叫、声音嘶哑或有阵发性的剧哭。哭闹间歇孩子精神较弱，面色苍白，同时还伴有其他症状。家长遇到这样哭闹的宝宝就需要抱起来给予他一定的安抚，并立即去医院就诊。

随着孩子年龄的增长，哭闹往往由生理性逐渐增加社会性的原因，如大人离开时哭，或者为了达到某种目的把哭作为一种要挟的手段。这种类型的哭泣是在后天经验中学会的，对此家长不妨对宝宝哭闹采取冷处理的方法，或者分散宝宝的注意力，淡化他的要求，而达到塑造良好行为习惯的目的。

孩子从出生就存在着明显的气质特点。气质是一个人所特有的心理活动的动力特征。不同气质的孩子对于同一种刺激的反应程度也是不一样的。对于容易型（易养型）的婴儿，他们的情绪一般是积极愉悦的，出现哭闹也是比较容易安慰的，这样的婴儿最容易受到大人的关怀和厚爱。困难型（难养型）的婴儿时常大声哭闹，烦躁易怒，爱发脾气，不易安抚。迟缓型（缓慢型）的婴儿虽然不像困难型的婴儿那样总是大声哭闹，但是情绪也总是低落。因此，婴儿出现哭闹不见得是躯体的问题，很可能是气质特点所致，父母应针对不同气质类型的婴儿进行不同的培养和教育，发扬积极的一面，克服消极的一面。例如，对于反应强度高的孩子，了解到他强烈哭闹并不是受到多大的伤害，就可以采取延迟处理、冷处理和分散注意等方法，孩子的哭闹自然会逐渐减轻。如果家长对于反应强烈而固执的孩子采取惩罚的办法，宝宝更容易出现烦躁、抵触、易怒。对待迟缓型孩子，家长应该给予他们充分的时间，更多的爱抚和搂抱，让宝宝按照自己的特点逐渐适应环境，纠正哭闹的毛病。

另外还要提醒家长，家庭是婴儿第一个社交群体，它应该给予婴儿安全感。家庭成员之间语言声调的情绪色彩、相互间的挚爱和关怀都会传染宝宝，使孩子有安全感。婴儿对家庭的紧张气氛尤为敏感。如果家中不和谐，发生争吵，说话声越来越响，越来越刺耳，孩子就会哇哇大哭。因此，家庭生活应该和谐、欢乐、幸福，并对宝宝的情绪给予积极的反应。当宝宝哭闹时适当满足他的要求，并给予他安抚，这样孩子就会有安全感和依恋感，哭闹就会减少。如果孩子只有在哭闹时你才关注他，那么孩子就会认为只有哭闹才能引起他人的注意，日后会养成一种烦躁不安的情绪。当宝宝表现认生和恐惧而哭闹时，我们不要强迫宝宝接近这些人和物。当孩子一些不正当的要求不能得到满足而大声哭闹时，家长不要急于处理，可以先不理他，当他平静的时候再和他谈，同样能达到教育他的目的。

孩子为何有节奏地反复撞头

Q 我的孩子10个月大，最近醒来或者在很高兴时就喜欢有节奏地将头往床栏杆上撞，撞完后也不哭闹，也没有发现他有什么不适。每次听到孩子的头被碰得咚咚作响，我都担心他把头撞坏了。请问这是怎么回事？

A 有节奏地撞头是6～12个月孩子有可能出现的一种重复性行为，主要表现为无目的、有节律地撞头。5%～19%的婴幼儿可能发生这种行为，一般男孩较女孩多，1岁半以后明显减少，大多数在4岁前停止这种行为。这种行为产生的原因目前尚不清楚，有人说可能与孩子出牙或者中耳炎有关。孩子撞头的动作多发生在睡觉前、醒后、情绪激动时。撞头时，孩子没有什么不适的感觉，一般对脑组织也没有什么损害，不影响孩子的生长发育。但是，这样的动作有可能会引发意外，需要引起家长的注意。

● 把孩子经常撞头的地方用软材料包裹起来，预防因为撞击引起头颅的损伤。

● 当孩子撞头时，家长既不要表示过分关心，也不要训斥孩子，否则会强化孩子的这种行为，加剧撞头行为。

● 平时给予孩子更多的关爱，经常与孩子做他感兴趣的事情，转移他的注意力，减少发生概率。

捏孩子的小脸蛋会对他造成伤害吗

孩子产生伤害吗？

Q 我的孩子已经5个月了，粉嘟嘟的小脸长得胖乎乎的，十分招人喜爱。凡是见到孩子的人都喜欢用手捏捏他的脸蛋、揪揪脸颊或者使劲亲吻孩子。我不喜欢他们这样做，可也找不出理由拒绝他们。这样做会对

A 新生儿或小婴儿口腔内黏膜细嫩，颊部黏膜下层主要是由疏松的结缔组织组成，其中有丰富的血管、淋巴管和神经网。颊黏膜有很多黏液腺，上颌后面的水平面处有腮腺导管的出口，可以流

出唾液。但新生儿或小婴儿唾液腺还发育不足，分泌唾液量较少，黏膜较干燥，极易因为外力刺激而受损伤。如果这时总有人用手捏孩子的脸蛋、双侧脸颊或者使劲亲吻孩子，都容易使娇嫩的颊黏膜、腮腺和腮腺管受伤。当孩子4~6个月时唾液腺分泌量增加，局部外力机械刺激会使孩子唾液流出量增加，由于新生儿或小婴儿口腔深度不够，不会节制口内的唾液，也不会借助吞咽动作来调节口腔内的唾液量，所以孩子容易流涎，造成口腔黏膜炎和腮腺炎。请大人不要过度"亲昵"宝宝的小脸蛋。

孩子的身高与遗传有关系吗

Q 我的孩子现在已经1岁了，身高和体重都在正常范围内。可我很担心孩子个子长不高，因为我和他爸爸的身高都不高。孩子身高和遗传有关系吗？有什么办法可以让孩子长高？

A 影响孩子身高的内外因素很多，如遗传、营养、运动、疾病、生活环境、睡眠、精神活动、各种内分泌激素以及骨、软骨发育是否异常等。2~12岁标准身高的估算公式为年龄×7+75（cm）。根据最新研究，遗传因素占身高影响因素的75%左右，而其他因素包括遗传基因的变异大约占25%。由此可见，遗传是影响孩子身高的一个主要潜在因素，但是其他各种因素也会影响这个潜在因素的发挥。

一般来说，父母个子高，孩子也会高；父母个子矮，孩子也会矮。如果父母当中一个人高，一个人矮，那么孩子可能高，也可能矮，主要是看父母双方哪个遗传因素起决定作用。

有一个公式可以粗略估计孩子成人后的身高：

男孩遗传身高=（父亲身高+母亲身高）÷2+6.5（cm）

女孩遗传身高=（父亲身高+母亲身高）÷2-6.5（cm）

本公式可以看出遗传因素决定的身高的可能性，但是如果受后天其他因素影响，身高还可能有6~7.5cm的变化。

人在一生中身高有两个快速发展的阶段，一个是婴幼儿时期，主要是在6个月之前（1~3个月平均长3.5cm，4~6个月平均长2cm），1岁时身高约75cm；另一个时期是青春期。因此，把握住婴幼儿期影响身高的各种后天因素,孩子还是能够长高的。

● 注意营养均衡合理,按时添加各种泥糊状食品和固体食物,养成孩子良好的饮食习惯,这样才能保证促使身体长高的"原材料"的摄入。

● 提高孩子身体素质,注重孩子运动和身体技能的发育,多做轻巧的伸展、跳跃和悬垂运动。因为运动可以促进骨骼和肌肉的发育,提高生长激素的敏感性,加速其分泌。平时注重身体素质的培养,减少疾病的发生,因为生病会影响全身各个组织系统的发育,造成孩子发育停滞。

● 家庭和谐,理性关爱孩子,是促进孩子长高的外环境因素。缺乏关爱,情感焦虑、忧郁的孩子通常是难以长得很高的。

● 帮助孩子建立正常的作息时间,保证充足的睡眠时间,让孩子每天晚上20~21点上床睡觉,因为内分泌激素是在正常的生物钟控制下进行分泌的。例如,生长激素分泌呈脉冲性分泌,婴幼儿的分泌高峰80%是在夜间熟睡之后。婴儿一般在生后3~6个月建立生长激素昼夜分泌节律,因此夜间睡眠不好的孩子也会影响身高。另外,家长要注意逐渐减少夜奶至9个月后停止夜奶,并杜绝奶睡。

● 按时添加孩子发育所必需的各种营养素,满足身体的需要。例如,正确给予维生素D和钙,保证孩子骨骼正常发育骨化,以免影响身高发育。

以上各项都需要家长注意。对于矮小的孩子,需要准确地测量骨骼的年龄,发现问题及时采用有效的方法进行干预。切记,婴幼儿早期因为护理不周引起的生长亏损在日后是不能弥补的,因此必须牢牢把握住这个阶段。

宝宝乘车一定要使用安全座椅

扫码看视频1

副驾驶座上,对不对?

Q 我从美国回来,看到国内很多家长都抱着孩子坐在汽车后座上,甚至有的家长抱着孩子坐在副驾驶座上或者让孩子坐在副驾驶座上。这是很危险的!应该给宝宝选择汽车安全座椅,尤其是不能抱着孩子坐在

A 这位家长说得非常对。我国汽车安全座椅使用率不足1%。据统计,我国近40%的家长让孩子坐在副驾驶座上,近43%的家长乘车抱着孩子,这是很危险的。汽车时速在50km时发生碰撞,惯性

作用下将产生30倍的重力加速度冲击力，即便只有10kg的幼儿，也会产生接近300kg冲击力。在这种情况下，家长根本不可能抱紧孩子。如果坐在前排，孩子的头部将受到直接冲击。儿童乘车一定要使用汽车安全座椅，最安全的位置是后排。千万不要让孩子坐在前排后向式（背向行驶方向）安全座椅中。

安全座椅上的安全带是Y形，当发生碰撞后由于孩子束缚在上面，能有效减少事故伤害（图21）。据测试，使用汽车安全座椅比不使用安全座椅，会减少潜在伤害最少可以达到70%。《美国儿科学会育儿百科（第6版）》中提到，最致命的车祸往往发生在离家8km以内，时速40km以内的行驶中。

图21

很多国家的交通规则都规定了从新生儿时期开始使用汽车安全座椅。在美国新生儿出院时，如果家长没有带汽车安全座椅，医生是不让孩子出院的，而且医院的

工作人员还要检查安全座椅安装以及孩子放进去是否安全，才能允许孩子出院。美国儿科学会建议，新生儿尽可能使用安装正确、系上五点式安全带的后向式汽车安全座椅。只要孩子的身高和体重未达到汽车安全座椅所要求的上限，都要使用后向式汽车安全座椅。同时，美国一些厂家还规定，汽车安全座椅最多使用6年就要淘汰，这主要是考虑长久使用的汽车安全座椅，其原料和固定带、连接装置会发生变化或老化，从而使安全系数降低。另外，曾经发生过轻微或者严重车祸的汽车中的安全座椅可能就不安全了，不应该继续使用，所以当别人送自己一个已经使用过的汽车安全座椅时，需要了解它的全部历史，一定要确保没有经历过撞击事件，且所有的标签和说明书都在，从未被召回过。美国儿科学会还建议，如果汽车安全座椅没有说明书，没有标明生产日期、名称和型号也不要购买，因为购买者无法调查这款座椅的召回情况。如果安全座椅的框架有任何裂纹或者缺少部件，也不要使用。

我国2012年起执行的国家标准《机动车儿童乘员用约束系统》，对儿童安全座椅的固定带、连接装置、尺寸等各方面都做了详细说明。按规定，今后国产汽车将必须安装座椅接口和安全锁，汽车儿童安全座椅必须检验合格后才能上市。国家质检总局、国家认监委决定，自2014年9月1日起，对儿童安全座椅实施强制性产品认证；自2015年9月1日起，未获得强制性产品认证的儿童安全座椅不得出厂、销售、进口或在其他经营活动中使用。

家长还要注意，汽车行驶时车门要落锁，因为孩子好奇心强，好动又喜欢模仿，很可能在行车的过程中打开车门。另外，不允许孩子头或肢体伸出车窗或者天窗，防止汽车熄火后窗户自动关闭夹伤孩子

或者在错车的时候让旁边的车挫伤肢体、头部。不要让孩子在汽车上做活动幅度大的游戏，以免突然刹车撞伤孩子。家长要特别留心不要让年龄较大的孩子玩电动车窗、挡把和方向盘，以免发生意外事故。

有很多报道指出，家长粗心大意将孩子独自留在车里或将睡着的孩子暂时放在车里，从而发生了意外，导致孩子受

育儿链接： 孩子晕车有解决的办法吗

晕车、晕船、晕机都属于医学上说的晕动症。晕动症也见于荡秋千、玩旋转木马等。

人体平衡是由前庭系统、视觉和本体感受器共同作用来维持的。由于小儿前庭功能发育不成熟，当以上各个部位接收的信息发生冲突时，就会发生晕动症。例如，眼睛感受到某种运动，可是与前庭系统和本体感觉传输到大脑的信息不一致，就会出现晕动症。孩子首先表现的就是胃部不适，可能表现为恶心、呕吐、没有食欲、面色苍白、出汗、烦躁不安、哭闹，下车以后可以缓解。小儿晕动症发作会比成人严重一些，而且多发生在头几次坐车、乘船或乘飞机时。随着次数的增多，晕动症发作会比较轻或者逐渐消失。

另外，孩子如果睡眠不足、胃肠不好、头痛感冒、患中耳炎等，也可诱发晕动症。如果车辆、船以及飞机颠簸得厉害，就有可能导致小儿前庭器官兴奋性提高，也会引起晕动症发作。

当孩子出现晕动症发作时，最好的办法就是停止当前的运动。如乘车时晕动症发作，最好停车，抱孩子下车休息，可以缓解。如果

玩旋转木马或者荡秋千时发生晕动症，就要马上停止这项活动，把孩子抱下来休息。

当然，防止晕动症最好的办法是做好预防工作：

● 乘车、船或者飞机前，不要让宝宝吃得太饱、太油腻，但是也不能让他饿着肚子，因为饥饿也可以造成晕动症加重，可以提前吃一些容易消化的零食；

● 转移孩子的注意力，可以与他聊天、听音乐、唱歌。让孩子多看看外面的风景，不要低头看书和玩游戏机；

● 乘车、船时尽量在前面靠窗户的座位坐，开窗通风，也可以让孩子平躺闭上眼睛，缓解症状；

● 晕动症严重的孩子，乘车前可以口服晕车药，但是晕车药也会有一些副作用让孩子感到不适，因此需要按医嘱服用而不要私自用药。

（以上内容根据《美国儿科学会育儿百科（第6版）》编写）

伤或被偷，甚至危及生命。停驶的汽车是一个封闭的空间，孩子醒后看不到家人会感到害怕和恐惧而大哭。如果天气炎热，车内的温度很高（室内外温差往往会高达7℃～10℃，有时甚至更高），加上车内空气不流通，孩子会因哭闹发生缺氧窒息或者高温而发生中暑。如果是寒冷的天气，会冻伤孩子。这些都很危险。家长不能将孩子独自留在车里，哪怕只离开很短的时间。下车时，一定要拉上手刹，关闭好车窗，仔细检查确认孩子不在车厢内，再锁上车门离开。

小婴儿可以坐飞机吗

Q 我想问一下，大人坐飞机的时候耳朵会觉得不舒服，我的孩子刚过满月，是否可以乘坐飞机？

A 人们坐飞机时，在飞机起飞或下降时，由于大气压力的改变，会引起耳朵内的鼓膜内陷，引起耳鸣，耳部会感到十分不舒服。对于小婴儿更是如此，孩子不会述说，只有大声哭闹。但是，人的耳朵有一条和咽部连通的通道，即咽鼓管，所以通过吸吮和咀嚼，可以减轻鼓膜的压力。在飞机起飞或降落时，给孩子吃奶或喝水就可以解决这个问题。因此，小婴儿是可以坐飞机的。

外出时，宝宝的防晒小窍门

Q 夏天阳光直晒，很容易晒伤皮肤。外出时宝宝可以使用防晒霜吗？如果需要的话，如何选择防晒霜？如何使用防晒霜？

A 阳光与空气、水一样都是孩子生存发育必需的条件，缺乏任何一种，人都不能生存。阳光照射着孩子的身体，使孩子感到温暖、心情舒畅，促进孩子的新陈代谢。阳光中的紫外线照射皮肤，使皮下的一种胆固醇转化为维生素D。维生素D可以促使钙的代谢，预防佝偻病，使孩子肌肉强壮、骨骼坚固，提高孩子抵抗疾病的能力。因此，孩子晒太阳是必需的，也是十分重要的。

但是，晒太阳也要适度，选择适宜的时间。因为阳光中不但有紫外线还有红外线，红外线能够使皮肤被晒红，同时紫外线中的中波紫外线对人的皮肤具有杀伤力。如果过多地照射阳光或者水浸（如海滨浴场）之下晒太阳，在红外线和中波紫外线的作用下，不仅使皮肤表面发红，逐渐发展还会引起皮肤干燥，失去弹性，长久下去还会发生皮肤老化，甚至出现癌变。婴幼儿娇嫩的皮肤更需要进行保护，因此给孩子晒太阳也需要选择时间。例如，夏天尽量避开日光强烈的10～16点，也可以选择在阴凉下进行日光浴。在阳光照射特别强烈的时候，如果必须外出，就需要选择婴幼儿专用的防晒品，以避免被太阳晒伤。

不过，0～6个月宝宝的皮肤十分娇嫩，皮肤较成年人薄，且皮肤的通透性较强，任何的外用物质都比年长儿或成年人易于经过皮肤吸收。而防晒霜或多或少都会含有一些不利于宝宝身体健康的物质，所以6个月以内的小婴儿不建议使用防晒霜。随着皮肤的发育，6个月以后孩子就可以使用防晒霜了。

第一次给宝宝涂抹防晒霜的时候，最好先在宝宝的耳后或皮肤敏感处少量涂抹些（图22），看看宝宝是不是有过敏等不良反应，在确保安全后再大面积使用。如果宝宝初次使用中有过敏或其他不良反应，

爸爸妈妈应该立即停止使用防晒霜，并带宝宝去看医生。如果确诊宝宝对防晒霜过敏，爸爸妈妈就不要再给宝宝使用了。

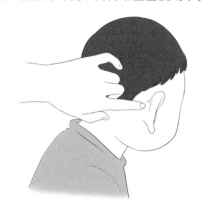

图22

防晒霜应在外出前30分钟涂抹。在给宝宝涂防晒霜之前，最好先涂一层宝宝润肤露，以减少防晒霜对宝宝皮肤的刺激。如果宝宝出汗较多，应每过2小时抹一次。外出回到家中后要立刻清洗干净身体上涂抹的防晒霜，最好能洗澡，然后擦拭干燥，给宝宝涂上清爽的润肤乳液。在涂防晒霜的时候，将身体裸露的地方都要涂抹到，尤其是阳光容易晒到的部位多抹一些，比如脸部、耳朵和肩膀等。即使涂了防晒霜出门，也需要给宝宝戴上宽边的遮阳帽，穿上质地轻薄、宽松、透气的全棉长袖长裤。在阳光强烈时，最好穿深色衣衫，比如黑色、红色和紫色的棉质衣服，不要穿白色的，因为白色衣服只反射热度，却无法阻隔紫外线。同时，6个月以后的孩子可以戴幼儿专用的不易破碎的UV400太阳镜，最好能给孩子戴上遮阳帽

或者再撑一把太阳伞。

防晒指数，缩写为SPF，其数值大小表示防晒效果的高低。一般来说，人的皮肤能顶得住15分钟左右的日晒，15分钟之后皮肤就会有反应，因此这作为防晒指数的一个基本单位。SPF15是表示涂上防晒霜后皮肤抵抗紫外线的时间增加15倍，即225分钟（3小时45分钟）。

防晒指数适用场合

SPF10：不经常在室外活动

SPF15：日常生活和游戏

SPF20～25：海边游泳，享受日光浴

SPF30：连续的暴晒

目前，宝宝防晒品种类较多，牌子较杂。市场上的防晒霜有两种类型：一种是采用物理遮光剂，主要是将照射到皮肤上的紫外线反射或散射出去，不会刺激皮肤，以避免对皮肤的损害，但物理防晒剂二氧化钛、氧化锌只溶于油，使用越多防晒效果越好，产品就越油，因此皮肤感觉油腻不透气，很不舒服；另一种是化学防晒剂，主要是将吸收的紫外线中有害的光线过滤出去，皮肤涂搽上透明干爽，但是紫外线吸收到一定的程度，防晒的效果就差了，而且含有的防晒剂对皮肤有一定的损害。因此，前者是宝宝理想的夏季使用的防晒品。一般而言，防晒护肤品的SPF值越大，给予皮肤的保护就越大，保护的时间就越长。但是，日本皮肤科医生野田真史在《日常防晒的新理念，不仅仅防护紫外线》一文中写道："SPF仅表示防晒霜对UVB的防护能力。SPF数值并不是线性刻度，也就是说，SPF30的防晒霜并不比SPF15的防护能力强一倍。实际上，SPF15可以阻隔94%的UVB，SPF30可以阻隔97%。"与此同时，SPF越高加入的防晒剂也越多，防晒剂的增加可能会导致皮肤不良反应，如过敏或皮炎。世界婴幼儿皮肤护理专家们认为，化学防晒剂会对婴幼儿皮肤造成相当大的伤害，应采用100%不含化学防晒剂的无机防晒品。《美国儿科学会育儿百科（第6版）》提出，婴幼儿外出防晒选择SPF至少为30或更高的产品。但是，对于黄种人皮肤的特点，SPF为15的防晒霜是最适合宝宝的。

当然，选择防晒霜要选择知名厂家的产品，不要盲目跟随广告宣传走。

婴幼儿能泡温泉吗

Q 我们夫妇带孩子去旅游，据说温泉含有各种矿物质有利于皮肤健康，请问我能让孩子和我们一起泡温泉吗?

A 要想回答这个问题，我们先了解一下人的皮肤。人的皮肤是身体最外层的一个器官，它覆盖全身保护机体免受外界刺激，并且参与机体的许多生理性功能，对整个身体起着重要的作用。婴幼儿的皮肤虽然在功能和结构上与成人相似，但是也有很大的不同：由于表皮角质层较薄，皮脂分泌少，防御功能差，对外界的刺激抵抗力低，因此皮肤易受损害或感染，有时甚至可以成为有害微生物的侵入门户；婴幼儿皮下有丰富的血管网，血流量相对较大，易于散热，其体温调节功能较差，

过冷或过热的环境都容易使孩子着凉或受热；由于皮肤还具有呼吸功能，婴幼儿的表皮很薄，角质层不完善，富于血管，具有较高的吸附和通透能力，因此一些有害物质会通过皮肤迅速扩散到婴幼儿的机体内。目前，许多温泉都含有很多的矿物质，这些矿物质不见得都适合婴幼儿，甚至有一些有害的物质存在。这些物质对于成年人可能不会起作用，但是对于皮肤娇嫩的婴幼儿来说，就可以通过吸附和通透进入婴幼儿机体，给婴幼儿健康带来隐患。更何况，多数人浸泡的温泉还可能是引起疾病交叉感染的感染源。婴幼儿过多地浸泡于水中，造成用来保护机体的皮脂大量丢失，容易使皮肤受损或感染，而且会导致婴幼儿大量散热，不利于孩子的体温调节。因此，婴幼儿是不适合泡温泉的。

小宝宝和小动物在一起生活好吗

Q 我的孩子已经6个月了，由于我要上班，就将孩子放在奶奶家。可是，

奶奶家养了小狗、鹦鹉，这些小动物陪着老人很长时间了，给他们的生活增添了很多的乐趣。我知道这些小动物可能会给孩子的健康带来危险，更何况姑姑还准备今年要孩

子。但是，我不知道如何说服老人家将这些小动物送给他人。请问这些动物对孩子都有什么影响？

A 你说的这些小动物确实很可爱，也会给老人和孩子带来很多的乐趣。孩子与小动物交朋友也是一件非常好的事情。但也应该注意到，没有进行全方面免疫的小动物会给人带来一些疾病，尤其是孩子还小，身体的抵抗力差，而这些小动物身上可能带有一些致病的细菌和病毒，这些细菌和病毒可以使抵抗力差的孩子患病。

鹦鹉可以引发"鹦鹉热"，临床上表现为流感性疾病，可能发展成严重的肺炎。鹦鹉热是通过吸入病鸟排泄的粪便污染的尘埃而发病的。此病还可以合并胸腔积液、心肌炎、心内膜炎、心包炎以及脑膜炎。

狗可以携带狂犬病毒，一旦被狗咬伤或被带有狂犬病毒的唾液污染擦伤的皮肤黏膜都可以引发狂犬病。由于这个病潜伏期比较长，目前世界卫生组织记录的最长发病时间是6年，据说有些潜伏期可达十几年甚至二十几年，因此往往被人们疏忽。此病侵犯神经系统，发病后极为严重，病死率几乎100%。

猫除了可以传播狂犬病外，有的孩子被猫抓了以后，可以引起发热、淋巴结肿大化脓，个别的可以合并脑炎或脑膜炎，导致猫抓病发生。另外，有一种弓形体病是人畜共患的传染病，猫是主要传染源，如果孕妇怀孕初期感染还可以引起流产或胎儿畸形发生，新生儿可引起视力受损、肺炎、心肌炎、肝炎以及肾炎等。

有个别家庭还喜欢给孩子买小豚鼠玩，这也很危险，因为被鼠类的粪便污染的尘埃被人吸入、接触后，或进食被污染的食物还可引起出血热，表现为高热，皮肤充血、出血，有的人可以发生鼻出血、咯血以及尿血等，进而可以发生休克或肾衰竭。

而且，家里空气中飞扬的一些动物的皮毛屑和分泌物的微小颗粒，也会造成一些过敏体质的孩子引起哮喘等变态反应性疾病发生。

建议有宠物的家庭先给家里的宠物做全面的预防接种，杜绝宠物身上的细菌或病毒传给孩子或孕妇。同时也要告诫孩子不要与动物过于亲密接触，以防动物野性突然发作发生不测。如果做不到这一点，让家人暂时将这些宠物寄养在别人家中。

夏季如何科学防蚊、应对蚊虫叮咬

Q 夏天蚊子很多，经常叮得孩子身上很多包，所以晚上我想用蚊香驱蚊。有些妈妈让我使用儿童专用的驱蚊香，可以吗？另外使用驱蚊液和驱蚊花露水可以吗？听说维生素B_1水溶液也可以防蚊，是吗？

A 夏天蚊子很多，晚上睡觉或者外出活动的时候稍不注意就有可能被蚊子叮，因此很多家长就想用目前市场上宣传的儿童蚊香或者驱蚊液来驱蚊。必须强调的是，大多数驱蚊产品对于2个月以内的孩子是不适用的。

如何科学防蚊

目前，我国没有将驱蚊香划分为婴儿、儿童、成年人等不同类别。儿童蚊香并无国家标准，多是厂家自封的。几乎所有蚊香驱蚊的主要成分都是菊酯，一些儿童蚊香所含菊酯成分比普通蚊香还高。虽然菊酯毒性比较小，但是对于娇嫩的宝宝来说，长期使用危害还是不小，而且对居室的空气还有污染。因此，居室内防蚊的最好办法就是使用蚊帐。

大多数驱蚊液和驱蚊花露水都含有避蚊胺，其浓度在10%～30%不等，有些甚至超过30%。虽然避蚊胺浓度越高其作用持续的时间就越长，但儿科医师推荐的最大浓度不能超过30%。同时也不建议使用驱蚊花露水，因为其中避蚊胺和酒精的含量往往没有严格监管，尤其是不合格的产品涂抹在婴幼儿皮肤上是有伤害的，而且驱蚊花露水含有酒精成分，很容易被婴幼儿皮肤吸收。如果必须使用这类驱蚊产品，应该选择避蚊胺浓度比较低的产品。使用含有避蚊胺的驱蚊产品需要注意不要涂抹在伤口和黏膜上、嘴巴和眼睛附近，最好涂抹在孩子的耳朵附近。含有避蚊胺的驱蚊产品一天只能使用一次，频繁使用避蚊胺有可能引起毒性反应，回家后一定要用肥皂和清水清洗干净。此类产品要放到孩子够不到的地方，以免发生意外。避蚊胺在我国是由农业部监管，所以说明书上应有农药批准文号。

至于维生素B_1水溶液可以防蚊，目前没有科学证据说明有效。

建议孩子外出时穿上长袖衣服和长裤子，避免给孩子穿颜色鲜艳有图案的衣服，因为很容易吸引蚊虫。也不要给宝宝使用香皂、发胶和香水，同样也会吸引蚊虫。婴儿车上挂上蚊帐。不要带孩子去有蚊虫滋生的地方，例如死水潭、宠物窝、垃圾等附近。另外，孩子外出不要选择清晨和傍晚的时候，因为这段时间正是蚊虫叮咬人最频繁的时候。

被叮咬之后的处理

孩子被蚊虫叮咬后会引起局部皮肤肿胀，出现丘疹，甚至有的孩子出现水疱，医学上叫作"丘疹性荨麻疹"。如果是过敏体质的孩子还有可能在远离叮咬的部位出现皮疹，引起孩子奇痒而抓挠，甚至抓破皮肤。

被蚊虫叮咬后可以使用碱性肥皂清洗局部，防止红肿。已经红肿的部位可以采用冷敷，如冷水或者冰块（记住外面要包裹毛巾），以阻止炎性扩散。此外，可以外用炉甘石洗剂，也可以用无极膏、艾洛松、皮炎平等软膏止痒、抗过敏。薄荷膏虽然可以止痒，但由于含有樟脑和水杨酸成分，婴幼儿是禁用的。一天可以涂抹多次上述软膏，每次涂抹后可以揉一会儿，促进皮肤吸收，不要抓，以免感染。同时可以服用西替利嗪（仙特明），严重过敏的孩子可以短期服用泼尼松。将孩子的指甲剪短，保持干净，降低叮咬部位感染的风险。

不建议使用牙膏止痒，尤其对皮肤有破损的地方更要慎用。如果皮肤已有损伤，不要使用含酒精成分的驱蚊花露水，不但会刺激孩子的皮肤，让孩子感觉很痛，而且不利于伤口愈合。

如果是蜜蜂或者蜱虫叮咬，请及时去医院诊治。

培养孩子良好的睡眠习惯

Q 睡眠对于孩子的生长发育特别重要，但是我发现一些妈妈重视孩子的营养，往往忽略了对孩子良好睡眠习惯的培养。这样做也是一种不科学的育儿方法！

A 对于孩子的生长发育来说，营养和睡眠是同等重要的事情。两者对大脑的发育至关重要。人正常生活的一天中，需要经过觉醒和睡眠两种不同的行为状态。进入睡眠状态是大脑皮层的一个弥漫性抑制过程，它可以使大脑皮层得到休息，用以保证恢复大脑皮层的功能。对于大脑发育不成熟的婴幼儿来说，优质的睡眠对大脑发育尤为重要，所以2～3月龄就要逐渐培养独立睡眠的好习惯了。

一般认为，睡眠可以让大脑和小脑得到休息。人体在新陈代谢后产生许多副产物，其中之一就是氧自由基，它可以损伤人体正常的细胞。脑组织以外的器官可

生物钟基因控制着人体的一切生物活动，每天都周而复始地进行着循环不停的生物进程，来保证人体的新陈代谢和健康的生活。每当黑夜来临，人的生物钟就会定时刺激人脑中的松果体分泌一种内原激素——褪黑素，又称松果体素。褪黑素的水平高低直接影响着人的睡眠质量，同时它又能促进抗氧化酶的产生，减少体内氧自由基的产生，提高人体的免疫力，使人精力旺盛。褪黑素也调节生长激素的释放，直接影响着孩子的生长发育。另外，褪黑素的分泌也受到日光的影响。当黑夜来临，褪黑素分泌逐渐增加，凌晨2～3点达到高峰，一旦日光来临，其分泌大大减少，所以白天褪黑素不及夜间的1/10～1/5。因此，如果开着灯睡觉就等于给孩子人造光线，那么就会抑制褪黑素的分泌，影响孩子的生长发育。据一些科学家研究，受人造光线干扰的人，患癌症的可能性比平常人要大，因为褪黑素分泌减少后不能保护正常的细胞免受损伤，就可能出现细胞变异或癌细胞增生。而且，开灯睡觉还可能使孩子发展成近视眼。美国宾夕法尼亚大学医疗中心的理查德·斯通发现，小鸡的眼睛在长时间灯光照射下会发生类似于人类近视的反常，于是他又对479名2～16岁儿童家长进行了调查。调查结果显示，夜里开着灯睡觉的婴幼儿将来发展成近视眼的可能性要比一般儿童大，

尤其不到2岁的孩子。因此，孩子夜间睡觉时不能开灯。

孩子到1～2岁时可能会对黑暗产生恐惧，此时可以用光线暗的夜灯，当孩子已经睡着了再将灯关上。但有的家长认为，夜灯可以整宿开着，对孩子危害不大，而且方便家长照顾宝宝。对此，小儿眼科专业医生（微博@眼科小超人老梁）表达了不同的看法。她认为，孩子夜间睡觉最好不要使用夜灯，并指出国外最新研究成果证实了夜灯对婴幼儿的负面影响。灯光对人的影响不只看亮度，更要看其光谱。夜灯大部分是蓝光，也有白光和红光。蓝光是一种波长为400～520nm的光，易穿过晶状体被黄斑色素吸收，从而对视网膜造成损害。最新研究表明，夜灯的蓝光还会作用于大脑的松果体，抑制褪黑素分泌。从前文可知，褪黑素减少对孩子的生长发育有长期影响。同时，蓝光还可以作用于大脑的海马区域，不但会影响孩子的记忆，长久下去可能会使孩子产生抑郁情绪，因为海马是大脑负责记忆和情感的区域。

虽然褪黑素的生理作用目前还未完全明了，但在揭示其催眠作用、降体温特性、矫正体内生物钟异常、保护心血管系统及影响机体免疫功能等方面已经获得了重大进展。此外，褪黑素还参与调节人体的生殖功能。刚出生的

婴儿分泌的褪黑素很少，3月龄时分泌量开始增加，并呈现较明显的昼夜规律。3~5岁幼儿的夜间褪黑素分泌量最高，其分泌的高峰是在夜间22点到凌晨两三点之间。科研人员发现，老年人在睡眠中期和末期，照射1小时灯光，分别可以抑制45%和56%的褪黑素分泌。之后，科研人员又测试了通过闭合眼睑皮肤的蓝光的影响，发现蓝光通过眼睑皮肤一样可以显著推迟人类昼夜节律周期和显著抑制夜间褪黑素分泌。人类的眼睑有两层脂肪垫，可以透过一部分蓝光，而婴幼儿眼睑的脂肪薄，更容易透过蓝光，所以蓝光的夜灯对婴幼儿的危害最大。

科学家还通过仓鼠实验发现，蓝色灯光对情绪的负面影响最大，紧接着是白色灯光。

相比蓝光或白光照明，在夜间暴露于红色灯光照明下的仓鼠有最轻的抑郁样症状和大脑相应区域的改变。当然，夜间全黑环境里的仓鼠没有抑郁症状。

同时提醒大家，智能手机和平板电脑等设备通常使用LED照明，它们发出的蓝光可能抑制人体制造帮助入睡的褪黑素。所以宝宝睡觉时，屋里不要使用电脑和智能手机。

为了慎重起见，我建议孩子夜间睡觉的时候还是不要使用小夜灯为好，因为我们的孩子不是哪种理论的实验品，尽量减少风险，让孩子健康成长。如果非要使用夜灯，最好选择红色灯光的夜灯。如果单纯为了夜间照顾孩子方便，除了使用红色夜灯外，还可以拉开窗帘借助月光。

以通过放弃和替换受损细胞来修复这种损害，但是脑组织无法这样做，只能通过深睡眠使脑部修补因氧自由基造成的损害。活动性睡眠是进入安静性睡眠前的准备动作和整理动作，是对安静性睡眠的补充。安静性睡眠，尤其是深睡眠状态对处于生长发育阶段的儿童尤其是婴幼儿具有特别重要的意义，因为80%的生长激素及诱导孩子入睡、保证睡眠质量、有助于免疫机制发育的褪黑素是在夜间，即在22点至凌晨3点深睡眠时分泌的。

睡眠和婴幼儿的健康有密切的关系。具有良好睡眠的孩子精神愉悦、精力充沛、思维活跃，有助于孩子注意力、观察力和记忆力的提高，其学习效率也高。而良好的睡眠很大程度上由什么时候睡决定，因此必须鼓励孩子按照自己的生物钟规律入睡。从小睡不好的孩子，可能一直睡不好。睡眠时间短的孩子其超重或肥胖风险增加76%，睡眠时间增加1小时，超重或肥胖风险降低21%。而且，睡不好的孩子容易发生情绪、行为问题。

不同月龄（年龄）段的睡眠特点

人的睡眠分为活动性睡眠（快眼动睡眠）和安静性睡眠（非快眼动睡眠）。

活动性睡眠会梦见生动的情景，可以发现眼睑闭合，眼球时而迅速地来回运动。对于婴幼儿来说，可能会出现身体和四肢活动、面部抽动，甚至可以哭几声。这时睡眠的特征是活跃的脑和相对静止的躯体。

安静性睡眠又分浅睡眠和深睡眠。此时全身肌张力下降，运动减至最小，但人的机体是能够运动的，通常只是稍稍调整体位，很少做梦，呼吸平稳、放缓，变得很安静。此阶段很少做梦甚至不做梦。这时睡眠的特征是休息的脑和可动的躯体。

每个月龄（年龄）段的婴幼儿睡眠的时间是不一样的。

●新生儿：大脑皮层的兴奋性低，神经活动过程弱，外界的任何刺激很容易引起其疲劳，需要休息来恢复其功能，所以新生儿时期除了吃奶基本都是在睡眠状态。新生儿每天睡眠的时间是17～20小时，其中活动性睡眠是8～9小时，昼夜不分。随着月龄的增长活动性睡眠时间逐渐缩短，安静性睡眠分期不明显，而且往往是黑白天不分，白天可能睡眠的时间长，夜间反而醒的时候多。随着大脑皮层的发育，孩子睡眠的时间逐渐缩短。

●2～3个月：2个月以后安静性睡眠开始分浅睡眠和深睡眠，在浅睡眠时期孩子有可能做梦。此时孩子每天睡15～18小时，白天小睡3～4次，夜间每次睡眠的时间较短。

●4～6个月：3～4个月时孩子开始建立睡眠—觉醒的内在生物钟规律，昼夜分明。6个月的睡眠周期为觉醒—浅睡眠—深睡眠—活动性睡眠，不断循环，一夜重复几个周期。小婴儿每个睡眠周期为40～45分钟，每天睡眠的时间为14～16小时，其中小睡2～3次。睡眠时间逐渐集中到晚上，同时每次睡眠时间与白天清醒的时间逐渐延长，白天睡眠规律化。此时，孩子的睡眠模式开始受到周围环境影响，对周围事物（光、声响、色彩等）开始感兴趣，好奇心增强，这些往往会干扰睡眠。

●7～12个月：孩子每天睡眠时间为14～15小时，其中小睡2次，一般上下午各1次，中间间隔清醒时间为3～4小时。多一半的孩子晚上可以连续睡6小时以上。9个月不再夜里醒来要奶吃，也没有了第三次小睡。如果哺育得当，10个月以后孩子晚上基本可以连睡一觉到天亮。

●孩子1岁以后每天睡眠的时间为12～14小时，白天1～2次小睡，1岁半以后白天只有1次小睡，晚上可以连睡10小时。

●3～4岁下午小睡变得越来越少。

幼儿每个睡眠周期大约为60分钟，成年人为90分钟。

以下是美国国家睡眠基金会（NSF）公布的儿童每天睡眠时间，供参考。

0～16岁儿童每天睡眠时间					
年（月）龄	0～3个月	4～11个月	1～2岁	3～5岁	6～13岁
睡眠时间（小时）	14～17	12～15	11～14	10～13	9～11

（美国国家睡眠基金会2015年2月4日数据）

随着成长，孩子睡眠周期逐渐延长，深睡眠的时间逐渐延长，而浅睡眠和活动性睡眠的时间逐渐缩短。小婴儿由于饥饿、大小便及家长错误的养育行为等原因，容易经常醒来。如果生活环境突然变化，或者过于疲劳、生病等，都会影响孩子的睡眠。

由于每个孩子先天气质不同，睡眠的时间也有差异，不能拘泥以上所说的时间。如果孩子满足下面这三个条件，即白天活动时精力充沛、不觉疲劳、情绪佳；食欲好，吃饭津津有味；在正常的饮食情况下，体重按年龄增加，就说明孩子睡眠充足了。

为何要培养孩子建立良好的生物钟规律

大自然中的一切生物都受着自身生命节律的支配，周而复始，生存于世界上。同样，人的生命也在每时每刻地遵循着一定的节律，进行着周期性的变化，包括人的睡眠和觉醒周期、体内激素分泌、新陈代谢速率、体温等多种生理行为，直到生命终结。这个生命节律就是我们通常说的生物钟。生物钟是生物体内一种无形的时钟，对人健康的影响是非常大的。经过科学家研究，生物钟相对稳定的人，他的身体健康情况是良好的。当生物钟紊乱的时候，人就容易产生不适、生病，有的甚至危及生命。对于婴幼儿的生长发育来说，生物钟更加重要。人的生物钟控制生理活动是以24小时为一周期。一般新生儿出生后还遵循着在母亲子宫内的生活节律，没有固定的吃、睡、玩的时间。所以，小婴儿就可能出现白天睡觉，而夜间觉醒的情况，令家长十分疲劳。

刚出生的孩子胃容量小，母乳好消化，孩子饥饿得快，因此频繁吃奶没有规律。一般来说，孩子出生后6周内心脏跳动的频率和体温都没有节律性的迹象。出生3周后才开始表现出夜里睡觉、白天觉醒的行为，3个月后才建立昼夜分明的生物钟规律。肾功能在6个月后才有明显的日节律，同样其他各个器官也会随着孩子的发育及家长的刻意培养，在不同的时间出现节律性的变化。因此，家长需要逐步摸索孩子的生活规律，调整孩子的生物钟，让孩子逐渐适应人类的生物钟节律，建立正确的条件反射，养成良好的生活习惯。

小婴儿的喂养由按需哺乳逐步过渡

到定时定量，根据月龄进行调整，逐渐达到3~4小时哺喂1次，因为胃肠每隔3~4小时分泌消化液。添加辅食后，7~9个月时逐渐停掉夜奶，建立胃肠道的生物钟规律，养成孩子白天觉醒、夜间睡眠、定时睡眠的规律，保证睡眠时间充足，养成独立睡眠的好习惯。

因此，家长需要从婴儿时期开始有意识地培养孩子的睡眠习惯。

● 每天遵循规律性的作息时间，包括睡眠、喂养、排便以及清洁卫生等操作。

● 每项操作都是用固定的培养方式，重复同样的内容，这样就建立了同样的条件反射。

当孩子已经建立起自己的生物钟规律后，他就只能遵循这个规律作息，这样才能保证婴幼儿的身心健康！

培养孩子建立良好的睡眠模式和睡眠习惯

让孩子独立安然入睡是需要家长有意识地去培养的。孩子出生以后就要注意培养良好的睡眠行为，4个月以后一旦形成不良的睡眠习惯，再想纠正就十分困难了。要想孩子建立良好的睡眠模式和睡眠习惯，父母的态度必须明确。建立良好的睡眠习惯才是对孩子真正的爱。

根据世界睡眠协会曾经公布的《6大金质睡眠法》和中国疾控中心妇幼保健中心发布的《中国婴幼儿睡眠健康指南》的精神，建议家长按以下几种方式做。

| 创造良好的睡眠环境 |

孩子睡觉的环境要舒适，如温度适中（20℃~25℃），相对湿度在60%~70%，室内空气新鲜，卧室安静。同时注意减少外界的刺激，如噪声、灯光（包括夜灯）、玩耍等。孩子睡眠时给予适量的棉织品衣服和被子，让孩子感到温暖而不过热，小婴儿最好用睡袋包裹或者用包被裹好上半身（但禁止"蜡烛包"），使孩子有安全感。

| 帮助建立睡眠的规律 |

婴儿早期很多良好的行为习惯都是通过运用建立条件反射这一学习方式形成的。养成孩子定时睡眠、定时上床、准时起床的好习惯，同样是运用了这一学习方式。

● 新生儿期，孩子的睡眠顺其自然，孩子想睡就睡，想吃就吃。

● 2~3个月时，家长可以配合孩子的特点和生活习惯，培养孩子昼夜分明的作息规律，逐渐养成晚上定时入睡，白天按时小睡且自行入睡的睡眠模式，帮助他逐渐建立良好的睡眠规律。临睡前，家长可以采取一些固定活动，如睡前洗浴、换上干爽的纸尿裤、换睡衣等。当孩子到了犯困要睡的时候，让孩子躺在床上进行哄睡，听同一首安眠曲、讲同一个故事，或者看家长做同一个动作，然后再亲吻他、拍他等，直至孩子入睡。家长每天都采取这样固定的哄睡模式，经过一段时间（2～3周），只要再做这些事情，孩子就知道该入睡了，养成自行入睡的习惯，即建立了良好睡眠的条件反射。需要提请家长注意的是，越小的孩子建立这种条件反射需要的时间越长，家长要有耐心。

TIPS：宝宝疲惫要睡觉时会有什么表现

《中国婴幼儿睡眠健康指南》指出，刚刚宝宝可能还玩得很高兴，没一会儿他就表现出烦躁或嘀嘀咕咕，失去注意力或不再配合家长的活动，紧握拳头，揉眼睛或打哈欠。这便是宝宝犯困的表现，家长可以留心观察，适时引导宝宝入睡。

值得注意的是，婴幼儿期，孩子的神经系统发育不健全，很容易疲劳。而孩子一旦疲劳，就会加速分泌肾上腺素，孩子常表现出烦躁和哭闹增多，到2个月哭闹发展达到高峰。这时，家长往往容易产生挫败感和内疚感，认为孩子是饿了需要吃奶和安抚而自己没有做到位，因而频繁喂奶和搂抱、摇动哄睡，这会逐渐使孩子养成需要依靠含接奶头和抱着睡觉的习得性行为。其实很多时候，孩子不是饥饿或者需要安抚，而是因为疲倦急于睡觉造成的哭闹。有时，部分家长溺爱，容不得孩子有半点儿哭闹现象，结果剥夺了孩子自行

入睡的机会。因此，建议家长不要过度干预孩子的睡眠，而是应该培养孩子独立入睡而非建立由家长抱着、通过含接奶头安抚入睡的睡眠模式。夜间最好只喂奶2～3次，有的孩子白天可能小睡3～4次。2～3个月时，孩子一旦养成不良的睡眠模式将会延续整个婴儿时期，甚至幼儿时期，再想纠正会很困难。总之，这个阶段是培养孩子良好睡眠模式的关键时期。

家长还要帮助婴幼儿分辨昼夜，室内光线要有昼夜明显的分别，日夜活动也应该有明显的区别。白天小睡也不必挂上窗帘，不需要刻意制造安静环境。夜间睡眠就需要黑着灯（包括小夜灯）与白天小睡有所区别。《生命时报》曾经报道，英国研究人员发现，睡眠期间室内灯光会影响人体内分泌，尤其是可以改变褪黑素分泌，同时缩短体内褪黑素在夜间的持续作用。研究结果显示，睡眠暴露于灯光之中的受试者，99%发生了不同程度的褪黑素分泌延迟，而褪黑素持续作用的时间也缩短约90分钟。这对于人们血糖的稳定是不利的。

孩子白天小睡的时间不要超过4小时。家长白天尽量多与孩子沟通交流、玩耍说话，利用清醒的时间进行早期教育。其实，早期教育在我们生活的时时、处处、事事中都可以进行。

● 3～6个月时，孩子度过临睡前的哭闹时期，逐渐养成良好的睡眠模式，家长

需要继续巩固这种睡眠模式。3～6个月的孩子开始对周围事物产生兴趣，尤其对新事物更加好奇，这些往往使他抵抗睡意，进而兴奋、烦躁和哭闹，导致更加疲惫难以入睡。一旦孩子过度疲劳，家长所做的抚慰行为，例如抱起来吃奶、摇动孩子，都可能对孩子的自然入睡过程造成刺激和干扰。因此，当孩子出现要睡眠的迹象时，一定要创造睡眠的环境，减少外界对他的吸引，让孩子躺在自己的小床里逐渐安静下来。尽量安排婴儿晚上八九点以前入睡。一般来说，越是睡得早的孩子醒来的时间会越晚，而且夜间睡眠很熟。白天孩子觉醒的时候，家长就可以尽情享受与孩子在一起玩耍的快乐时光。在孩子玩耍期间，你会发现孩子的专注力越来越好。但是，白天与孩子玩的时候不要过度给予孩子刺激（即开展过多的早教活动），让孩子大脑应接不暇，更容易引起他大脑的疲劳，影响孩子入睡及睡眠的质量。3～6个月，夜间喂奶2次（在夜间21点喂奶一次，凌晨3～4点喂奶一次）。孩子白天每次清醒的时间为2～3小时，白天小睡2～3次。如果养成的睡眠习惯好的话，随着孩子胃容量的增加，90%的孩子3个月大时就可以连睡5～6小时，有的孩子甚至可以连睡6～8小时。

- 7～12个月时，孩子添加辅食后，开始为逐渐断掉夜奶做准备，到9个月辅食已经可以代替一两顿奶的时候就要完全断夜奶。随着孩子夜间睡眠时间的延长，做得好的孩子夜间可以连续睡眠6～8小时，到了10～12个月可以睡整夜觉了。准备断夜奶前，开始夜间逐渐延长夜奶的间隔，至9个月完全断掉夜奶，孩子开始睡整夜觉了。断夜奶前，家长必须明了断夜奶的好处——为了孩子更好地发育，大脑获得更好的休息和休整，因此需要家长的决心和坚持。当孩子夜间醒来时应该继续保持屋内的黑暗与安静，以便孩子及时再次进入睡眠状态，家长不要过度干预。这时的孩子白天上下午各一次小睡。

- 1～2岁时，很多的孩子还需要上下午各一次小睡，随着发育，多数孩子逐渐缩短上午小睡的时间（家长也有意识地这样培养），直到1岁半左右停止上午小睡，只有下午一次的小睡了（多数孩子要睡2小时左右）。晚上要提前让孩子入睡，这样孩子夜间便可以连续睡眠，而且是高质量的睡眠。

- 3岁以后，家长可以试着逐渐推迟半小时孩子晚上入睡的时间，孩子最好晚上20～21点入睡，早晨6～8点醒来，这样更有利于保证午睡很快入睡。同时，午睡时间能够保证1.5～2小时。如此，无论早晨或者午觉醒后，孩子都会感到精力充沛，有着更好的专注力去玩耍和接受早教。

最后，家长还需要注意以下几点。

- 每个孩子的先天气质影响着睡眠模

式的养成。

大多数婴幼儿都属于容易型（易养型）的孩子，他们的吃、喝、睡、大小便等生理机能活动有规律，节奏明显，容易适应新环境（调适良好），这类孩子生活规律，能够很容易地建立良好的睡眠模式。但是，对于人数很少的困难型（难养型）孩子来说，由于他们时常大声哭闹、烦躁易怒、爱发脾气、不易安抚，在饮食、睡眠等生理活动中缺乏规律性，对新食物、新事物、新环境接受较慢（调适不良），需要长时间去适应新的安排和活动。所以，家长需要费很大的力气和极大的耐心，才能使他们养成良好的睡眠模式。

● 夜间入睡前一定要给孩子换上渗水性强的干爽纸尿裤，防止婴幼儿因漏尿、尿湿或更换尿布而被打扰睡眠。

● 同屋不同床。孩子的小床放在父母大床的旁边，小床上的物品一定要收拾干净，保证孩子仰卧位睡觉，避免发生意外。美国儿科学会和《中国婴幼儿睡眠健康指南》都建议，孩子应该与父母分床睡觉，同屋不同床。这样的安排父母能够随时关注孩子的状况，便于夜间护理，并保证母乳供应。尤其是母乳喂养的妈妈更要注意不要同床睡觉，以防哺乳时因为妈妈困倦而误堵塞孩子的口鼻或者养成孩子奶睡的习惯。

TIPS：孩子睡觉满床打滚正常吗

孩子满床打滚睡觉的情况大多数是正常的。有时孩子白天玩得太兴奋，睡觉时大脑皮层部分区域还处于兴奋状态，因此可能会出现满床打滚现象。但是穿的衣服过多、出汗，床铺过硬或者室温高低不合适，被子过厚、过重，被子不保暖等都会引起孩子睡觉多次翻身。孩子晚饭吃得不舒服，过凉、过饱、胃肠不适，也会引起孩子睡觉时辗转不安。如果孩子夜间虽然不停地翻身，但却熟睡不醒，就不需要处理。需要注意的是，有的孩子因为有寄生虫，如蛲虫的雌虫晚上会爬出肛门外产卵，也会引起孩子不适而不停地翻身甚至哭闹。因此，家长需要晚上孩子睡觉时，仔细检查是否有线头一样的虫子爬出肛门或者大便带有这样的虫子，如果有要及时去医院就诊，进行彻底的治疗。

● 培养孩子建立良好的睡眠习惯，全家应该达成共识，父母双方尤为重要。夫妻应该互相支持，必要时给主要照看孩子的人休息一下或者小睡一会儿的时间，以恢复体力保持良好的情绪。

● 在培养孩子良好的睡眠习惯过程中，孩子可能会哭闹着入睡，家长不必担心。正如《美国儿科学会育儿百科（第6版）》所述，有时候家长可能需要让孩子自己哭着睡觉，这不会有任何伤害，家长也不需要担心。在那些孩子哭的晚上，其实家长正在帮助他学会自己平静下来。孩子不会认为家长抛弃了他或者不再爱他。

睡眠姿势

关于睡眠姿势，我国学者持有不同的意见，一些人认为孩子趴着睡眠好，这样有利于提高肺活量，预防溢奶时误吸而引起窒息或吸入性肺炎。而美国儿科学会以及我国大部分专家建议，健康的婴儿应尽量选择仰卧位的睡姿，因为这种睡姿对婴幼儿最为安全，可以减少婴儿猝死综合征的风险。仰卧睡眠适用于1岁以内的婴儿，尤其对6个月内的婴儿更为重要。但是，仰卧对于经常溢奶的孩子来说，容易引起误吸。因此，建议每次吃奶后一定要竖着抱起孩子拍嗝，然后坚持竖着抱20分钟后再放到床上拍哄睡觉。这样做，孩子就很少溢奶了。随着孩子的发育，溢奶的现象就会减少到消失。

虽然有的医生认为侧卧睡眠也是很好的选择，但有证据表明，侧卧存在着安全隐患，尤其对于小婴儿会发生猝死的危险。

因此，孩子采取何种姿势睡眠具体还应该听从儿科医师的指导。我建议，新生儿和小婴儿还是应该仰卧睡觉，已经学会自如翻身的孩子，可以顺其自然，但是家长要注意将床上的物品清理干净。同时，孩子1岁前睡觉不用枕枕头，更不要使用定型枕。建议孩子睡觉最好使用睡袋，不要盖被子，以预防床上的物品捂住孩子

的口鼻。孩子清醒的时候，建议在大人的看护下多练习俯卧或者大人竖着抱起婴儿（3个月内的小婴儿注意保护好他的脊柱和颈部）。这样不但可以训练孩子的头竖立，还可以让孩子通过视觉获得更多的外界信息，有助于婴儿肩部肌肉和头部控制能力的发育，让孩子保持一个漂亮的头形。

儿童常见睡眠误区

家长在养育孩子的过程中，常常犯的错误有抱着睡、睡前嬉戏、持续夜哺、夜啼应答多、睡眠无规则、随成人作息等。

• 推迟孩子夜间入睡的时间。孩子入睡行为是后天习得的。孩子出生后2周到3个月期间，可能哭闹增加，尤其有少部分孩子哭闹严重，很缠人。家长错误地认为孩子是饿了或者需要安抚，因此多次让孩子吸吮乳头、吃奶或者持续抱着孩子、摇着孩子，企图让孩子入睡。久之，孩子就建立了含接乳头或者依赖家长的搂抱和摇动入睡的习得性行为。

• "亲密育儿"理论让孩子的小睡出现问题。孩子白天的小睡是健康睡眠的一个重要部分，可以让孩子清醒状态达到最佳，注意力更集中，其"学习"的效果更好。而且，白天的小睡也不会影响夜间的睡眠。但是，近年来提倡的所谓"亲密育儿法"，鼓励父母随时随地把孩子带在身

边去参加各项活动，认为这样可以让孩子接触更多的新事物，认识更多的朋友。由于孩子外出打乱原来小睡的时间，可能在行驶的汽车里、滚动的童车里以及父母的怀抱和肩背上睡觉，导致随时惊醒，这是质量不高的睡眠。这样做的结果不但耽误了孩子小睡的时间，推迟和减少了深睡眠的时间，而且小睡的时间太短，也太轻，无法让孩子的体力和大脑获得充分恢复。孩子睡眠缺乏，清醒后往往表现出注意力不集中，活动起来也不会

持久。最好的小睡方法还是静止的睡眠，不管家长是抱着孩子入睡，还是用摇篮抚慰孩子入睡，最终还是应该让孩子躺在他的婴儿床上睡觉。

● 夜间反复哺乳让孩子持续睡眠断裂，混淆大脑觉醒和胃饿醒的界限。由于婴儿在1～2个月时，活动性睡眠所占的时间比较长，而且睡眠周期比较短，家长常常将孩子在活动性睡眠时期和短暂觉醒的表现误认为孩子醒了，因此给予干预，或者错将孩子的觅食反射（觅食

➚ 育儿链接：4个月大的孩子夜里总醒怎么办 ● ● ●

这么大的婴儿夜间不睡长觉有很多的原因，如孩子在3个月以前由于大脑皮层发育还不成熟，没有形成内在的昼醒夜眠的生物钟规律，而且孩子的胃容量小、母乳容易消化，所以容易饿等。母乳在胃里需要1.5～2小时排空，所以喂奶间隔的时间应从出生时按需哺乳到4个月间隔3～3.5小时喂一次，适当地延长夜间喂奶的间隔，保证孩子夜间睡眠的时间。家长应该有意识地培养孩子睡长觉的习惯。

有的婴儿由于白天睡眠时间长，造成夜间睡得不实，醒的次数多。这属于孩子黑白颠倒，生物钟没有调好的情况。这就需要家长做适当的调整，尽量让孩子白天多活动减少睡眠，来达到夜间睡长觉的目的。对于4个月的孩子，理想的作息安排是白天2～3次小睡，夜间可以连续睡眠5～6小时。

也有的孩子夜间哭闹与家长过分娇惯有

关。当孩子每次睡醒以后，刚开始哭时，家长舍不得孩子哭，于是又抱又哄，逐渐养成孩子习惯家长抱着睡眠的习惯。不抱他，孩子就大声哭闹不止，如果这时家长又抱起孩子，就再一次强化了孩子的这个行为，逐渐养成了孩子抱着睡觉放下大哭的坏习惯。对于这样的孩子，家长就应该理智，只要孩子没有病理性原因，已经吃饱了，尿布干爽，孩子哭闹就不要急于给予"过分"的关照。坚持在床上拍哄睡觉。逐渐地，孩子就知道再哭家长也不抱，淡化了哭和抱的联系，就能够在不长的时间内纠正这个坏习惯。

但是，孩子夜间哭闹也有病理性原因，如佝偻病、肠痉挛或其他疾病发生的前期。这就需要家长很好地观察，给予相应的处理。

当然，家长还应该提供给孩子一个避免强光刺激、舒适、安静的睡眠环境。睡前不要让孩子过度兴奋，逐渐养成孩子夜间长睡的好习惯。

反射在婴儿3～4个月才消失）和哭闹误认为孩子饿了而抱起来喂奶，逐渐建立了活动性睡眠—短暂觉醒—哭闹—吃奶获得安抚而转入下一个睡眠周期的规律。久之，孩子会形成依靠含接妈妈乳头转入下一个睡眠周期的条件反射。有的家长反映，自己的孩子几乎不到一小时就醒一次，其结果不但造成夜间妈妈反复哺乳，长时间劳累得不到休息，苦不堪言，而且也造成孩子持续睡眠断裂，使孩子后半夜不能很快进入到深睡眠阶段，导致深睡眠的时间缩短，影响了生长激素和褪黑素的分泌，进而影响孩子的发育。孩子一旦建立了这样的习得性行为，到了6～8个月添加辅食后要想断夜奶就十分困难了。

何为睡眠障碍

睡眠障碍是指在睡眠过程中出现的各种影响睡眠心理行为的异常表现。睡眠障碍直接影响着睡眠结构、睡眠质量和睡眠后的复原程度。小儿的睡眠障碍与成年人有相同的地方，但更多的是其特殊的一面。对于成年人来说可能是睡眠障碍的情况，对于小儿来说却可能就是正常的生理现象。小儿许多睡眠障碍的存在反映了小儿生理、行为、心理发育以及亲子交流方面的问题。

婴儿期的睡眠障碍主要是睡眠不安、入睡和持续睡眠困难，如果不及时纠正可以持续到幼儿期或者儿童期。

幼儿期睡眠障碍

幼儿期的睡眠障碍主要是夜惊、梦呓和梦行症。夜惊可能与生物学因素、环境因素和认知发育相互作用的中间过程有关。梦呓或梦行症与中枢神经系统发育不成熟有关。梦呓表现为睡眠时讲话或发出类似讲话的声音。梦行症，俗称梦游症，是指睡眠中突然爬起来进行活动，而后又睡下，醒后对睡眠期间的活动一无所知。

3～9岁的孩子还可以发生频繁打鼾、磨牙症和梦魇，其产生的原因可能与咽部的淋巴组织处于生理性生长高峰、气道变窄易感染、牙齿发育处于恒牙替代乳牙的萌动以及中枢神经系统发育不成熟有关。

世界睡眠协会公布的《6大金质睡眠法》

金质睡眠环境：卧室温度20℃～25℃，湿度60%～70%。

金质入睡时间：21点前。

金质睡眠时长：10小时。

金质睡眠准备式：合理睡前运动，每天同一套固定的程序。

金质睡眠装备：干爽纸尿裤。

金质睡眠方式：3～4个月后训练单独睡觉。

《中国婴幼儿睡眠健康指南》中的"3+3"原则（2013年）

3要：

● 要在宝宝犯困时将他放到床上，

培养其独自入睡能力；

● 要让宝宝与父母同屋不同床，有助于夜晚连续睡眠；

● 要用纸尿裤等养育行为方式提高宝宝夜晚睡眠效率。

3不要：

● 不要依赖拍抱或摇晃等安抚方式让宝宝入睡；

● 不要让宝宝只有在喂奶后才能入睡；

● 不要过度干扰宝宝夜晚睡眠。

提高宝宝的免疫力

Q 我的孩子体质很差，气候稍微有些变化就要生病，几乎每个月都要病一场。有什么好的办法能增强孩子的免疫力呢？

A 要想增强孩子的免疫力，就需要先了解人体免疫系统的组成。

免疫系统的组成

免疫系统是由免疫器官、免疫活细胞和免疫分子组成的，其中包括中枢免疫器官，如胸腺、骨髓；周围免疫器官，如脾脏、全身淋巴结、淋巴小结、弥散的淋巴组织；免疫细胞，如造血干细胞、单核吞噬细胞系统、淋巴细胞系统、粒细胞系统、红细胞、肥大细胞及血小板等。它们共同担负起捍卫人体健康的责任。骨髓和胸腺负责不断生产和分化免疫细胞，脾脏、淋巴结、淋巴小结及弥散的淋巴组织负责支撑大量稠密的免疫细胞。脾脏中含有的大量巨噬细胞，不但可以直接吞噬外来异物，还可以直接加工、传递信息给淋巴细胞，使之产生抗体。一旦抗体生成，其他免疫组织很容易把被抗体包裹的抗原杀灭。呼吸道、肠道黏膜、口腔、阴道、乳腺包括皮肤都有相关的淋巴组织。大家熟知的扁桃腺就是免疫系统的一员，它忠实地守护着进入人体的第一道大门。每个免疫组织、免疫细胞和免疫分子平时都各司其职，一旦有被机体认为的异常物质进入人体，各个免疫组织就会立即做出反应。同时，免疫系统还担负着清除自身产生的畸变、不健全或退化细胞的任务。

免疫力是指机体抵御疾病的能力。免疫力的强弱反映了机体内免疫系统的强弱。人体的免疫系统是机体保护自身的防御性组织。

免疫系统的三大功能

人们一般认为医学上谈的免疫就是大家俗称的抵抗力，其实不然，免疫应该包括防御、自身稳定、免疫监视三大功能。

●防御是指防御病原体及其有毒产物对机体的侵袭，免患感染性疾病。

●自身稳定就是机体组织、细胞在不停的新陈代谢过程中，用新生的细胞代替衰老和受损伤的细胞，并及时把衰老和死亡的细胞识别、清除出去，从而保持人体器官、组织的稳定和安全。

●免疫监视就是监视、识别并及时清除体内突变细胞，防止肿瘤发生。

因此，体内的免疫系统应首先具备高度的辨别力，能精确识别自己和非己物质，以维持机体的相对稳定性；同时还能接收、传递、扩大、储存和记忆有关免疫的信息，针对免疫信息发生相适应的应答并不断调整其应答性。

免疫系统功能失调会引发很多疾病。免疫功能低下会造成抵御疾病的能力下降，机体处于无保护状态，没有能力监视和辨认健康或致病因子，人体就要生病，如感染疾病、肿瘤形成。如果免疫系统反应过度，错误地将正常有用的物质当成异物反应，人体就会发生过敏反应，甚至严重到休克、死亡。如果免疫系统对自身的细胞做出反应，就会引发自身免疫疾病，诸如风湿性关节炎、风湿性心脏病等。

目前，一些专家认为，孩子出生时免疫器官和免疫细胞均相当完善。那么，为什么越小的孩子表现出的免疫能力越低呢？这主要是免疫系统没有经验，因为没有机会接触抗原，所以不能建立免疫记忆的应答。免疫力是在机体与各种致病因子的不断斗争过程中形成并逐渐加强的。要知道，小儿的免疫系统生理状态与成年人显著不同，他们的免疫系统发育不成熟，而且不同年龄段免疫水平也不同，从而导致不同年龄段的孩子发生的疾病也有所差别。随着孩子的生长发育，到12岁时，全身的免疫系统发育到最高水平。家长须清醒地认识到，婴幼儿阶段的孩子容易生病是很正常的事，没必要过于紧张。机体只有在不断与疾病抗争的过程中，免疫系统得到了锻炼（获得经验），才能真正发育成熟，机体的免疫力才会增强。只要人的免疫系统正常运作，人就不会生病，即使有了小病也会很快康复。

如何提高孩子的免疫力

自身免疫力的提高既受先天因素的影响，更受后天营养、体格锻炼和预防接种的影响。

●孩子出生后坚持母乳喂养，这是孩子人生的第一次免疫。母乳中含有孩子生长初期所需要的免疫活性物质，可以增强孩子的免疫力，这是任何食品包括婴幼儿配方奶都无法比拟的。所以，世界卫生组织建议母乳喂养可以到 2 岁或以上。

● 按时添加辅食，膳食搭配均衡合理，做到食物多样化，引导孩子不挑食、不偏食，保证孩子对营养的需求。因为足够的营养是人体免疫系统发育的必需物质基础。

● 平时注意居室通风换气，注意孩子与大人的个人卫生，做到饭前、便后、外出回家后洗手，少带孩子去公共场合，尽量减少接触病原体的机会。

● 保证孩子生活规律，正确进行"三浴"（温水浴、空气浴、日光浴）训练（请参见《疾病防治》分册"如何给孩子进行'三浴'训练"相关内容），积极参与各项体育活动进行体格锻炼。

做到以上几点才能不断增强孩子体质，提高内在免疫能力。这种免疫能力在医学上又称为非特异性免疫能力。按计划进行预防接种，刺激机体产生抵御相应传染病的能力，医学上称为特异性免疫能力（或者称获得性免疫）。人体同时具备了非特异性免疫能力和特异性免疫力，才能真正做到少生病或不生病，保护人体的健康。

TIPS：打破孩子的生活规律，孩子就爱生病吗

很多妈妈都跟我反映过，孩子的生活一不规律，如回老家、上幼儿园，就容易生病，不明白这是什么原因。其实，孩子出生后在家长的养育下会逐渐形成自己的内在生物钟规律。每天的饮食、大小便、睡眠、玩耍、洗浴，包括每次吃多少、吃的种类等行为，按照不同的年龄段，逐渐形成一定的顺序和规律。孩子身体的各个组织器官循规蹈矩，一步一步地按照这个顺序和规律工作着，就好像流水线上的各种工作一样环环相扣。这些行为逐渐形成了一种习惯，每天周而复始地自动运转着，这就是我们常说的建立了良好的条件反射。只有这样，孩子的生活才会有条不紊地进行，才能满足生理的需求，才能精神愉悦，自然生长，发育好，父母也会省心轻松不少。但是，换了个陌生环境，比如去了祖辈人家，老人的娇惯和父母的疏忽，完全打破了孩子的生活规律，黑白天颠倒、该睡觉时不睡觉、该吃饭时不吃饭、乱吃乱喝、玩耍无节制等，扰乱体内生物钟的时序，使体内激素的分泌出现异常，大脑兴奋与抑制失调。机体的各个组织器官一时不能适应这种变化，超出了它们所能承载的负荷，导致免疫功能下降，孩子因此就易生病。

一些家长希望通过使用免疫增强剂，如转移因子、核酪、胸腺肽、干扰素及丙种球蛋白等来增强孩子的免疫力。这些免疫增强剂多是从动物组织、细菌培养物、

人体血浆血清中提取和纯化获得的生物制品，主要用于免疫缺陷性疾病、恶性肿瘤的免疫治疗，以及难治的一些细菌、病毒、真菌感染的严重感染性疾病。其作用时间短，需要反复用药，对于具有正常免疫功能的人来说作用并不明显，而且会引起一些药物不良反应，尤其对过敏体质的人来说极易引起过敏反应。对于正常的婴幼儿来说，应用任何免疫药物都会扰乱孩子正常免疫功能的发育，非但不能防病，反而会抑制免疫功能或者引发新的免疫紊乱性疾病。也就是说，正常的婴幼儿应用免疫增强剂只有害处，并无益处。

膝关节活动时发出响声是怎么回事

Q 我儿子自从出生开始就发现他的右膝关节在活动时有点儿异样，还有咔咔的声音，但孩子没有任何疼痛反应。请问这有问题吗？

A 膝关节在屈伸活动时出现弹响，但是活动不受限，也不疼痛，可能有几个原因：

- 膝关节旁的肌腱异常滑动而引起弹响；

- 膝关节内的脂肪垫在活动时移动发出的声音；

- 韧带发育比较松弛。

膝关节弹响一般多发生在3个月或1岁的孩子身上，但不是每个孩子都有这种情况。对于这种情况，家长应尽量少活动这个关节，等孩子长大后，这种响声就没有了。这不属于疾病，是一种生理现象。如果孩子的关节活动受限，伴有疼痛，就一定要到医院就诊。

宝宝的头睡偏了可以纠正吗

Q 我的孩子从出生后总是喜欢朝一边

躺着，结果头睡偏了。睡偏了头还可以纠正吗？

A 头睡偏了最佳校正时间在生后3个月内，因为这时颅骨还在发育中，边缘还没有骨化，骨质比较软，所以比较好矫正。家长可以让孩子头朝相反的方向躺着，白天多竖着抱起孩子，或者练习俯卧抬头。轻度的偏头这样做就能纠正过来。比较严重的偏头随着发育有可能程度减轻，但是过于严重，纠正起来就比较困难了，需要使用矫正头盔。另外，孩子出生后不要枕枕头，1岁后方可使用枕头。用童车推孩子外出时，尽量让孩子采取半卧位，倾斜度为15°～30°。这既有利于孩子用眼睛观察外界的事物，提高孩子的认知水平，还可以减少偏头的概率。

囟门闭合有规律

Q 我的宝宝已经1岁了，可是前囟门还是没有闭合。孩子的囟门应该什么时候闭合？有人说孩子的囟门不能摸，是这样的吗？

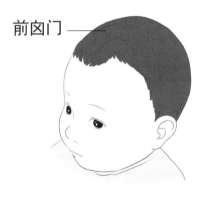

前囟门

图23

A 新生儿头上都有两个柔软的区域，即前囟和后囟，这是未成熟的颅骨为继续生长预留的空间。前囟门为两侧额骨与两侧顶骨形成的菱形、柔软的部位，出生时为1.5～2cm大小（图23）。出生后，前囟随头围增大而变大，6个月以后逐渐骨化，开始变小，12～18个月闭合，最迟不能超过2岁。后囟是两块顶骨和枕骨形成的间隙，呈三角形，一般在生后不久，最迟不超过3～4个月闭合。前囟是由结实的脑膜覆盖着，外面还有一层头皮、皮下组织，一般的触摸不会伤及孩子。在光线好的时候还可以看到囟门的跳动，这是因为头皮下有血管通过的缘故，其频率介于心率和呼吸节律之间。医生在检查孩子身体时，必须检查囟门的状态和闭合情况。如果前囟凸出且张力大，结合其他症状多考虑颅内病变。不过，有的药物或者高热也会造成前囟凸出，但不是颅内病变，因此需要家长密切观察。如果前囟凹陷且呕吐或者腹泻，同时伴有尿少，多考虑脱水。前囟门早闭多见于头小畸形，晚闭多见于佝偻病、呆小症、脑积水、中枢神经系统感染。少数婴儿长到5~6个月时，囟门只留下指尖大小，似乎快要关闭，但实际上边缘的颅骨并未骨化，头围只要是在正常地增长，就不会提前闭合。足月新生儿出生时只要头围不少于33~34cm，1周岁时不少于46cm，2岁时不少于47~48cm就正常，不必担心。医生可以通过检查囟门的情况及时发现问题，所以家长不用担心害怕而不敢摸。建议家长每次洗浴时要清洗干净孩子囟门上的乳痂，而且需要不时地摸摸囟门，掌握闭合的情况。

什么是生长痛

Q 我的孩子已经3岁了，近来经常喊腿疼，且多发生在夜间，白天发生得少。孩子疼痛时间不长，疼痛过后双腿活动自如。孩子的双腿外表也没有什么异常。去医院检查，医生说是"生长痛"。请问，什么是生长痛？需要家长注意什么？

A 生长痛是3岁以上的孩子多见的一种临床表现。这些孩子没有双腿器质性的改变，发作时表现为单腿或双腿感到十分疲劳或隐隐作痛，重者则表现疼痛剧烈。每次发作的时间不长，少则几秒，多则几小时，以夜间发生多见，双腿外表没有异常表现，疼痛过后一切正常。去医院检查，没有什么阳性体征，透视检查正常。一般此病都发生在生长期，一些专家认为，孩子活动量相对较大，长骨生长较快，与局部肌肉筋腱的生长发育不协调，导致了生理性疼痛的发生。近来专家又否定了以上说法，认为生长痛是儿童一天玩耍、运动量累积后产生的废物没有得到释放，通常休息即可缓解的一种现象。这种疼痛也可能与过度疲劳、着凉有关，但是也有的孩子找不出任何诱因。不过，不管是什么原因产生的疼痛，当孩子疼痛时可以给孩子进行按摩和热敷，让孩子充分休息，这种疼痛自然会缓解。

在这里也需要提醒，如果儿童发生了这样的疼痛，一定去医院排除一些器质性疾病，才能考虑是生长痛。

何为先天性髋关节发育不良

Q 我的孩子做42天复查的时候，发现双腿腿纹不对称，医生怀疑是先天性髋关节发育不良，建议做B超确诊。如果确诊为先天性髋关节发育不良该如何治疗？需要手术吗？

A 先天性髋关节发育不良或者脱位的孩子行走时出现步态跛行。单侧脱位者身体向患侧晃动，双侧脱位者身体左右摇摆呈鸭步。如果治疗不当或治疗不及时，孩子长大以后腰和髋部疼痛，影响劳动和形体美观。所以，早期发现、早期治疗是关键。

先天性髋关节发育不良是因为髋臼发育不良，如髋臼浅而平甚至不成臼状，股骨头外形扁平或者呈蕈状，以及韧带松弛引起股骨头不能落到髋臼里，呈髋关节发育不良、半脱位或者全脱位。先天性髋关节发育不良的诊断包括以下几方面。

- 双腿内侧的腿纹不对称。
- 臀部两侧大小不一。
- 双腿不等长。
- 将双髋、双膝均屈曲90°，双侧膝盖不等高，然后扶着双侧膝盖逐渐外展、外旋，正常者双膝可以接触床面，患侧大腿外展则受限（可能髋关节半脱位或者脱位）。外展时，脱位的一侧不能外展到90°且有弹响声。双侧脱位者会阴部变宽。

- 站立时一侧足尖着地。
- 行走时摇摆，似鸭步。
- 如果有家族史、羊水过少、胎位不正等情况，需要高度警惕。

其中，腿纹不对称不是先天性髋关节脱位可靠的临床指征。诊断此病，4个月内的患儿可以通过B超，4个月以上的患儿需要通过透视检查。先天性髋关节发育不良越早治疗越好，出生6个月内的孩子可以通过使用大量的普通尿布，将尿布垫得厚一些，能够使髋部在自然轻度髋关节屈曲位下外展，使双下肢保持高度外展蛙式位，一般3~4个月能够治愈，尤其对于髋关节半脱位更容易复位。6~12个月的孩子使用较大的三角枕、夹板或者石膏固定。1岁以上的孩子治疗就比较困难了，有可能需要手术治疗。所以，该病应及时发现、及早治疗，方法简单，不增加婴儿的痛苦，而且疗程缩短、经济。目前，很多医院在新生儿记录中都已经增添了先天性髋关节发育不良的常规检查。

宝宝站立时小腿弯曲有问题吗

Q 宝宝8个月，最近学习站立时，发现他的小腿有些弯，左脚总是内撇40°左右，踮着脚尖，而且有时会绊着另外一只脚。但左脚有力，坐和躺双腿脚均正常，活动自如。因为孩子一生下来小腿就有些弯曲，不知是孩子的习惯还是一些疾病的早期征兆？

A 胎儿时期，由于胎儿越长越大，在子宫的活动空间相对会越来越小，因此正常胎位的胎儿在子宫内全身盘曲，脊柱略前弯，四肢屈曲紧缩交叉于胸腹前。因为只有把自己的四肢蜷缩在一起呈椭圆形才能占据最小空间，所以胎儿以尽可能小的体积来适应子宫的狭小空间。由于胎儿在妈妈子宫里的这种特殊姿势，所以新生儿出生后大多数都是O形腿，直至整个婴儿阶段。医学上将这种下肢的弯曲称为生理性弯曲，这是正常的生理现象。孩子在学会走路的6个月内由于下肢承受全身的重量，所以在外观看起来O形腿更为严重，

在1岁半左右达到高峰。随后因为受到生长发育、负重与姿势改变等因素的影响，孩子直到3～4岁又逐渐发展成X形腿，过了4岁又开始矫正，到了6～7岁已接近正常，但到10岁左右才比较稳定。大约有95%的X形腿可在外观上恢复正常。

由于在宫内胎位的关系，孩子的双足或单足呈现马蹄内翻足，在新生儿期就需要开始按摩纠正。方法是，用手掌固定足跟，另一只手抓住足的前部，做外翻、外展动作。每次保持20～30秒，每日进行200～300次，以婴儿不感到疲劳或疼痛为宜，一般能恢复正常。

有的孩子出现内八字或外八字脚，主要是因为孩子过早地学习站立和走路，脚部的力量不够，不足以支持全身的重量造成的。也有的孩子因为过早穿硬底鞋或过大的鞋，由于孩子的踝关节力量弱，带不起鞋，因此引起八字脚；或者因为鞋小，孩子的脚趾不能舒展，为了支持全身的重量，脚就变成了八字形。如果孩子双脚有力，躺着时双腿和双脚活动自如，就没有什么问题，只是还没有发育到学习站立和走路，所以孩子会出现一些异常。

孩子歪头看东西是斜颈吗

Q 我的孩子4个月了。他出生不久我就发现竖着抱他时，他总是喜欢歪着头看东西。孩子是不是哪里有问题呀？

图24

A 孩子从出生就发现他歪着头，以后竖着抱起来发现他歪着头看东西，可能是以下的两种情况。

如果在孩子的颈部没有摸到肿块，则有可能是下述情况。

● 孩子出生后就歪着头，可能与胎儿在子宫中的位置有关。有的妈妈骨盆比较小，胎儿又比较大，在子宫中生长受限，因此有的孩子可能头就歪向一边，形成了一定习惯的姿势，有的孩子甚至还伴有颜面部两侧不对称。如果属于此种情况，可以通过按摩或者纠正睡眠姿势进行康复，孩子一般会恢复正常。

● 当竖着抱起来或者孩子学会坐以后，发现孩子看东西总是歪着头（图24），也有可能与孩子双眼疾病有关，如双眼视力有问题，因此需要尽早去医院进行诊治，不要错过眼睛发育的关键期。

● 一些代谢性疾病，如急性神经元病变也会引起孩子歪头看东西。这种情况需要请医生进行早期诊断和干预。

如果在孩子的颈部可以摸到肿块，则有可能是先天性肌性斜颈，这是一侧胸锁乳突肌发生纤维性缩短而紧张所形成的头颈偏斜畸形。此病产生的真正原因还不清楚，有可能由产伤、局部缺血、静脉堵塞、宫内姿势不良、遗传、生长停滞、感染性肌炎或者多种因素共同造成的。一般孩子的头偏向患侧，在生后2~3周出现，可以摸到患侧胸锁乳突肌内硬而不痛的梭形肿物，10~14天急剧增大，20天达到最大程度。大多数孩子2~6个月内逐渐消失，大部分不留后遗症。但是，少部分孩子由于肌肉远端被纤维索代替因此形成斜颈。家长平时抱婴儿、喂奶、睡觉时应注意纠正姿势，避免患侧颈部过度伸展，使其呈松弛状态，避免二次损伤。有的医生建议可以采取按摩手法进行伸展胸锁乳突肌，也有一些新生儿医生不建议做，主要考虑按摩会造成胸锁乳突肌纤维化和周围组织粘连，反而造成以后手术困难。最佳手术时间是1.5～2岁。

孩子得了一过性髋关节滑膜炎怎么办

Q 4岁半的男孩半年内两次诊断为髋关节滑膜炎，第一次是高热后，第二次没有任何发热表现。请问髋关节滑膜炎是什么原因造成的？应该如何预防啊？

A 此病多发于2～10岁的孩子身上。人体关节周围分布着滑膜，与关节腔相通，分泌润滑液润滑关节。当孩子上呼吸道感染后，有的孩子髋关节疼痛，渗出增多，关节有积液，下蹲活动困难，功能受限，右侧多于左侧。究其原因，专家们认为是机体对病毒过度免疫反应引起的非特异性炎症，与病毒感染、细菌感染及外伤等因素有关。患儿常于发病前的1～2周内有上呼吸道感染史，如感冒等。此病往往发生数天或数周（通常3～14天）后症状完全消失，没有任何长期的严重后遗症。

得了髋关节滑膜炎后，患儿应卧床休息，避免下肢负重。美国儿科学会建议服用抗炎药物，如布洛芬等，病情会很快痊愈。诊断为一过性髋关节滑膜炎的患儿应当在发病2周时再找医生随访一次，并做出临床评估。预防上呼吸道感染和剧烈运动是避免发病的关键。

第 二 篇
科学喂养

CHAPTER 3

母乳喂养、
人工喂养及混合喂养

母乳喂养

母乳，妈妈送给宝宝最好的礼物

Q 我是一位准妈妈，因为不想做全职妈妈，所以面临着产假过后要上班的问题。听一些有经验的妈妈说，4个月后给孩子搭喂配方奶粉十分困难，孩子大哭不吃奶粉，她们后悔当初没有直接喂配方奶粉或者混合喂养。这搞得我对纯母乳喂养信心不足，真不知该如何选择。

A 母乳是婴儿最理想的天然食品，是其他任何食品都无法比拟的。因为母乳中含有人类生命早期所需要的全部营养成分，且各营养素之间比例合适，还含有其他动物乳不可替代的免疫活性物质激素、酶和活性肽，非常适合身体快速生长发育、生理功能未完全发育成熟的婴儿。

人乳中所含的蛋白质、乳糖、脂肪、维生素、矿物质和水的比例合适，易于孩子吸收。乳清蛋白和酪蛋白之比为70:30，乳清蛋白更容易消化吸收。乳清蛋白中的α-乳清蛋白占母乳蛋白质的27%~29%。α-乳清蛋白提供了高比例最优氨基酸和最佳的氨基酸组合，蛋白质的利用率最高，适应孩子的肾负荷，其中色氨酸白天可以转化为5-羟色胺，让孩子精神愉悦，夜间由松果体转化为褪黑素，诱导孩子入睡。同时，α-乳清蛋白又起到益生元的作用，促使母乳中的双歧因子转化为双歧杆菌，在肠道定植并繁殖。母乳中牛磺酸比牛乳高近30倍，对保护视网膜、促进中枢神经系统发育、抗氧化作用以及促进免疫功能均有益处。母乳喂养儿双歧杆菌占肠道益生菌的95%，有助于肠道微生态平衡。正如微生物专家段云峰在《晓肚知肠》一书中写的，从微生物角度来看，母乳中成千种微生物，每毫升数量可达百万个，这些微生物源自母亲胃肠道菌群以及哺乳期间乳房的细菌，是婴儿肠道定植的第一批微生物，能够帮助婴儿建立肠道菌群共生系统，对增强免疫力、保护婴儿健康十分重要。母乳中天然低聚糖约有上千种，它们并不是直接供给婴儿，而是帮助婴儿建立体内肠道微生物的平衡。在有选择性地促进双歧杆菌等有益微生物生长的同时，它们还可以抵御肠道病原微生物的感染，维持肠道微生物群落正常，为婴幼儿生长发育保驾护航。婴幼儿时期肠道微生物的定植对人体健康具有十分长远的意义，而母乳对婴幼儿肠道的影响无疑是巨大的。

2018年10月，在北京召开的"世界生命科学大会"的"婴儿营养与科学喂养论坛"上，瑞士洛桑大学医学院儿科医学与外科学系儿科营养学顾问让-皮埃尔·舒拉基（Jean-Pierre Chouraqui）在大会发言谈到，母乳被认为是世界上最适合婴儿的营养物质，具有不可否认的健康意义。母乳不仅是营养素的来源，而且含有多种生物活性因子。其中，母乳低聚糖作为新型的治疗剂受到广泛关注。母乳低聚糖是母乳中除水分外，位列乳糖和脂类之后的第三大组分。其浓度通常在泌乳过程中变化，并与母亲的营养状况息息相关。到目前为止，已有200种母乳低聚糖被鉴

定出。绝大多数的母乳低聚糖能完整到达远端小肠和结肠，作为特定微生物的底物，母乳中的低聚糖不但可以作为益生元促进某些双歧杆菌和乳杆菌的生长，而且作为受体诱饵防止某些病原体发生黏膜粘连，转移细菌感染，还可以调节免疫应答。

母乳中含有其他动物乳类不可替代的活性免疫物质、生长调节物质和生理活性物质，降低婴儿感染性疾病发生，减少大约一半的腹泻和1/3下呼吸道感染病例。例如，人乳中还有分泌型免疫球蛋白slgA、乳铁蛋白、双歧因子（异麦芽低聚糖）和生长因子。分泌型免疫球蛋白slgA使孩子在初乳中获得免疫力。乳铁蛋白能抑制肠道中某些细菌，如大肠杆菌的繁殖，防止腹泻。人乳中还含有有活性的白细胞，如巨噬细胞、淋巴细胞都可以杀死细菌。双歧因子进入大肠作为双歧杆菌的增殖因子，能有效地促进人体内有益细菌——双歧杆菌的生长繁殖，抑制腐败菌生长，长期摄入可通便、抑菌、减轻肝脏负担、提高营养吸收率，特别是对钙、铁、锌离子的吸收，改善乳制品中乳糖消化性和脂质代谢。

另外，人乳中还有对神经系统发育、智力和视力均有重要作用的DHA、AA、牛磺酸等，同时还有维护肠道健康的可溶性膳食纤维（低聚果糖）和核苷酸，所以母乳喂养的孩子一般6个月内很少患肠道

疾病，而且大便呈糊状，不会发生便秘。人乳还能给予新生儿其体内缺乏的一些酶，且钙磷比例合适，易于钙的吸收，所以纯母乳喂养的孩子6个月内无须额外补充钙剂。最后，人乳最大的好处是，经济方便，可以随需随喂，温度合适，永不变质，而且清洁卫生安全，不易引起过敏反应。

此外，母乳喂养是人类的一种本能，母代用自身的乳汁抚养子代，是大自然赋予哺乳动物维系生存和繁衍的本能。妈妈自己哺乳能够增进母婴之间的感情，有利于孩子的身心发育，形成良好的母婴依恋关系。这是喂养配方奶所不能比拟的。母乳喂养还能够促进母体康复，降低乳腺癌、卵巢癌和2型糖尿病发病的风险。另外有研究显示，母乳喂养的孩子可使青春期肥胖发生风险降低13%～18%，并对青春期高血压、胆固醇代谢和胰岛素抵抗有明显的有益影响，因为肥胖、高血压、高胆固醇血症等都是造成心血管疾病的高危因素。

更何况母乳喂养经济、安全、方便，不增加婴儿肾脏负担，避免引起过敏反应和过度喂养。

因此，我建议大家尽量纯母乳喂养。如果妈妈计划产假后上班，并坚持母乳喂养，那么可以选择做一位"背奶妈妈"。在孩子3个半月以后，预备好2～3个消毒好的广口杯子。开始将奶挤到消毒好的广口杯子里，让孩子习惯用杯子吃奶，一天练习1～2次。在妈妈上班的当天或前一天将奶挤到消毒好的杯子里，用盖子盖好放在冰箱里，然后再让孩子吸吮富含脂肪的不易挤出的后奶。当妈妈上班后，孩子饥饿时，将保存的奶杯子在杯外用热水复温后即可喂孩子。如果孩子一次没有吃完复温后的奶，不要再留用，而要扔掉。如果方法得当，母乳可以喂到1岁以后，甚至达到世界卫生组织建议的2岁以上。

综上所述，母乳优点是任何配方奶粉不能比拟的，因此希望大家树立信心，坚持母乳喂养，相信妈妈们一定会喂养成功！

早开奶，让宝宝摄取珍贵的初乳

Q 我是一位准妈妈，在医院上孕妇班时医生告诉我们，产后一定要尽早进行肌肤接触，给孩子开奶，让孩子第一口吃上的是母乳而不是配方奶。初乳是新生儿营养最好的食物，有助于孩子免疫系统的建立，请问是这样的吗？

A 是的，孩子出生后，妈妈要尽早跟孩子进行肌肤接触，尽早让孩子吸吮乳房，尽早给孩子开奶，吃上珍贵的初乳。

为何强调早吸吮、早开奶

生下正常新生儿的妈妈的第一次哺乳应该在产房，这时的新生儿觅食和吸吮反射特别强烈，妈妈也十分渴望看见、抚摸自己的孩子。妈妈与新生儿第一次拥抱即肌肤接触，以加强感情刺激。并且，在出生后30分钟内，新生儿开始分别吸吮妈妈双侧乳头各3～5分钟。这段时间内孩子的吸吮力最强，可吸吮出初乳数毫升。早吸吮能够提高母乳喂养成功率，因为宝宝反复吸吮可刺激妈妈的大脑垂体前叶，使泌乳素开始大量分泌，从而更好地刺激母乳分泌，促使产后及时下奶，及早满足孩子喂养的需要，否则孩子无法获得他应该获得的能量。母乳喂养是一个有菌喂养过程，通过吸食初乳也能让新生儿获得乳房的菌群。这是婴儿肠道定植的第一批微生物，能够帮助婴儿建立肠道菌群共生系统，对增强免疫力保护婴儿健康十分重要。尤其是剖宫产儿因为错过顺产机会，所以更要像微生物专家段云峰说的那样，让孩子吸食初乳，快速追赶肠道微生物健康多样性。此后，让孩子进行频繁有效的吸吮，按需哺乳，24小时内最好哺乳8～12次。如果孩子睡着了，间隔3～4小时必须叫醒喂奶，以保证24小时内至少吃奶8次。

如果母乳确实不足或者无法母乳喂养，就需要给孩子及早补充母乳库的奶或者配方奶粉。宝宝如果没有及时哺喂应该提高警惕，给予及时处理。中华医学会儿科学分会儿童保健学组、中华医学会围产医学分会、中国营养学会妇幼营养分会、《中华儿科杂志》编辑委员会发布的《母乳喂养促进策略指南（2018版）》建议，高危新生儿生后1小时内应监测血糖。高危儿易发生低血糖，当出现激惹、呼吸急促、肌张力降低、喂养困难、呼吸暂停、体温不稳定、惊厥或嗜睡等临床症状时，均应在生后1小时内监测血糖，以后每隔1～2小时复查，直至血糖浓度稳定。如果检测血糖在正常范围内，为了避免发生低血糖，要马上给孩子喂奶。

2015年，中国营养学会发布的《中国0～6月龄婴儿喂养指南》明确指出，初乳富含营养和免疫活性物质，含有高于过渡乳及成熟乳10倍的免疫细胞、2倍的低聚糖和2倍的蛋白质。这些蛋白质主要是一些免疫蛋白和生长因子，有助于肠道功能发展，并提供免疫保护。尤其对于早产儿来说，初乳的摄入对其大脑发育更为重要。母亲分娩后，应尽早开奶，让婴儿开始吸吮乳头，获得初乳并进一步刺激泌乳，增加乳汁分泌。婴儿出生后第一口食物应是母乳，有利于预防婴儿过敏，并减这个问题是需要具体问题具体分析的。

绝大多数情况下，不建议给刚出生不久的新生儿喂糖水。预防新生儿低血糖发生而喂糖水的说法更是不对的。2015年中国营养学会发布的《中国0～6月龄婴儿喂养指南》明确提出"婴儿出生后第一口食物应是母乳，有利于预防婴儿过敏，并减轻新生儿黄疸、体重下降和低血糖的发生"。如果孩子生后第一口食物是葡萄糖水的话，便错失了获得初乳的机会，也失去了人生第一次免疫的机会，岂不是很遗憾！更何况，喂食葡萄糖水往往使用的是奶瓶奶嘴，容易造成新生儿奶头错觉，不能很好地吸吮母乳，这样势必减少母乳分泌，造成母乳喂养不成功。

喂食葡萄糖水不利于退黄

新生儿生后会出现新生儿黄疸，这是因为在妈妈的子宫里，胎儿所需要的氧和营养是通过胎盘的血液供给，因此胎儿血液中会有大量的红细胞满足发育需要。新生儿出生后转为肺呼吸，就不再需要那么多的红细胞了，于是大量红细胞被破坏，血液中胆红素水平升高。新生儿排泄胆红素除了大量吸收到肝脏进行处理外，还有大部分是通过肠道随大便排出，少

部分通过肾脏排出。母乳经过消化后产生大便，通过肠道排泄，同时将胆红素也带出去，有利于退黄。而葡萄糖水进入肠道很快就被吸收，不能很好地刺激肠蠕动，会延迟大便排出，虽然其代谢后一部分液体可以通过肾脏排泄，但是尿中的胆红素极其微少，所以不利于消退黄疸，且更容易发生高胆红素血症。

喂食葡萄糖水易养成孩子嗜甜的习惯

新生儿对于甜味有着天然的亲和性，喜食有甜味的食品，喂食葡萄糖水容易养成孩子日后挑食和偏食的习惯，造成孩子肥胖，埋下健康隐患。

更何况，如果喂食的葡萄糖水浓度过高，会使肠管内处于高渗状态，大量的液体从肠壁血管转到肠腔内，使肠壁黏膜受损，导致新生儿坏死性小肠炎。

需要喂食葡萄糖水的情况

大约有1/3新生儿出生后立即或不久就要排尿，93%的新生儿出生后24小时内排尿，99%的新生儿出生后48小时排尿。如果生后48小时仍无尿，则要考虑有无泌尿系统畸形，可先喂葡萄糖水并配合其他检查手段进行观察和确诊。

轻新生儿黄疸、体重下降和低血糖的发生。此外，让婴儿尽早反复吸吮乳头，是确保成功纯母乳喂养的关键。婴儿出生时，体内具有一定的能量储备，可满足至少3天的代谢需求，开奶过程中不用担心

新生儿饥饿，可密切关注婴儿体重，生后体重下降只要不超过出生体重的7%就应坚持纯母乳喂养。

如果在新生儿刚出生吸吮力最强的时候，没有反复喂母乳反而是喂水，甚至喂

葡萄糖水或者配方奶，这样做的结果不但不能有效地刺激母乳分泌，还将孩子获得第一次免疫的机会给剥夺了。

从预防过敏上看，新生儿第一口应是母乳，而非配方奶

从新生儿胃肠道的生理特点来看，新生儿肠黏膜发育和功能不成熟，肠道菌群屏障也没有建立起来。新生儿在出生后的头几个月中，肠道的通透性较大，一直持续到生后3～4个月。而配方奶中的牛奶蛋白或者羊奶蛋白对于新生儿来说是异性蛋白质，再加上其消化系统发育不成熟，未经分解的异性蛋白大分子很容易通过肠壁的细胞间隙直接进入血液中，可能成为迟发性过敏反应的过敏原，使小婴儿机体处于高度致敏状态。开始临床上可能没有任何表现，但是如果再次进食牛奶蛋白或者羊奶蛋白的配方奶，就会致敏不成熟的免疫系统，发生变态反应，即过敏反应。所以，为了预防孩子将来发生过敏反应，新生儿出生后的第一口食物也应该是母乳而不是配方奶。

为何说初乳尤为珍贵

分娩后7天内，妈妈所分泌的乳汁为初乳，初乳的乳汁呈淡黄色，质地黏稠。

产后第8～14天的乳汁称为过渡乳，2周以后的乳汁称为成熟乳。初乳的蛋白质含量高，含有丰富的免疫活性物质，对婴儿预防感染及初级免疫系统建立十分重要。同时，初乳含有丰富的微量元素和长链多不饱和脂肪酸等营养素，比成熟乳含量高很多。此外，初乳有帮助新生儿清理肠道和胎便以及退黄的作用，如果摄入不足，可能造成胎便排泄延迟，黄疸加重或迟迟不能消退的后果。因此，新生儿应该尽早开奶，且开奶的时间越早越好。

剖宫产儿应尽可能早地给予母乳

现在有很多妈妈是剖宫产生下宝宝，但剖宫产对母乳喂养是有一定影响的，因为剖宫产妈妈不能及时实施第一次拥抱以及早开奶。不过，尽管剖宫产使分娩和新生儿保健变得复杂，但是剖宫产并不影响母乳生成。根据世界卫生组织及联合国儿童基金会发布的相关资料显示，剖宫产后常用的抗生素，例如阿莫西林、先锋霉素V等药物不影响母乳喂养。手术后一旦恢复知觉，妈妈就可以与宝宝皮肤接触，开始哺乳。需要提醒的是，剖宫产的妈妈抱孩子和交换对侧哺乳，需要更多的帮助。最初几天，妈妈伤口疼痛，躺着喂奶会比较方便。

如何促进母乳喂养成功

Q 我是一位准妈妈，决定宝宝出生后母乳喂养。如何能够促进早下奶，使母乳喂养成功？

A 首先建议准妈妈如果没有医疗指征，应该选择自然产。因为剖官产不但对产妇产生手术打击，而且使用镇静剂、镇痛剂以及麻醉剂都会引起下奶晚、新生儿嗜睡，影响母子间的亲密接触以及孩子吸奶的能力。另外，由于手术刀口疼痛，妈妈喂奶的情绪、喂奶的姿势以及行动都会受到影响。这些都不利于早下奶。

新生儿出生后第一小时处于清醒状态，半小时内是建立各种条件反射的最好时机，这时的条件反射最容易记忆，而且妈妈柔软的乳头给予孩子最初的美妙感觉将会牢固地记忆下来。此时也是妈妈的泌乳反射、喷乳反射，以及孩子的觅食反射、吸吮反射和吞咽反射建立的关键时机。所以，我们一直提倡应该在生后即刻做到第一次拥抱、早吸吮、早开奶，这是母乳喂养成功、早下奶的关键步骤之一。更何况，孩子通过吸吮初乳，初乳中含有大量的免疫活性物质以

及有益的细菌，给了孩子人生中的第一次免疫。而后孩子就进入睡眠，如果此前没有喂奶，孩子处于睡眠状态后，就失去了这个早下奶的关键时机。

如果误认为妈妈的乳汁少或"没有"乳汁，而开始使用奶嘴和配方奶喂养，不但人为减少了新生儿吸吮母乳的次数不利于下奶，而且因为使用奶嘴新生儿容易产生乳头错觉，以后拒绝妈妈的乳头，不利于母乳喂养成功。

2015年，中国营养学会发布的《中国0~6月龄婴儿喂养指南》提出保证纯母乳喂养成功的几条措施：

- 婴儿出生后的第一口食物应该是母乳；

- 分娩后尽早开始让婴儿反复吸吮乳头；

- 生后体重下降只要不超过出生体重的7%，就应坚持纯母乳喂养；

- 婴儿吸吮前不需过分擦拭或消毒乳头；

- 温馨环境、愉悦心情、精神鼓励、乳腺按摩等辅助因素，有助于顺利成功开奶；

- 开奶后还要增加孩子的吸吮次数，做到顺应喂养，建立良好的生活规律，从按需喂养模式到规律喂养模式递进。

孕期及产后，请细心呵护乳房

Q 孕期和产后应该如何护理乳房，才能保证母乳喂养更加顺利？

A 从孕8个月起，准妈妈的乳房有可能会挤出初乳，初乳会在乳头上结成痂。在这段时间最好每天洗澡，天冷可以做局部的清洁护理。先将乳痂清除掉，再用温热的毛巾将表面的皮肤清洁干净，然后对清洁好的乳房进行热敷。随后，将拇指同其他四指分开握住乳房，从根部向顶部轻推做按摩，将乳房的各个方向都做一遍，每天这样做就能保证乳腺管畅通。最后用温和的润肤乳液再进行一次按摩，手指要沾满乳液，使乳头的皮肤滋润，预防以后宝宝吸吮造成皲裂。切忌用肥皂或酒精之类物品擦拭乳房，以免引起局部皮肤干燥、皲裂。可以用含有清洁水的软毛巾清洁乳头和乳晕。在孕期和产后的不同时期，建议妈妈选择戴宽松、舒适、合体的乳罩支撑乳房，保证乳房血液循环和乳汁通畅。

孩子出生后进行哺乳时，要让宝宝含接大部分乳晕进行吸吮，哺乳结束时要用食指轻轻地按压孩子的下颌，让孩子自然地吐出乳头，不可强行用力拉出乳头，否则会引起局部疼痛或皮损。然后，挤出一些乳汁涂抹在吸吮过的乳头上，因为人乳有丰富的蛋白质，可对乳头起到保护作用。每次哺乳，吃空一侧乳房再吃另一侧乳房，交替进行，并将剩余乳汁挤空，有利于下一次产乳，也可以预防乳管阻塞等。妈妈还要学会手工挤奶和恰当使用奶泵，最好是妈妈亲自做，他人帮助容易引起乳腺管损伤。

4 种乳房异常是否可以继续母乳喂养

Q 我是刚生完孩子的妈妈，希望用自己的乳汁来喂养孩子，可是我的乳头因为孩子的吸吮，发生了皲裂，甚至渗出血来。每次孩子吃奶时我都感到剧烈的疼痛，导致我不敢喂奶。这会不会发展成乳腺炎？这种情况下我还能喂奶吗？我的一个朋友乳头凹陷，医生建议她进行母乳喂养，是否合理呢？

A 出现乳头皲裂的状况，我建议继续哺喂母乳，但需要对乳房进行悉心的护理。另外，我还要说一说几种乳房异常状况下进行母乳喂养的问题。

乳头皲裂

如果孩子吸吮母乳时没有将乳头和大部分乳晕含在嘴里，仅仅是含接了乳头，那么孩子就会用力吸吮乳头，导致妈妈感到疼痛。如果妈妈生产前后再没有正确地保护乳房和乳头（请参见上文"孕期及产后，请细心呵护乳房"相关内容），就容易出现皲裂，甚至渗出血来。皮肤破损后很容易引起细菌侵入而引起感染，发生乳腺炎。疼痛和皲裂还会使妈妈哺乳时产生恐惧和焦虑的情绪，从而使哺乳的次数减少。孩子也因此减少吃奶次数及吃奶量，导致纯母乳喂养失败。因此，只要妈妈及时纠正喂奶姿势，这种情况就会得到改善。

与此同时，家长也要注意不要用酒精或者肥皂清洗乳房，因为这样就会将乳晕分泌的保护乳头的油脂清洗掉，导致乳头皲裂。另外，孩子吃饱奶后不要强行将乳头拉出来，最好让孩子自己松开乳头。如果妈妈不得不中断哺乳，则要将一根手指轻轻放进孩子的口中促使他停止吸吮，再拔出乳头来。

除此以外，如果妈妈的乳头已经出现皲裂，妈妈仍应该坚持母乳喂养，但需先喂健侧的乳房，最好在空气或阳光中暴露患侧的乳房。因为孩子饥饿时吸吮力大，待孩子轮换到患侧乳房时，吸吮的力量就会变小，对患侧皲裂的刺激就会减小。喂奶完毕挤出一滴奶涂抹在乳头上，暴露在空气中，待其干燥，形成一个保护层，有助于皲裂痊愈。乳汁中含有的蛋白质和抑菌物质对乳头表皮有保护作用。也可以在孩子吃完奶后擦一些低敏的绵羊油，加快皲裂愈合并预防感染，效果良好。如果一直不愈，建议请医生帮助解决。

乳房出现硬块并感到疼痛

乳房出现硬块并感到疼痛，是因为乳腺管不通畅，造成乳汁淤积所致。阻塞严重者还可能发热。

针对乳汁淤积的情况可以用以下几种方式进行处理：

1.每次喂奶后要排空乳房，可以将多余的乳汁储存起来，以备妈妈不在时给孩子吃。

2.妈妈穿的内衣要宽松，尤其是夜间戴着乳罩或者侧卧时压迫乳房都有可能造成乳房部分挤压，而出现乳汁淤积。

3.由于开奶晚，妈妈产后一周喝了大量下奶的汤水，刚出生的孩子奶量需求少，又没有及时挤出多余的乳汁来，也会发生奶液淤积在乳房而出现硬块的情况。因此，孩子出生后要在半小时内及时开奶，并做到勤喂母乳。产后一周内不要喝大量的下奶汤水。

4.尽量防止孩子用头撞击妈妈的乳房，以防发生乳汁淤积现象。

5.喂奶时，妈妈大拇指在乳房上面，其余四指放在乳房下面托着乳房，不能用剪刀手法夹握乳房，造成乳汁流通不畅而发生淤奶。

6.喂奶间隔的时间不要太长，如果孩子夜间睡眠不醒，建议妈妈及时挤出奶来，可以储存起来，以备后用，防止乳房充盈而造成乳汁淤积。

7.容易发生淤积奶液的悬垂的大乳房，最好能够戴上较为宽松的乳罩，防止因为乳房悬垂发生乳汁淤积。

出现这种情况的妈妈仍然可以继续哺乳，并增加哺乳的次数，做到按需哺乳。掌握正确的含接乳头的姿势，做到孩子有效吸吮。每次喂奶先喂患侧的乳房，因为这时孩子饥饿，吸吮的力量大。妈妈可以用手指从乳房硬块部位的根部向乳头方向轻轻按摩，再配合温湿敷有利于疏通乳导管，1～2天硬块可以消失，疼痛自然也随之消失。

如果已经发生了乳腺炎，建议去医院就诊，及时获得治疗。

乳腺炎

妈妈患乳腺炎建议继续哺喂孩子，坚持哺乳不但无损于孩子的健康，还能减轻和阻止乳腺炎扩散。这是因为乳腺炎是乳腺管周围的组织感染发炎，乳腺管内的乳汁是清洁的，并没有引起感染的致病菌。希望继续母乳喂养的妈妈要休息好，可以在医生指导下吃一些对宝宝无害的抗生素，局部进行温湿敷有助于消肿和减轻疼痛。

如果妈妈确实不愿意哺乳也要将乳汁挤出来，否则乳汁不能及时排出会造成感染扩散，形成乳腺脓肿。这就需要去医院做进一步处理了。

乳头凹陷

孕妇中大约有3%的人乳头凹陷，但乳头凹陷（图25）的女性只要做好孕期和哺乳期的乳房保健工作，增强哺乳信心，母乳喂养一样会成功。

图25

如果用两个手指头在乳晕上方稍微挤一下乳头就可以凸出来，就不算乳头凹陷，可以直接哺乳。如果用手指挤压的时候乳头反而更加凹陷，没有办法拉出来，则属于乳头凹陷。中华医学会儿科分会儿童保健学组、中华医学会围产医学分会、中国营养学会妇幼营养分会、《中华儿科杂志》编辑委员会发布的《母乳喂养促进策略指南（2018版）》建议，母亲乳头内陷或乳头扁平不影响哺乳，不推荐孕期进行乳头牵拉或使用乳垫。孕妇牵拉乳头或使用乳垫与否，产后6周母乳喂养率差异均无统计学意义。由此可见，孕期不主张进行乳头伸展练习以及乳头牵拉练习。

妈妈应学会"乳房喂养"而不是"乳头喂养"，大部分婴儿可从扁平或内陷乳头吸吮乳汁。每次哺乳后可挤出少许乳汁均匀地涂在乳头上，乳汁中丰富的蛋白质和抑菌物质对乳头表皮有保护作用，可防止乳头皲裂及感染。

产后哺喂前要避免挤压乳房，哺乳前用温热毛巾敷乳房、乳头3～5分钟，柔和地按摩乳房，同时捻转乳头，引起喷乳反射，使乳头凸起，或用吸奶器抽吸，乳头凸起后再哺喂宝宝。

大约只有6%严重凹陷者矫正不明显，但是如果做好乳房的保健，乳晕松软，伸展性好，宝宝通过含接大部分乳晕也能很好地完成哺乳。

暂时性哺乳期危机

Q 我的孩子快3个月了，近来突然觉得自己的母乳少了，家里人一直都劝我给孩子添加配方奶，我还想继续纯母乳喂养。如果不能纯母乳喂养，我会感到内疚的。请问我这是暂时性哺乳期危机吗？我需要添加配方奶吗？

A 一般在产后2～3个月或者稍晚一些，有些妈妈原来母乳很多，突然奶水就少了，乳房也没有胀感，孩子似乎吃不饱，体重也不见明显增长，这就是医生说的"暂时性哺乳期危机"，也称"暂时性母乳供应不足"。引发这种情况的原因有很多，例如孩子3个月内生长发育的速度很快，孩子对营养的需求高，母乳量跟不上，出现供需矛盾，再加上家人的不支持，妈妈自己开始信心不足。妈妈产后身体疲惫，精神紧张焦虑，或者母子生病、来月经等原因都会引发乳汁暂时减少。这只是暂时的现象，只要妈妈充满信心，加强喂奶的次数，一般经过7～10天奶水就会重新增多起来。如果妈妈在此阶段错误地添加了配方奶，尤其是使用奶瓶奶嘴喂养，孩子吃饱了配方奶就不会再勤吸吮妈妈的乳头，更何况奶瓶奶嘴吃起来省力，孩子就更不愿意吃相对比较费力的母乳了。这造成吸吮次数减少，母乳变得越来越少，导致纯母乳喂养失败。

建议妈妈先和家人坚定纯母乳喂养的决心，然后增加孩子吸吮的次数，做到勤吸吮，保证孩子每次吃奶的持续时间，同时每次吃奶一定要吸空乳房。妈妈也要注意休息，保证自己的营养，多喝一些汤水，尽量做到与孩子同步休息。在此期间，家人尤其是爸爸要多承担一些家务。妈妈要保持心情愉快、舒畅，因为妈妈的精神状态会影响母乳的产生以及母乳量的增减。月经期间可能乳量减少，但是增加哺乳次数可以弥补，一旦月经过后母乳还会增多。

TIPS：妈妈来了月经，孩子还能吃母乳吗

很多妈妈在哺乳期间来了月经，但照样可以母乳喂养自己的孩子。月经对于乳汁的影响每个人略有不同，一般说来，月经期内母乳产生的量少一些，乳汁中脂肪的含量可能少一些，但是蛋白质增多，因此月经期间乳汁不会对孩子产生什么影响。一些老人认为妈妈来了月经，乳汁就是"脏奶"了，不能给孩子吃。这是一种错误认识，应该继续坚持母乳喂养。

妈妈也可以用以下中药方催奶。

● 如果你的乳汁分泌得少，乳房柔软没有胀痛，可以使用以下下奶方：

生黄芪10g，党参10g，茯苓10g，当归10g，白芍10g，熟地12g，生麦芽60g，瓜络6g，路路通10g，每天1服，水煎服，连用3～5天。

● 如果你的乳汁分泌得少，可是乳房胀痛有肿块，可以使用以下下奶方：

当归10g，川芎6g，生麦芽60g，漏芦10g，鳖甲10g，通草3g，王不留行10g，瓜蒌15g，柴胡10g，每天1服，水煎服，连用3～5天。

如果母乳确实不够，我建议每次母乳喂后，再用配方奶补充不足。混合喂养也是为了保证孩子全面发育而采取的不得已的手段。这正如联合国大会通过的《儿童权利公约》所述，孩子有生存的权利，混合喂养也是为了孩子能够健康地生存，妈妈完全没有必要自责，降低了育儿的信心。妈妈焦虑的心情对孩子的成长十分不利，因为孩子对妈妈的情绪情感十分敏感，他也会表现得十分不安。只要用爱心去喂养孩子，就是好妈妈！

哺乳期妈妈的蛋白质摄入对乳汁的影响

Q 我们这里有个习俗，就是坐月子期间只吃小米粥、面条、大米和少许鸡蛋，导致蛋白质摄入不多。请问妈妈蛋白质的摄取量会影响母乳的蛋白质含量吗？

A 乳母的蛋白质营养状况对泌乳有很大的影响。营养良好的乳母，每天泌乳量在800mL以上，如果膳食中蛋白质的质和量不理想，可使乳汁的分泌量减少，并影响乳汁中蛋白质的氨基酸组成，所以供给乳母足量的、优质的蛋白质非常重要。

以平均泌乳量750mL计算，乳母每天分泌到乳汁中的蛋白质约9g，由膳食蛋白质转变为乳汁蛋白质的转换效率为70%，故泌乳750mL需消耗蛋白质13g。如果膳食供给的蛋白质生物学价值低，那么转变成乳汁蛋白质的效率会更低。因此，为满足乳母对蛋白质的需求，《中国居民膳食指南（2016）》建议，乳母每天摄入的膳食蛋白质应比孕前增加80g的鱼、禽、蛋、瘦肉，保证动物性食品每天总量220g、大豆25g、坚果10g。如果食用动物性食品条件限制，可用富含优质蛋白质的大豆及其制品替代，同时建议每天保证400~500mL牛奶的摄入。

某些地方的习俗使得乳母动物性食品摄入得少，这样膳食供给的蛋白质生物学价值低，转变为母乳中蛋白质的效率会更低，必然会影响母乳的质量。因此，必须满足乳母对优质蛋白质的需求。

母乳喂养妈妈应保证钙和维生素 D 的足量摄入

Q 我不喜欢喝牛奶，不知道这样会不会让母乳喂养的宝宝缺钙？我需要额外补充些营养素吗？而且不爱喝奶对我自己的身体有影响吗？

A 对于哺乳期的乳母来说，每天应该摄取足够的钙以及维生素D，满足自己身体和乳汁的需要。乳母每天钙的适宜摄入量为1200mg。乳母是最大公无私的，不管体内储存的钙有多少，每天必须为乳汁提供一定量的钙来满足宝宝对钙的需求。

因此，乳母本身营养的摄入也影响着乳汁的质量和多种营养素的含量。如果乳母膳食中摄入的钙不能满足需要，体内储存的钙又少，为了满足乳汁中钙的稳定，骨骼中的钙就要被"动员"出来，通过血液到乳汁中，满足乳汁中钙的含量，保证宝宝对钙的需求。当然，这种调节也是有一定限度的。如果乳母体内储存的钙不足，乳母就会发生骨质疏松或者低钙血症，出现腰腿痛、肌肉痉挛等症状，乳母还常常误认为是自己月子没有坐好，受累受风的缘故。

如果妈妈存在乳糖不耐受的问题，不能喝牛奶的话，建议妈妈每天补充600mg的钙，每天户外活动2小时（主要为日光浴），满足身体对维生素D的需求，同时建议每天补充维生素D600IU，促进钙的吸收，满足乳汁中钙的含量。当然，这是一个需要长期补充钙的过程。经过科学家研究发现，母乳钙的分泌和乳母近期钙的摄入无关，而且当天摄入的钙不能增加母乳中钙的浓度。母乳钙的含量与母亲长期摄入钙的含量有密切关系。

另外，建议妈妈多吃一些大豆制品、绿色芥菜、菠菜、虾皮等，这些食品中钙的含量比较高。但是，钙的吸收容易受到蔬菜中的草酸以及谷类食品中的植酸影响，因此在烹调过程中需要注意这一点。

TIPS：妈妈补充维生素D可以通过母乳满足孩子的需求吗

如果妈妈在饮食中大量补充维生素D，宝宝可以从母乳中摄取一定量的维生素D。有专家曾经做过研究，如果在阳光中的暴露有限，即使妈妈每天摄取维生素D600~700IU，她分泌的乳汁每升的维生素D的含量也仅为5~136IU，平均为26IU。如果按每升26IU计算，要达到每天需要量的400IU，孩子必须每天吃母乳15L，这是不可能的。因此，妈妈每天补充维生素D400IU，不能维持宝宝血液中正常生理发育需要的维生素D的量；如果妈妈每天摄入维生素D2000IU，可以提高母亲和宝宝血液中的维生素D含量，但是提高的量有限；如果母亲每天补充维生素D4000IU，则能够提高母亲和宝宝体内维生素D的量，但是这种做法会引起妈妈体内维生素D蓄积中毒，有损妈妈的身体健康。因此，不能通过妈妈大量口服维生素D，来达到宝宝对维生素D的需求。

扫码看视频2

妈妈身体异常时是否可以给宝宝哺乳

Q 近来我感冒发热，不知道还能不能哺喂孩子？哺乳期的妈妈在用药时有什么禁忌吗？另外还有个问题，看网上说即便妈妈得了乙肝，也可以继续给孩子哺乳。我有一个朋友现在就面临这样的问题，不知道她可否给孩子进行母乳喂养？

A 有关在妈妈身体出现异常，甚至感染疾病的情况下是否应该坚持给宝宝喂奶的问题，很多妈妈都非常关注，我在这里一并进行解答。

妈妈感冒、发热时可否哺乳

一般来说，妈妈感冒发热还是可以哺喂孩子的。大多数情况下，妈妈在发病之前，已经通过接触和空气传播被传染上感冒了，所以当妈妈有了明显的感冒症状时，还是可以继续母乳喂养，毕竟这时隔离已经没有任何意义了。

感冒期间，妈妈注意自身的清洁，勤换内衣，保持屋内空气流通，在哺乳时要先洗干净双手，戴上口罩。一般感冒不需要用药，只要多喝水、注意休息是可以自

愈的。但是，如果因为病情确实需要用药的话，请向医生说明自己正处在哺乳期，便于医生参考用药。尽量选择单一成分的药物，同时要记住，如果一旦用药就要用够剂量，不可盲目地减少剂量。服药时，妈妈应该在吃药前哺乳，哺乳后即刻吃药，间隔3～4小时再次哺乳后吃下一次药。这样能够最大限度减少乳汁中药物的含量。如果妈妈感冒高热且症状比较严重，建议还是暂时隔离。妈妈按时挤出母乳，以保持平时的母乳量，一旦症状好转可继续母乳喂养。

"大三阳""小三阳"的妈妈可否哺乳

在乙型肝炎的病毒指标"两对半"化验中，人们习惯把HBsAg（乙肝表面抗原）、HBeAg（乙型肝炎E抗原）、抗-HBc（乙肝表面抗体）三项同时阳性者称为"大三阳"，把HBsAg、抗-HBe（乙肝E抗体）、抗-HBc三项同时阳性者称为"小三阳"，其临床意义各不相同。

"小三阳"出现在乙型肝炎的急性期或慢性期的临床意义不尽相同。对于急性乙型肝炎，在由"大三阳"转为"小三阳"时常提示病毒复制减少，病情趋于好转，近期有痊愈的可能；出现在慢性乙型肝炎时则表明，病毒复制、数量减少，

传染性降低。如果妈妈检查呈"小三阳"且HBV-DNA（乙肝病毒基因）阴性者可以在进行了正规阻断措施后母乳喂养。孩子出生后，在12小时内注射高效免疫球蛋白≥200IU，24小时内接种第一针乙肝疫苗。高效免疫球蛋白进入身体后，会[立即]发挥作用。但值得注意的[是]……血，渗出液中所含乙肝[病毒对婴]儿具有传染性，所以此时……

对于"大三阳"的妈妈……进行母乳喂养，则需要在……婴阻断，且一定要记得新……射乙肝疫苗及高效免疫球……12小时内，最好在生后6……免疫球蛋白第一针和乙肝……母婴阻断，再接受乙肝……天左右注射第二针乙肝……然后1个月、6个月各注射……

2013年发布的《乙肝……传播预防临床指南（……接种乙型肝炎疫苗是……有效的措施，乙型肝炎……是HBsAg，诱导人体……而发挥作用。接种第一……抗-HBs仍为阴性或低于……种第二针后1周左右，抗……性，即开始接种后35～……免疫力；接种第三针可……显升高，延长保护年限……后抗-HBs阳转率高达9……

期可达22年以上。人体主动产生抗-HBs后，具有免疫记忆，即使抗-HBs转阴，再次接触HBV，机体也能在短时间内产生抗-HBs，因此非高危人群无须加强接种乙型肝炎疫苗。孕妇HBsAg阳性时，无论HBeAg是阳性还是阴性，新生儿必……高效免疫球蛋白和全程接种……苗（0、1、6个月3针方案）。……蛋白需要在出生后12小时内（越早越好）使用，其有效成分……肌内注射后15～30分钟即……用。保护性抗-HBs至少可……63天，此时体内已主动产生……不用第二次注射高效免疫球……孕妇HBsAg结果不明，有条……新生儿注射高效免疫球蛋白。……正规预防措施后，对HBsAg……g阴性孕妇的新生儿保护率为……对HBsAg和HBeAg均阳性孕……护率为85%～95%。如果不使……蛋白，仅应用疫苗预防，总……55%～85%。

……日"的妈妈在乳头皲裂出血……可以继续母乳喂养？我国……世界卫生组织都建议可以母乳……此专业的专家有着不同的看……炎病毒母婴传播预防临床指……）指出，婴幼儿过度吸吮甚……可能将HBV传给婴幼儿均……缺乏循证医学证据。更多证

据证明，即使孕妇HBeAg阳性，母乳喂养并不增加感染风险。但是，相关专家认为"大三阳，HBV-DNA高次方还是有潜在传染风险的，建议慎重。特别是当母亲出现乳头破损或婴儿口腔溃疡、拉肚子等情况时，风险成倍增加。此时应暂时停止母乳喂养，待情况好转后重新开始母乳喂养"。

如果此阶段服用抗病毒药的乳母，因为奶中有低于血浓度的药品，而母乳喂养是长期的，所以不容忽视药物的累积作用对婴儿的损害，建议慎重进行母乳喂养。

因此，"大三阳"的妈妈是否进行母乳喂养，一定要咨询就诊医生。

TIPS：手术时使用麻药，术后可否哺乳

很多家长担心手术时用过麻药，而不敢给孩子哺乳，唯恐影响孩子。其实妈妈完全不用担心，因为一般手术麻醉药效果持续时间不长，多数不到2小时，而且麻醉药此时在血液中的浓度并不高，进入乳汁中的就更少了。即使连续使用了止痛泵几天，麻醉药进入乳汁里的量也很少，而且这些药物通过乳汁进入孩子的胃肠道后，在肠道被吸收的量更是微乎其微。只要妈妈是清醒的，有能力自己哺乳，就可以放心大胆地哺乳。

哺乳期妈妈的用药禁忌

哺乳期妈妈在用药时，需要向医生说明自己正处在哺乳期，一定要选择哺乳期安全的药物。由于药物经乳汁排泄是哺乳期所特有的药物排泄途径，几乎所有药物都能通过被动扩散进入乳汁，只是浓度有所不同，导致某些药物血药浓度水平下降，起不到好的疗效，但乳汁中的药物却会对宝宝产生不良影响。因此，所用药物弊大于利，则应停药或选用其他药物和治疗措施；对可用可不用的药物尽量不用；用对母亲和婴儿危害与影响小、比较成熟的药物，避免使用新药；尽可能选用单一有效成分的药品，避免使用复方制剂；能用外用药就不选择口服药物，能选择速效剂型就不要选择长效剂型。对较安全的药物，如希望尽可能减少乳儿吸收的药量，应哺乳后用药，并尽可能推迟下次哺乳时间。遵医嘱用药，不任意缩短或延长疗程，不自行更改用药剂量，停止用药后恢复哺乳应在5~6个半衰期（药物的半衰期一般指药物在血浆中最高浓度降低一半所需的时间）后，并且用药过程中家长要时刻注意观察自身及乳儿是否发生药品不良反应等。

大多数抗菌药物都能进入乳汁，但进入宝宝体内的量很小，如青霉素类的药物（头孢类）在乳汁中含量甚微，不会对宝宝产生严重危害（但第四代头孢菌素类如头孢匹罗、头孢吡肟例外），偶有过敏反应、腹泻等情况。但是，大环内酯类、氨基甙类、喹诺酮、磺胺类、沙星类、氯霉素等药物不适合母乳喂养的妈妈使用。

哺乳期阶段不要口服避孕药，因为口服避孕药含雌、孕激素，可分泌至乳汁中，降低乳汁中吡哆醇含量，使乳儿出现易激惹、尖叫、惊厥等神经系统症状，男婴则出现乳房增大等异常。原国家计生委编写的《世界卫生组织计划生育服务提供者手册》建议，哺乳期妈妈口服紧急避孕药，建议暂停母乳喂养3天，其间按时挤出乳汁。

若服用以下药物是必须停止母乳喂养的：抗癌药物、放射性药物，如利尿药、抗甲状腺药等，其中抗癌药物可以抑制乳儿骨髓；治疗精神病和抗惊厥的药物，如苯妥英钠、苯巴比妥类、安定、硫脲嘧啶、眠尔通、吗啡等；还有溴隐亭、可卡因、麦角碱、异维A酸类药物，以及他汀类降血脂药物，如立普妥；治疗痤疮、粉刺的泰尔丝等。另外，锂制剂会造成孩子腹泻，可抑制泌乳；阿司匹林、巴比妥、扑痫酮可能引起皮疹、代谢性酸中毒；含有噻嗪类利尿药，会减少泌乳量。

哺乳期妈妈禁用抗甲状腺药物，如同位素I131和I125治疗，因放射性同位素在乳汁中仍具有放射活性，易致新生儿肝、肾受损。

但是，目前认为哺乳期的甲亢妈妈适量服用抗甲状腺药物是安全的，如甲巯咪唑，服药方法是哺乳后分次服药，服药后应4小时后再进行下次哺乳，同时应该监测婴儿的甲状腺功能。如果孩子甲状腺功能正常，妈妈是甲状腺功能低下，妈妈就需要服药进行治疗。当妈妈服用的甲状腺素片等类的药物剂量在合理的范围内，那么这些药物在血液中也就保持着正常的浓度，转移到乳汁中的含量很少，继续给孩子哺乳是可以的，对孩子没有什么影响。甲状腺素、人类生长激素和吩噻嗪类药物还可增加乳汁分泌。如果妈妈吃了过量的甲状腺素片，这种药物在血液中浓度过高，药物通过乳汁可以传给孩子，引起孩子心悸、多汗、手指颤动等甲亢的症状，会给孩子造成一定的影响。

孩子会对母乳过敏吗

扫码看视频3

> **Q** 我的孩子出生后不久就实现了纯母乳喂养，可是到了2个月时，孩子经常莫名其妙地哭闹不止，不听安抚，而且腹泻，大便化验呈潜血阳性。医生说我的孩子可能对母乳过敏。请问我还能母乳喂养孩子吗？

A 绝大多数孩子不会出现对母乳过敏的情况，但是也有极个别的孩子可能对"母乳"过敏，出现肠绞痛、腹泻，大便出现潜血等现象。孩子之所以对"母乳"过敏，是因为母乳中含有引起孩子过敏的过敏原。在孕17周左右，胎儿开始吞咽羊水，孕母饮食中的一些食品通过羊水激发胎儿免疫系统产生特异免疫反应，进而产生特异性IgE抗体，使得胎儿处于高度致敏状态（这种致敏状态可以持续数月到数年）。出生后，由于母亲的饮食中含有这种过敏原或者食物间存在交叉反应性（如

50%牛奶蛋白过敏者对山羊奶也过敏，对鸡蛋过敏者也可能对其他鸟类的蛋过敏）的缘故，这些过敏原就可能进入母乳中，如果婴儿对这种过敏原正处于高度致敏状态，就可能产生过敏反应。所以，孩子对母乳过敏实际上是对乳母吃的某种食物过敏。只要母亲避免食用致敏食物，那么母乳中的过敏原也会逐渐消失，婴儿就不会过敏了，仍然可以继续母乳喂养。一般母亲停掉这种食品1～2周后，母乳中的过敏原就会逐渐消失了，当然完全消失还需要1个月之久。

溢奶与吐奶要区别

"

Q 我的孩子已经2个月了，这两天每次吃完奶后都吐奶。去医院看，医生问我是溢奶还是吐奶，这有区别吗？

"

A 溢奶和吐奶是有区别的。

溢奶指胃内容物被动反流至食管或溢出口外。小婴儿胃的容量小，食道较松弛，胃呈水平位，幽门括约肌发育较好（食物由胃进入肠道所经之处），而贲门括约肌（食道和胃的连接处）发育较差，

比较松弛，肠蠕动的神经调节功能及分泌胃酸和蛋白酶的功能较差。鉴于以上生理解剖特点以及孩子出生后环境温度、营养摄取、代谢、排泄都发生变化，而且小婴儿吃奶多或吞进气体多，在喂奶后可有少量奶汁倒流到口腔，出现溢奶。这是生理现象，家长不用过于恐慌。

不过，如果溢奶时护理不周到，很容易呛着孩子，引起吸入性肺炎，严重者还可以引起窒息。

建议家长这样做：喂奶的环境要安静，尽量避免外界干扰，如噪声、强光以及可以分散孩子注意力的事情；不要让孩

子在极度饥饿的情况下吃奶，否则孩子吸吮急促很容易吸进过多的气体；喂奶时，让孩子半卧位（头高脚低）躺在母亲的肘窝上；喂完奶后，将孩子竖着抱，头趴在大人的胸前或肩上，一手抱着孩子，另一手握成拱形（空拳状）从下向上轻拍孩子的后背（图26），直至孩子打几个嗝为止（为的是将吃进的气体通过打嗝排出），然后再让孩子躺下。如果这样处理后孩子有时还吐奶，可以抬高孩子上半身（大约30°），1小时之后可以变动体位。采用奶瓶喂奶需要注意奶嘴孔不能太大，否则奶速过快，孩子不能及时吞咽，很容易

图26

吃进更多的气体。也可以孩子吃5分钟奶后，竖着抱起来拍嗝，然后让他再继续吃5分钟再次拍嗝，这样也可以减少溢奶。

如果吃进的奶液在胃里已经消化一段时间，就有可能吐出的是奶块并伴有酸味；如果吃进的奶液还来不及进入胃内消化，吐出的就是奶液。

随着孩子的消化道不断发育完善，溢奶现象会逐渐减轻至消失，但是个别的孩子可能延续到1岁。

呕吐是一种保护性反射，通过呕吐中枢受刺激反射性地引起幽门、胃窦收缩，胃底、贲门松弛及腹肌、膈肌强烈收缩，使腹压增高，迫使胃内容物经食管由口腔排出。呕吐就要找出原因，可能为消化不良、胃肠炎、细菌性痢疾，或者为感染疾病，如上呼吸道感染、扁桃体炎、肺炎等；也有可能是由外科疾病引起，如肠套叠、肠梗阻等；或者中枢神经系统感染，如脑膜炎、脑炎、脑出血等。孩子如果吐奶的同时伴有其他症状，要及时去医院就诊。

最佳哺乳姿势，让宝宝吃得更安心

Q 我看到很多妈妈喂奶采取的姿势都不同。有时候，我觉得抱着孩子喂奶很累，而且孩子吃奶也不得劲儿，是不是我喂奶的姿势不对？请问最佳的喂奶姿势是什么？

A 其实，妈妈可以采用的喂奶姿势有很多，例如坐位、侧卧位、卧位等，其中以坐位为最好。每次哺乳前，母亲应洗净双手（图27）。妈妈坐在椅子、沙发或者床上，高度以妈妈双脚正好着地，或者双脚能够踩踏在小板凳上为宜（图28），全身放松，用手臂环抱着宝宝，使得宝宝身体成直线，若是新生儿则需要同时托着他的臀部，将宝宝身体转向妈妈（图29）。宝宝面向妈妈，与妈妈紧贴。宝宝的下颌贴着妈妈的乳房，鼻头对着妈妈的乳头，待宝宝嘴张大，将乳头及大部分乳晕放入其嘴中，宝宝下唇向外翻，嘴上方的乳晕比下方多（图30）。宝宝慢而深地吸吮，能听到吞咽声，表明含接乳房姿势正确，吸吮有效。哺乳过程注意母婴互动交流。

或者采取抱球式喂奶，用手环抱着宝宝的头，让其躺在垫高的枕头或者哺乳枕（被子）上，从侧后方喂孩子。这种姿势对于双胞胎喂奶是最好的，可以同时喂两个孩子。

对于剖宫产的妈妈，为了避免手术刀口的疼痛，可以采取侧卧位喂孩子。孩子与妈妈身体紧贴，下颌贴着乳房，鼻尖对着妈妈的乳头，头枕着妈妈的手臂。妈妈也可以将手臂放在宝宝的身边托着孩子，

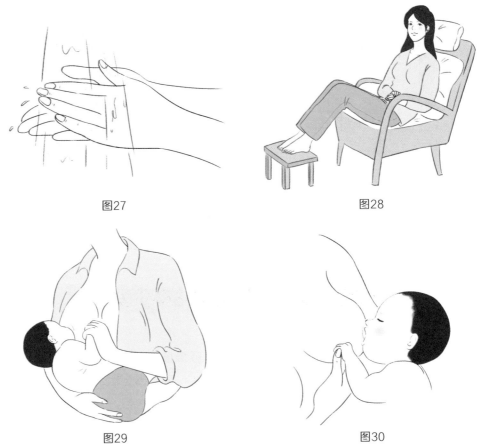

图27

图28

图29

图30

这样妈妈和宝宝都会感到舒适（图31）。对于大一点儿的孩子也可以采用骑马式喂奶，即孩子分开双腿，骑在妈妈的腿上，与妈妈面对面喂奶（图32）。

对于家有双胞胎的妈妈而言，只要哺乳方法得当，双胞胎宝宝一样可以母乳喂养成功。妈妈的乳房是一个神奇的器官，出于母亲的生理本能，它能根据宝宝的实际需要分泌乳汁。只要婴儿勤吸吮，奶水分泌得就会越来越多。根据专家的研究证实，只要喂养得当，双胞胎的妈妈比单胎的妈妈产乳会多出一倍，完全可以满足两个宝宝的需要。建议双胞胎妈妈喂奶时采用抱球式方法哺乳，即妈妈坐在床上，腰部放一个比较大的U形哺乳枕，也可以

在腰的两侧各放一个枕头或者垫被，将两个宝宝各放在一侧的哺乳枕或者枕头（垫被）上（或将他们同时交叉抱在胸前），让宝宝的身体面向母亲，母亲双手各托住宝宝的头和肩部，使宝宝脸部朝着乳房（图33），然后按照正确的含接方式，帮助宝宝含接妈妈的乳头和大部分乳晕，这样就可以对两个宝宝同时进行哺乳了（图34）。如果妈妈刚开始做的时候感到困难，可以让家人帮助孩子或妈妈，随着每天多次哺乳，妈妈就会做得越来越熟练了。这种同时喂奶的方式可以促使母乳产生得更多，用以满足两个宝宝的需求。

总之，不管是何种姿势，其原则是以妈妈和宝宝舒适为宜。

图31

图32

图33

图34

轻松做个"背奶妈妈"

Q 我还有一个月就要结束产假了，想上班后继续母乳喂养，做个"背奶妈妈"。请问我应该如何做？

A 提到挤奶，必须谈谈母乳产生的机制。当婴儿吸吮妈妈的乳房时，感觉冲动从妈妈的乳头传到大脑，使大脑底部的垂体前叶反应性地分泌泌乳素。泌乳素经血液到达乳房，使泌乳细胞分泌乳汁。哺乳约30分钟后，泌乳素在血液中达到高峰，它使乳房为下一次哺乳而产奶。这次哺乳，宝宝吃的是已经存在乳房内的奶。更多的泌乳素是在晚上产生，而且吸吮的次数越多，妈妈的奶就产生得越多。

另外，感觉冲动从乳头传到大脑时，同样刺激大脑底部的垂体后叶反应性分泌催产素，催产素经血液到达乳房，使乳腺腺泡周围的肌细胞收缩，将存在腺泡内的乳汁经导管流到乳窦，此时乳汁喷出，这就是喷乳反射。催产素比泌乳素产生得快，它是为这次哺乳准备的，促使乳房中的奶向外流出。在妈妈想喂奶和宝宝吸吮前，催产素就可以发生作用。假如喷乳反射不好，孩子吃奶就可能发生困难。看上去乳房好像停止产奶了，实际上乳房正在产奶，只是没有流出来而已。

需要注意的是，乳汁中有一种物质即抑制因子可以减少或抑制乳汁的产生。假如乳房内奶残留很多，抑制因子就使泌乳细胞停止产乳，这个作用可使乳房不至于太充盈而造成不良的后果。当通过吸吮或挤奶使母乳排出时，抑制因子也同时排出了，此时乳房将分泌更多的奶。因此，妈

TIPS：为什么亲喂比瓶喂母乳好

亲喂比瓶喂母乳能让孩子吃得更饱，因为亲喂时母乳会产生得更多。一般孩子吃奶开始时吸吮力很强，乳汁的流速也快，最初4～5分钟即可吸出80％的乳量，10分钟就可以吸出100％。泌乳的维持和奶量的多少与宝宝吸吮的刺激和吸吮的次数密切相关。婴儿吸吮乳头的次数越多，母亲泌乳越多；若婴儿少吸，乳汁分泌就少；如果停止吸吮或不开始吸吮，乳房便停止泌乳。如果婴儿很饿而急剧吸吮，或双胞胎同时吸吮，那么乳房会分泌更多的乳汁，以满足婴儿的需要，这是母乳喂养特有的供需关系。同时，泌乳反射和喷乳反射很容易受母亲的想法、感觉和情绪的影响，因此妈妈情绪愉悦、对孩子充满了爱，以及想到孩子可爱之处、相信自己的奶对孩子是最好的，都有助于泌乳和喷乳反射建立，促使多产奶，满足孩子吃的需要。而瓶喂就缺少了这个过程，所以建议妈妈尽可能亲喂宝宝。

妈要想使乳房持续产奶，必须排空乳房，如通过挤奶使奶排出以保证乳房继续产奶。由此可见，掌握好挤奶技术，无论对妈妈还是对宝宝都是大有好处的。

挤奶的准备工作

妈妈要每天沐浴，保持愉快的心情，并预备一个消毒好的广口瓶或无菌挤奶袋。广口玻璃瓶（不要塑料瓶）容积不能小于200mL，广口直径至少2cm，如果有可能最好是4cm，这样乳头很容易置于瓶口内。每次使用前必须彻底清洗干净广口瓶，清水煮沸20分钟左右，进行消毒处理。也可以使用市面上销售的无菌奶袋。

挤奶的方法

用手挤奶：妈妈最好自己挤奶，如果让另一个人做，乳房容易受到损伤。挤奶前用肥皂、流动的水洗净手，采取坐位或站位均可，以自己感觉舒适为宜。使用热水袋热敷乳房数分钟后（但避免敷及乳头和乳晕），将拇指和食指放在距乳头根部2cm的地方，二指相对，其他手指托住乳房（图35）。两指必须压在乳晕下方的乳窦上，向胸壁方向轻轻挤压。按照同样的方法360°方向挤压乳晕，要做到使乳房的每一个乳窦内的乳汁都被挤出。需要注意的是，不可压得太深，否则会引起乳导管堵塞。反复一压一放，几次后就会有

奶滴出。一侧乳房至少挤压3～5分钟。注意，自己挤奶以不引起疼痛为宜，否则方法不正确。

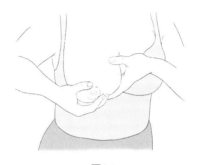

图35

吸奶器挤奶：需要遵照产品的说明进行操作，但需要注意吸奶器的清洗和消毒。

为挤出足够的奶，每次挤奶操作时间需持续20～30分钟。挤完奶封口后，需要在奶瓶或奶袋上标明挤奶的时间，如×年×月×日×时，并立刻存入冰箱中备用。每个容器中的奶量以一次哺乳量为单位储存，避免浪费。

母乳的储存方法

母亲外出或上班后，应鼓励母亲坚持母乳喂养。每天哺乳不少于3次，外出或上班时挤出母乳，以保持母乳的分泌量。或者母乳过多时，可将母乳挤出存放至干净的容器或特备的"乳袋"，妥善保存在冰箱或冰包中。卫生部2012年发布的《儿童喂养与营养指导技术规范》和中华医学会儿科学分会儿童保健学组、中华医学

会围产医学分会、中国营养学会妇幼营养分会、《中华儿科杂志》编辑委员会发布的《母乳喂养促进策略指南（2018版）》都推荐了不同温度下母乳储存的时间，具体可参考下表。母乳食用前用温水加热至40℃左右即可喂哺。

母乳储存的温度

储存条件	最长储存时间
室温（25℃）	4小时
冰箱冷藏室（≤4℃）	<72小时
冰箱冷冻室（<−18℃）	<3个月

保存母乳时还需要注意以下几点：

●保存前必须在容器上标明采奶的日期和时间。

●不要将新挤出的母乳加入已冷冻的母乳里。

●不要将母乳存放在冷藏或冷冻室的柜门储物格内，因为那里的温度不稳定。

●已经解冻的母乳应存放在冰箱内冷藏，并于12小时内喂哺宝宝。如果孩子一次吃不完，剩余的奶液就要丢弃不能再喂孩子了。

妈妈开始上班后，早上出门前先喂哺宝宝，利用午饭和休息时间挤奶储存起来，留取第二天宝宝食用或者让家人给孩子喂食储存的母乳。如果工作单位离家近的话，告诉家里人和保姆，在妈妈下班前0.5～1小时最好不要喂孩子。下班回家后，尽快亲自喂哺宝宝。周末或假日要尽量按需亲自喂哺。相信妈妈上班后也一定能成功实施母乳喂养。

增加母乳分泌量的关键

Q 尽管在孕期我就下定决心，孩子出生后一定要用自己的乳汁来养育他，可是我的乳房很小，自己的乳汁会不会不够，不能满足宝宝的需要？为此我很困惑，担心母乳喂养不会成功。请问我该怎样做才能促进母乳量增多呢？

A 女性的乳房附着在胸壁的肌肉上，主要由皮肤、乳腺腺体、支持结缔组织和起保护作用的脂肪组成。脂肪的内侧是乳腺腺体。

奶量多少与乳房大小无关

奶量的多少主要看乳房中乳腺腺体的发育情况、激素的水平以及哺乳过程中妈妈的情绪情感，与乳房大小无关。有的人乳房虽然大，但是由于激素水平失衡，而且乳房中有过多的脂肪沉积，所以不一定会产生很多的乳汁。有的妈妈乳房虽然小，但是乳腺腺体，即乳腺小叶、乳导管以及乳泡系统发育得好，各种激素分泌均衡且协同作用好，乳母的营养充分均衡，同时由于宝宝吸吮刺激乳头的感觉神经末梢，反射性地引起泌乳素分泌增加，并通过血液输送到乳腺腺泡，乳汁的分泌量不会少。如果宝宝吸吮频繁，妈妈哺乳时心情愉快，奶量还会进一步增加。

如何增加泌乳量

要增加母乳泌乳量，孩子出生后应立即与孩子进行第一次拥抱（肌肤相接），早开奶，让孩子早吸吮。随后要按需哺乳，只要孩子想吃就让他吃，做到出生3个月内孩子频繁吸吮，每日不少于8次，使母亲乳头得到足够的刺激，促进乳汁分泌。以后每次吃奶前热敷乳房，从外侧边缘向乳晕方向轻拍或按摩乳房，有促进乳房血液循环、乳房感觉神经的传导和泌乳的作用。

坚持让婴儿直接吸吮母乳，尽可能不使用奶瓶间接喂哺人工挤出的母乳，并采取正确的喂奶姿势。孩子吸吮产生的射乳反射可使孩子短时间内获得大量乳汁。每次哺乳时应先排空一侧乳房，再喂另一侧，下次哺乳则从未排空乳汁的一侧乳房开始。

保持身心愉快、充足的睡眠、合理的营养是非常重要的。哺乳期，妈妈需要每日额外增加大约2093kJ的热量，同时保证每天谷类食物、动物性食品（鱼、禽、蛋、瘦肉和海产品）、蔬菜、水果的充足摄入量，做到食物多样化，多喝一些汤水。这些措施都可以增加泌乳量。

TIPS：为什么产后第一周不适合大量喝催奶的汤水

产妇产后出汗较多，体内丢失的水分比较多，另外乳汁也要逐渐增加分泌，所以产妇需要增加汤水摄入。但如果孩子刚出生就让产妇大量喝催奶的汤水，容易使奶水大量分泌，而刚刚出生的婴儿胃容量小，吸吮力较差，吃得也少，妈妈乳房的乳导管尚未完全通畅，过多的奶水会瘀滞于乳腺导管中，导致乳房发生胀痛。加之产妇的乳头比较娇嫩，容易发生破损，一旦被细菌感染就会引起乳腺感染，乳房出现红、肿、热、痛甚至化脓，不仅造成产妇痛苦，还会影响正常哺乳。因此，产后不宜过早催乳，适宜在分娩1周后逐渐增加喝汤的量以适应婴儿进食量渐增的需要。即使在1周后也不可无限制地喝汤，正确做法以不引起乳房胀痛为原则。可以给产妇做一些口味比较清淡的蛋汤或鱼汤，汤不要过咸。如果喝鸡汤要将鸡油撇去，因为一些高脂肪的浓汤最易影响产妇的食欲，也不利于体形的恢复，而且高脂肪会增加乳汁中的脂肪含量，新生儿、婴儿会因为不能吸收高脂肪的乳汁而引起消化不良、腹泻。

曾经有父母问过我，给产妇补些鹿茸，行不行？尽管按照中医的理论，鹿茸具有补肾壮阳、益精养血之功效，但产妇在产后容易阴虚亏损、阴血不足、阳气偏旺，如果服用鹿茸会导致阳气更旺，阴气更损，造成血不循经等阴道不规则出血症状，所以产妇不宜服用鹿茸。如果身体虚弱，产妇可以在中医指导下服用一些适宜的药膳或保健品调理身体。

当然，哺乳期间也需要禁烟酒、浓茶和咖啡的摄入，同时拒绝二手烟和三手烟。如果哺乳期间需要服用药物或者补品，一定要先咨询医生后行之。

按需哺乳，还是按时哺乳

> **Q** 我的宝宝刚出生，我希望能够纯母乳喂养宝宝，但是我不清楚宝宝吃母乳的间隔时间是怎样的？

A 如果是纯母乳喂养，生后3个月内应该是按需哺乳。刚出生的宝宝胃容积很小，不足10mL，10天以后胃容量为30~60mL，2周~2个月为80~140mL，3个月为130~160mL，4个月为140~180mL，5个月为150~200mL，6个月为200~220mL，大于6个月为220mL。而且，母乳消化快，孩子每次吃奶的奶量少，胃排空得比较快，0~3个月又是宝宝一生中发育速度最快的阶段，需要的能量很多，因此宝宝想吃就喂。新生儿阶段一般每天需要哺乳8~12次，每次至少吸空一侧乳房。孩子在吃奶时，除了有节律吸吮以外，还可以听到吞咽声，每24小时排尿8~10次，大便每天至少3~4次且为黄色糊状便，每次哺乳后孩子能安睡2~3小时，孩子每周增长体重125g，满月时体重增长大于600g。这些说明孩子摄入的母乳量是够的。进入第二个月，孩子每次吃奶量增多，奶在胃里停留和排空的时间逐渐延长，自然也就形成了吃奶的间隔和规律。随着孩子内在生物钟逐渐建立，一般到4个月可以定时喂奶。

卫生部2012年发布的《儿童喂养与营养指导技术规范》提出："3月龄内婴儿应频繁吸吮，每日不少于8次，可使母亲乳头得到足够的刺激，促进乳汁分泌。4~6月龄逐渐定时喂养，每3~4小时一次，每日约6次，可逐渐减少夜间哺乳，帮助婴儿形成夜间连续睡眠能力。"同时也要注意调整喂奶的时间，保证夜间10点至凌晨3点是孩子睡觉的时间，逐渐养成孩子连续睡眠的好习惯。因为良好的睡眠有助于大脑功能的恢复，同时80%的生长激素和具有促进睡眠、调整免疫的褪黑素都是在这个时间段深睡眠的时候分泌。但需要注意个体的差异，根据自己孩子的情况灵活处理。

需要提请家长注意，小婴儿有飞速生长期，分别出现在生后2～3周、6周左右、3个月左右，孩子会不停地想吃奶，这是正常的现象，也是暂时现象，一般可以持续4～5天。

TIPS：是不是宝宝一哭就应该马上喂他

很多妈妈一听到宝宝哭，就觉得是不是饿了。但是，这个问题要具体分析，不能一哭就喂。如果孩子哭闹时正是要喂奶的时间，那么妈妈应该给孩子喂奶；如果不到喂奶的时间，就要检查是不是孩子要大小便，或者已经大小便完毕，感到小屁股不舒服引起孩子哭闹。如果孩子也不是因大小便而哭闹，要检查是不是身体其他地方不适，或者太冷、太热，寻求安慰，希望抱抱等。总之，家长通过不断观察与护理孩子，就会逐渐辨别孩子哭声是表达什么意思，从而给予孩子及时的护理，而不要频繁、盲目地喂奶。否则，孩子吃奶过多，不但容易引起肥胖，而且还会引起肠绞痛或消化不良。

判断母乳不足的依据有哪些

Q 我的宝宝已经5个月了，是纯母乳喂养。休完产假后我就上班了，由于工作压力大，虽然每天上午和下午可以回家喂奶，但是孩子近一个月体重不长，是不是与我的母乳不足有关呀？家人劝我断母乳改喂配方奶，可以吗？

A 2012年卫生部发布的《儿童喂养与营养指导技术规范》谈到，正常乳母产后6个月内每天泌乳量随婴儿月龄增长逐渐增加，成熟乳量平均可达每日700～1000mL。婴儿母乳摄入不足可出现下列表现：

1. 体重增长不足，生长曲线平缓甚至下降，尤其新生儿期体重增长低于600g；

2. 尿量每天少于6次；

3. 吸吮时不能闻及吞咽声；

4. 每次哺乳后常哭闹不能安静入睡，

或睡眠时间小于1小时（新生儿除外）。

若确因乳量不足影响婴儿生长，劝告母亲不要轻易放弃母乳喂养，可在每次哺乳后用配方奶补充母乳不足。

↗ **育儿链接：** 奶水清淡，宝宝是否能吃饱

曾经有妈妈问过我，自己的奶是清水奶，宝宝只是吃了个水饱，是不是需要补充配方奶。

要回答这个问题，妈妈首先需要了解母乳含有的成分、母乳分泌过程及泌乳的条件。当孩子3个月时，母亲乳房分泌的是成熟乳，含有婴儿生长发育所需的丰富营养物质，乳汁的成分在每次喂养时前后也不一样，前奶（每次哺乳开始的奶）含丰富的蛋白质、乳糖、维生素、无机盐和水，后奶（每次哺乳结束前的奶）含有较多脂肪，能量充足。正如一些医生说的："前奶解渴，后奶解饱。"提问的妈妈看到的清水奶可能是前奶，后奶则没有观察到。

乳汁的分泌是母体的泌乳素和泌乳反射共同作用的结果，由于孩子的吸吮刺激引起泌乳反射，使得乳汁开始分泌，并且随着吸吮的次数增多，产生的乳汁就更多。为了孩子能得到足够的乳汁，母体还要分泌一种催产素产生喷乳反射，促使乳腺周围的细胞分泌，使得乳汁从乳导管直线流出，满足孩子的需要。夜间泌乳素分泌得更多，因此为了促使乳汁分泌，首先母亲应该注意摄取足够合理平衡的营养物质，多喝汤汁，心情愉快，休息好，同时让孩子多吸吮，尤其是夜间。当奶量足够时，母亲会有下奶的感觉。孩子吸奶由慢而有力到吸吮力渐小，乃至松开奶头或含奶头睡着，大约10分钟。吃饱后，孩子会获得满足感，能安静睡眠2～3小时。

细心观察孩子，如果依靠纯母乳喂养，孩子满足2012年卫生部发布的《儿童喂养与营养指导技术规范》中所列出的母乳摄入不足的相关表现，那么就需要补充配方奶。我建议每次喂奶时，先让孩子吃母乳10～15分钟，再给孩子搭配方奶。这样既保证了母乳的分泌，也保证了孩子的需求。如果孩子仍不满足，我建议可增加吸吮母乳的次数，有助于母乳的增多。

如何判断宝宝吃母乳吃饱了

"

Q 我是纯母乳喂养，但不知道孩子每顿应该吃多少母乳。请问如何观察孩子是否吃饱了？

"

A 对于纯母乳喂养儿，应该按需哺乳。新生儿阶段一般每天哺乳8～12次，每次至少吸空一侧乳房，在有节律吸吮的同时可以听到吞咽声，每24小时排尿8～10次，大便每天至少3～4次且为黄色糊状便，每次哺乳后孩子能安睡2～3小时，孩子每周增长体重125g，满月时体重增长大于600g。如果孩子满足上述条件，就说明孩子摄入的母乳是够的。4个月以后，孩子逐渐建立内在的生物钟，生活起居、吃奶等开始有规律，一般可3～3.5小时喂一次，每天尿湿6块或以上尿布，每次吃完奶后都有满足的表情，发育达标且生长曲线平稳上升。这些说明孩子吃饱了。

为何有些孩子吃奶时间特别长

有些孩子吃奶时间很长，妈妈觉得这样孩子才能吃饱，但这种认识是不正确的。其实，孩子每次吃母乳时间一般是10～15分钟，两侧的乳房交替喂养。吃奶时间过长，孩子会很疲劳，吃吃停停。为什么会这样呢？可能有以下几个原因：

1.孩子吃奶的姿势不正确、喜好吃某一侧的奶，或者周围的环境杂乱，使得孩子不能很好地吃奶。只要纠正了，孩子吃奶就好了。

2.妈妈分泌的乳量不足，造成孩子吃不饱。但是，这样的孩子体重增长不理想，

大便少或有饥饿性绿便，2～3天大便一次，大便不干，同时可能睡眠也不踏实。

3.口腔或鼻腔有问题导致孩子吃奶困难，但是这样的孩子吃奶时会哭闹。

4.曾经给孩子使用奶瓶、奶嘴喂过奶。

除了病理原因，建议家长通过观察摸索出孩子吃奶的规律，准确判断孩子什么样的表现说明饥饿了，什么样的表现是吃饱了，每次需要吃多长时间，并且在孩子刚出现饥饿表现时就喂奶。家长还要逐渐掌握孩子喜欢的吃奶姿势，喂奶时保证周围环境安静，略微延长喂奶的时间。另外，母乳喂养期间不要使用奶瓶、奶嘴哺喂。

孩子吃几口奶就睡，到底吃没吃饱

有不少妈妈都问过我，为什么孩子每次吃奶时总是吃几口就睡觉，但是睡觉的时间不长，醒后又要吃奶，不给吃就哭哭闹闹？这样反反复复，搞得妈妈和孩子都很疲惫。

一般情况下，小婴儿最初有效的吸吮，尤其是开始的四五分钟，可以将大部分（80%）乳汁吸进，10分钟以后就可以吸空一侧乳房。每个孩子吃奶量的多少不同，每个母亲乳汁产生的情况也有差异，对于胃口比较小的孩子可能这时就会吃饱了，然后进入了睡眠状态。而且，母乳好

消化，胃排空的时间快，孩子又处于快速发育的阶段，需要的能量多，加之这个阶段孩子每个睡眠周期短，大约是40~45分钟，所以孩子醒后会要求吃奶。遇到这种情况应该仔细观察孩子，如果孩子睡眠时呼吸平稳，面色红润，家长就不用担心。

也有的孩子可能吃几口奶就睡着了（吃奶也是消耗能量的），但是不一会儿就醒来要吃奶。这是因为孩子上次吃奶没有吃饱，家长就要检查发生这种情况的原因，有可能是包裹得太紧或者包裹的衣被太厚，孩子不舒服造成的。针对这种情况，妈妈哺乳前不要给孩子包裹得太紧或者包裹得太厚，可以略微将包被放宽松一些，调整孩子穿衣量，这种情况就会改善。

此外，也有可能是妈妈的乳汁不足，孩子吸吮后产生疲劳所致。对于母乳确实不够的就要及时添加配方奶。

针对3个月内的孩子可以采用以下的方式喂哺：

1. 无论白天或夜间只要他想吃奶就喂他；

2. 尽量在宝宝清醒的时候喂哺，随时关注宝宝什么时候是清醒的；

3. 在喂奶前采用轻轻摇晃或者抚摩宝宝的办法，让宝宝逐渐清醒；

4. 宝宝洗完澡后再喂奶，洗澡可刺激宝宝清醒。

还有一些孩子除了睡觉不吃奶外，面色也不好看，常常发灰或者发白，四肢发凉，呼吸急促或者忽快忽慢。这就预示着孩子可能生病了，急需去医院就诊，不要耽搁。

母乳喂到6个月就没有营养了吗

Q 商场的销售员告诉我，母乳喂到6个月就没有营养了，力劝我给孩子添加鲜牛奶或蛋白粉。我虽然也知道他是为了推销商品，可事实真是这样吗？

A 母乳是保障人类婴儿营养的最佳物质，绝大多数母亲可以产生有足够营养元素的乳汁。极度营养不良的母亲，其身体指数低的情况下（低于18），奶水的质量才会受到影响。

不同阶段，从婴儿刚出生时的初乳到成熟乳汁，母乳的成分不同，甚至在每次喂奶中，乳汁成分也不同。这就是母乳的神奇之处，母亲身体自动调节母乳的成分以满足婴儿需要。婴儿6个月前与6个月后相比，母乳所含能量、蛋白质和铁的总量大致相同。母乳提供的各种营养素的量占身体需要量的百分比有所不同，因为随着婴儿生长，其身体需要的各种营养素的量也增加。母乳中免疫物质在不同的时间段也不同，取决于母亲自己暴露于哪些抗原物质。6个月之后母乳没有营养的说法是不正确的。

然而，6个月之后婴儿对能量和营养元素的需求仅靠母乳无法满足。这就是联合国儿童基金会和世界卫生组织一致推荐6个月之后继续母乳喂养并同时添加辅食的原因。（以上内容摘自联合国儿童基金会官方网站）

有的妈妈母乳确实不够，可以添加相应阶段的配方奶（即7~12个月的配方奶），采取混合喂养，保证孩子体格和智力的发育。不能以鲜牛奶、蛋白粉或者牛初乳代替母乳或配方奶，因为这些食品的蛋白质和矿物盐含量高，会对婴儿造成较大的肾脏负担。

纯母乳喂养的孩子长得小吗

Q 我的宝宝是纯母乳喂养，可是我发现宝宝比同龄的人工喂养的孩子小很多，是不是母乳喂养的宝宝确实长得矮小？

A 孩子个子大小主要与生活的环境（社会环境和家庭环境）、遗传、人种有关。除此之外，即使两个孩子出生时情况完全一样，如果一个孩子是配方奶喂养，另一个孩子是纯母乳喂养，往往纯母乳喂养的孩子被认为比配方奶喂养的孩子个子"小"。是不是真正的个子"小"？其实，人们在认识上存在着一定的误区，母乳喂养的正常体重孩子的父母中有相当一部分认为孩子瘦，而人工喂养的超重孩子的家长却大多数认为自己的孩子很正常。事实上，有研究表明，母乳喂养的孩子比人工喂养的孩子体重超标的比例低。这是因为纯母乳喂养的孩子，妈妈每次产乳量会根据孩子的需求自动进行精密调节，因此大多数母乳喂养的孩子不会出现能量过剩问题，发育得都很正常。而使用配方奶喂养的孩子，往往家长会出现过度喂养，而孩子的饱腹中枢又不敏感，因此造成能量过剩出现脂肪堆积而肥大。因此，使用配方奶喂养的家长一定要掌握正确的冲调和喂养方法。

如果孩子确实发育不达标，可能有以下几个原因：

1.哺乳的次数少，尤其是生后1月内夜间哺乳的次数少。频繁吸吮可以刺激大脑垂体前叶反射性地分泌泌乳素，夜间是泌乳素分泌高峰，可以刺激泌乳细胞分泌更多的乳汁。如果吸吮次数少，泌乳素就产生得少，母乳分泌就不能满足孩子的需要。新生儿阶段最好能够做到每日哺乳8~12次。

2.孩子每次吃奶没有吸空乳房。乳汁中有一种抑制因子，可以减少或抑制乳汁的产生，假如乳房内奶汁残留很多，抑制因子就使泌乳细胞停止产乳，乳房不至于太充盈以造成不良的后果。通过吸空或挤奶使剩余的乳汁排出，抑制因子随之也排出了，此时乳房将分泌更多的奶。因此，妈妈要想使乳房持续产奶，必须排空乳房，孩子吃奶时一定吃空一侧，再吃一侧，否则孩子进食的乳汁就会变少，可能会发生摄入量不足所致的消瘦。

3.过早使用奶瓶、奶嘴会降低纯母乳喂养成功率。这是因为婴儿从奶瓶吃奶要比从乳房吃奶省力得多，婴儿会选择最省力的方法而拒绝母乳喂养。2015年，中国营养学会公布的《中国0~6月龄婴儿喂养指南》特别强调，婴儿出生后第一口食物应是母乳。让婴儿尽早反复吸吮乳头，是确保成功纯母乳喂养的关键。生后体重下降只要不超过出生体重的7%，就应坚持纯母乳喂养。

6个月内纯母乳喂养的宝宝不需要额外补充水

Q 我家在南方，现在天气很热，家里老人一直要给孩子喂水，但是我记得母乳喂养的宝宝6个月内不需要额外补充水，对吗？

A 母乳的含水量达到87%，完全能满足6个月内婴儿对水分的需要，不需要额外添加水或液体。相反，给6个月内的婴儿喂水有危害。因为水占据胃容量，减少母乳摄入，而且饮用水的安全、喂水工具的卫生都很难保证。在炎热、干燥的环境里，通过多次哺乳，婴儿能够获得充足水分，也不需要添加水。

通过排尿可以判断婴儿是否获得了足够的水分。每天排尿次数不少于6次，尿液呈淡黄色，说明婴儿获得了足够的水分。如果孩子出汗多，而且一天内尿的次数少于6次，每次尿量少且呈深黄色，建议增加喂奶次数以达到补充水分的目的。

断母乳的时机和方法

Q 我的宝宝是纯母乳喂养，近来已经开始添加辅食。请问我什么时候断母乳最合适？怎样才能做好断母乳的准备工作？

A 母乳是宝宝最好的食物，所以建议妈妈在条件许可的情况下，尽可能延长喂哺母乳的时间。吸吮是婴儿的本能，孩子吸吮母乳不但是为生存获得能量，同时也获得了母爱和安全感，有利于母子间情感的交流，对其身心发育有着重要的影响。

世界卫生组织建议母乳喂养最好到2岁或以上，因为这时孩子已经脱离大人开始自由行走、玩耍，活动的范围大，对外界的兴趣日益增大，与母亲接触的时间逐渐缩短，具备了自然脱离母乳的条件。如果确实因为特殊原因妈妈不能继续母乳喂养，需要提前断母乳，鉴于孩子需要终生吃奶，因此需要逐步用配方奶替代母乳。这需要有一个逐步过渡的准备阶段。首先让孩子熟悉配方奶并接受配方奶的味道，然后一顿一顿地替代母乳。可以先减少一次哺乳，用配方奶粉或辅食代替，持续3～5天，然后逐渐替代2次、3次至完全替代。每次替代要观察消化系统3～5天，让孩子逐渐适应直至完全用配方奶代替母乳喂养。也可以依据实际需要将间隔时间延长。这样做既不会因为突然断母乳孩子不接受配方奶而导致营养不良和心理不适，也不会因为突然断母乳造成妈妈乳汁淤积形成肿块，进而引发感染转为乳腺炎，而是自然停止分泌。如果宝宝断奶后，妈妈仍然觉得乳房胀痛的话，可以挤奶几天来缓解这种不适，或者去医院请医生帮助断奶。

在断母乳的时候，爸爸或其他家人在此阶段需要格外多关照孩子，多带孩子玩耍，转移他吃奶的注意力。夜间尽量由爸爸来照料，爸爸安抚的语言、动作要比以往更加温柔、亲切，让孩子获得安慰和寄托，千万不要粗暴、急躁甚至训斥孩子，使他心理上受到伤害。一旦决定要给孩子断母乳，就不要让孩子再看见妈妈的乳头，也不要让孩子再吸吮妈妈的乳头。当孩子习惯了奶瓶喂养，就会对母乳喂养失去兴趣。建议妈妈给予孩子更多的拥抱、抚摸和亲吻，以弥补他失去与母亲肌肤之亲的失落感。

切忌用抹红药水、紫药水以及黄连水等方法强制断母乳，这会给孩子心理带来极大的伤害，让孩子恐惧不安，甚至养成吸吮其他安慰物的异常行为。另外，断母乳不要选择在严冬和酷夏进行，应该在气候宜人且孩子身体健康的时候断。

宝宝出生后不爱吃奶怎么办

Q 我的孩子刚出生第一天，不爱吃奶。有的专家说这是正常现象，婴儿出生3天内都不会饿，只要坚持让他吸母乳即可，因为新生儿的胃非常小，几滴就够。可有些医生要求出生后母乳还没开，就先喂奶粉还有糖水。到底哪种说法是正确的？

A 这两种说法都比较极端。孩子生后第一天不爱吃奶是因为没有抓住产后1小时内及时开奶和吸吮的缘故，这不是孩子的正常现象。孩子出生1小时内吸吮力是最强的，孩子会用力吸吮初乳，获得吸吮的经验（吸吮反射是先天带来的本能）。虽然孩子每次吃的量少，但对于刚出生孩子小小的胃来说正合适。只要孩子早开奶、早吸吮做得好，以后做到勤吸吮，就能获得妈妈珍贵的初乳。同时，孩子也能获得学习和体验的机会，出自生存的本能就会频繁吃奶。

但是有的剖宫产孩子，由于妈妈在分娩期间使用了麻醉药，并通过胎盘进入胎儿体内，如果使用的麻醉药剂量过大或者产后妈妈还在频繁使用麻醉泵，有可能使新生儿处于嗜睡状态，因此生后第一天不爱吃奶。不过不用担心，随着麻醉药物的代谢，孩子一般在24小时内会很快清醒过来的。

如果3天之内其生理体重下降超过7%，孩子还不能获得应该摄取的奶量，且表现为反应差、阵发性发绀、震颤、眼珠不正常转动、惊厥、嗜睡、拒食、呼吸暂停等，也有的新生儿只表现出汗多、苍白以及反应低下，就要警惕是不是发生新生儿低血糖，并及时监测血糖。中华医学会儿科学分会儿童保健学组、中华医学会围产医学分会、中国营养学会妇幼营养分会、《中华儿科杂志》编辑委员会发布的《母乳喂养促进策略指南（2018版）》指出，无症状低血糖可以继续母乳喂养，有临床症状或血糖<2.6mmol/L时应予以静脉输注葡萄糖（非口服糖水），并于20～30分钟后复测血糖，其后每1小时复测1次直至稳定。反复出现低血糖的患儿需进一步检查病因。低血糖对新生儿神经系统的危害不可小视。对于早产儿和低出生体重儿等高危儿建议出生后1小时内开始监测血糖，及时发现问题，及时纠正。

孩子生后的第一口奶应该是母乳，不主张新生儿还没有吃妈妈的奶就开始喂配方奶和葡萄糖水，否则孩子学习和体验的经历就是进食配方奶和葡萄糖水。这样不利于乳母下奶和纯母乳喂养成功，更不利于新生儿获得初乳的权利，没有得到人生的第一次免疫的机会，也为孩子以后可能对牛奶蛋白过敏埋下隐患。由此可见，这种做法是不可取的。

人工喂养和混合喂养

配方奶是不能纯母乳喂养的无奈选择

> **Q** 目前一些母亲因为医疗原因不能实现母乳喂养，也有的是婴儿患病不能接受母乳喂养。请问母亲和婴儿患有什么病不能母乳喂养？

A 中国营养学会编著的《中国居民膳食指南（2016）》指出，婴儿患有半乳糖血症、苯丙酮尿症、严重母乳性高胆红素血症、生母患有HIV、人类T淋巴细胞病毒感染、结核病、水痘-带状疱疹病毒、单纯疱疹病毒、巨细胞病毒、乙肝和丙肝等病毒感染期间；母亲滥用药物、大量饮用酒精饮料、吸烟、进行癌症治疗和密切

接触放射性物质，以及经专业人员指导和各种努力后乳汁仍不足的情况，不能进行母乳喂养。

不宜直接用普通液态奶、成人奶粉、蛋白粉和豆奶喂0～6个月婴儿，而应采用相应阶段的配方奶粉。

另外，患有严重的心脏病，心功能在Ⅲ、Ⅳ级或有心力衰竭者；严重肾功能疾病的患者；高血压、糖尿病伴有其他重要器官损害的患者；严重精神病和先天性代谢疾病的患者；孕期和产后有严重并发症的患者，需要暂时停止哺乳，待疾病痊愈后才可以哺乳，在治疗期间建议挤奶保持母乳的分泌。如果婴儿患有先天代谢性疾病，如苯丙酮尿症、枫糖尿症和半乳糖血症，也不适于母乳喂养，应选择专用的医

疗用奶。

不能母乳喂养或母乳不足的婴幼儿，应选择配方奶作为母乳的补充。妈妈同样可以成功地通过配方奶喂养获取和孩子之间的亲密依恋关系，如喂奶时把孩子放在怀里，通过搂抱、轻轻摇动、和孩子面对面眼神的交流，都可以获得亲子依恋的情感。

有关配方奶的误区

"

Q 我的宝宝因气管炎咳嗽比较重，家里老人不让再喂配方奶，说吃配方奶会让宝宝生的痰更多，是这样吗？另外，听周围的妈妈说，喂配方奶粉的宝宝都容易长成小胖子，真的吗？

"

A 痰的产生与吃配方奶是没有关系的，但不正确的喂养行为的确容易造成婴幼儿摄入过多营养，导致肥胖。

人的鼻腔、喉、气管、支气管的黏膜上皮上排列着许多纤毛，并且含有很多黏液腺和淋巴组织。黏液腺经常分泌一些黏液，使得呼吸道保持湿润。当吸进的空气和一些杂质通过这些部位时，通过纤毛的运动、过滤，黏液的黏附，淋巴组织的吞噬，阻止有害物质进一步吸进，形成痰。这些痰刺激大脑的咳嗽中枢，引起咳嗽，将痰排出体外。实际上，咳嗽是人体一种

保护性反射动作。呼吸道里的病理性分泌物和从外界进入呼吸道的异物，可借咳嗽反射的动作而排出体外。有的孩子因为吸入刺激性气体、尘埃，致病细菌、病毒等有害微生物时，上呼吸道就有可能发生炎症或者肺部发生疾病。呼吸道的分泌物增加，痰量就会增多。痰的产生与吃配方奶是没有关系的，而且孩子在生病期间本身消耗热量就多，食欲不佳，如果再不吃配方奶，没有能量的补充，不但会影响身体的恢复，还会影响孩子的生长发育，所以建议孩子生病时继续原来的配方奶喂养。

孩子肥胖，除了与遗传因素和环境因素有关以外，很大一部分是因为家长不正确的喂养行为造成的。处于生长阶段的婴幼儿摄入能量大于需要的能量就会导致肥胖。而且，婴幼儿时期神经系统的饱腹中枢发育还不完善，对进食量的自身生理调节功能比较弱，对饱腹感觉不敏感，因此个别家长不正确的喂养行为往往容易造成婴幼儿摄入奶量过多。

对于吃配方奶的孩子，家长容易自觉

或不自觉地发生过度喂养行为，例如：唯恐孩子饿，将奶粉的浓度冲调得过高；每次喂奶总是喜欢多喂一口；如果孩子一次奶量没有吃完，家长也会想方设法将孩子剩下的奶继续喂进去；把小婴儿的觅食反射误认为饥饿表现，增加喂奶次数，使得孩子摄入奶量增多；过早添加辅食，淀粉类食物进食过多，提供很多食物等。家长的这些喂养行为都会使婴幼儿进食过量。如果长期摄入的能量大于需要的能量，就会发生孩子超重或肥胖。近年来的研究认为，从胎儿第30周开始至出生后1岁末，是脂肪组织最为活跃的增殖期。如果这段时期能量过剩，就会导致脂肪细胞数目永久性增多。因为脂肪细胞具有记忆功能，所以会为肥胖症埋下隐患。

另外，孩子的动作和活动是消耗能量的，如果家长不鼓励孩子活动，尤其是户外活动少，消耗的能量就少，孩子体内就会将多余的能量作为脂肪储存起来。因此，看护人和家长的养育行为是十分重要的。

通常，衡量一个孩子的发育情况多以身长、体重、头围的增长是否在正常百分比范围内为标准，如果三种指标成比例增长且超出正常的百分比，可能是受遗传因素影响。例如，宝宝出生时很小，父母却很高大或者特别矮小，孩子的发育速度会超出正常百分比范围。但是，这种情况多表现在孩子出生后2年之内，以后会趋于正常。

哺喂配方奶粉有标准

Q 我的宝宝5周大，他现在每天要吃1000mL的配方奶，但是大便情况很好，没有奶瓣什么的。宝宝的食量这样大，正常吗？另外，他的大便一直是绿色的，请问绿色的大便与着凉或上火有没有关系？

A 一个正常的孩子每天所需的热量，包括5个方面的总和：基础代谢所需，食物的特殊动力作用，动作所需，生长所需，排泄的消耗。其中生长所需是孩子所特有的，所需的热量和生长的速率成正比。根据这些热量的消耗，出生～1周每日需要供给的热量是251～335kJ/kg体重，1～2周每日需要供给的热量是335～419kJ/kg体重，2周～1岁每日需要供给的热量是419～502kJ/kg体重。

以后随着年龄增大，热量需要逐渐减少：当孩子满1岁后，每日需要供给的热量是440~460kJ/kg体重；孩子每增长3岁，每日所需要的热量减少42kJ/kg体重。

刚出满月的孩子，按世界卫生组织的生长标准应该是4.1~6kg，那么孩子一天需要的热量是1888~2763kJ。目前配方奶的配制是100mL含280kJ的热量，那么1000mL的配方奶中就含有2800kJ的热量，显然大于孩子每天所需要的热量，那么多余的热量就会储存起来，导致孩子肥胖。

过度肥胖会加重孩子心血管的负担，也增加了肾脏的负担，为孩子埋下心血管或肾脏的疾病隐患。过度肥胖也会影响孩子的运动能、智能发育，导致性发育迟缓。因此，家长必须掌握孩子的合理摄入量。2012年卫生部发布的《儿童喂养与营养指导技术规范》中建议："配方奶作为6月龄内婴儿的主要营养来源时，需要经常估计婴儿奶的摄入量。3月龄内婴儿奶量为500~750mL／日。"随着孩子的成长，逐渐加大奶量，就能满足孩子的生长发育需要。目前科学家研究发现，凡是人工喂养的肥胖儿，成年后肥胖者居多。

目前0~6个月的配方奶粉基本上都是加强铁的，如果孩子吃得多，可能是其中的铁没有完全吸收的缘故，使大便变成绿色。这与着凉、上火没有关系。合理、适量地摄入配方奶，会改善这种情况。

人工喂养的孩子建议奶量

<3个月的孩子，500~750mL；

4~6个月的孩子，750~1000mL；

7~12个月的孩子，700~500mL；

1~2岁的孩子，600~400mL。

TIPS：太胖的孩子会影响智力吗

孩子吃得太多，造成热量摄入过剩，引起孩子肥胖，的确会影响智力发展。肥胖的孩子不喜欢运动，因此就限制了孩子认知水平的发展，不利于本体感和感觉统合的建立。孩子由于吃得多，消化系统大多数时间都在工作，需要机体不断地调动全身大量的血液优先供应消化道。这样势必造成应该供给大脑的血液减少，脑组织不能获得必需的营养供应，导致脑组织发育不良，影响了孩子的智力发展。肥胖的孩子全身脂肪堆积，不但表现在皮肤及脏器储有大量的脂肪，同时脑组织中也会造成脂肪的堆积，严重地影响了大脑沟回的发育，迫使大脑表面积减少，影响孩子智力的发育。而且，肥胖的孩子大脑神经的敏感性降低，其记忆、思维都迟钝，也制约着孩子的智力发展。这样的孩子由于运动能力差，反应不敏捷，智力水平低，小同伴都不喜欢和他玩，久之产生自卑心理，严重影响他的社交发展，不利于孩子个性的建立。所以，家长必须纠正过度喂养的行为，养有一个健康活泼的小宝宝。

选购配方奶粉需谨慎

扫码看视频4

Q 我的宝宝已经7个月了，因为特殊原因，必须采取人工喂养，请问如何选择配方奶粉？配方奶粉里的成分都有哪些，这些成分都有什么作用？罐装与袋装配方奶粉又有什么差异呢？

A 这个问题比较复杂，需要具体问题具体分析。

选购配方奶的方法

正确选择配方奶粉需要从以下几个方面来考虑。

|安全的奶源|

安全奶源十分重要。原料奶粉不得含抗生素和黄曲霉素，因为奶牛在饲养的过程中，有可能患一些感染性的疾病，例如乳腺炎，因此需要使用抗生素治疗，牛也同人一样，会产生耐药性，因此使用的抗生素种类和剂量往往都很大。在使用抗生素过程中，奶牛产的奶是不能要的，同时停药后一段时间（休药期）产的牛奶也是不能要的，否则奶中就会残留一部分抗生素，对宝宝造成伤害。同时也要注意黄曲霉素的污染问题。奶牛如果不是在天然牧场饲养，而是吃一些储存的饲料，有可能会造成乳汁黄曲霉素污染。如果收购的生鲜牛奶监管不严，受污染的鲜奶往往会制成原料奶粉。

另外，配方奶粉必须符合国际食品法典委员会2006年制定的《婴儿配方粉成分的全球标准》以及我国2012年实施的婴儿配方奶粉的强制技术标准。

|以母乳为蓝本|

中国医师协会儿童健康专业委员会主任委员、亚洲儿科营养联盟副主席、国际食品法典委员会国际专家组Codex CAC IEG核心组成员丁宗一教授在《制定婴幼儿配方粉国际标准方法学》一文中谈到，营养状况良好的健康妇女所分泌的乳汁成分可以作为婴儿配方粉成分的指导，但成分构成上的大致相似性不足以作为婴儿配方粉安全性和充足性的决定因素或指标。人乳的成分有很大差异。另外，许多在人乳和配方粉中含量接近的特定营养素在生物利用率和代谢作用方面都表现出很大的差异。因此，婴儿配方粉成分是否合适，取决于将其对配方粉喂养儿在生理（如生长模式）、生化（如血浆指标）和功能学方面（如免疫应答）的作用与健康的纯母乳喂养儿的相关指标进行比较。

在婴儿配方粉中添加新成分或加入大于现有配方粉成分中已知成分的标准限量时，应有广泛被认可的科研资料说明婴儿使用后的安全性、营养学益处和适宜性。由于越来越多的证据表明，婴儿的膳食成分对其短期和长期的健康和发育都有重要影响，国际食品法典委员会国际专家组认为必须由独立的科学组织对支持婴儿配方粉成分改变超出现有标准的科学证据进行监督和评价。因此，配方奶粉中添加任何一种营养素必须由第三方（不是乳品厂家自己）做出科研论证证明添加这种营养素对宝宝是有益的、适用的和安全的。

|年龄划分段要合理|

最佳的年龄划分段为0~6个月、7个月~1岁、1~3岁。

|生产工艺先进|

目前配方奶粉比较好的生产工艺主要包括3方面：

1.湿法和干湿法混合工艺。这种工艺可以有效地杀灭奶粉中的微生物，并且营养成分混合均匀，有效地保护了其中的营养成分。

2.对蛋白质进行改造。除了将牛奶中乳清蛋白和酪蛋白比例进行改造，让它更接近母乳外，还提升了乳清蛋白中的α-乳清蛋白的含量，因为母乳中α-乳清蛋白的含量占乳清蛋白的27%~29%。同时降低了牛奶中容易引起孩子过敏的α-酪蛋白、β-乳球蛋白（母乳中没有β-乳球蛋白），使其蛋白质利用率更高，减少过敏反应，更加适应孩子的肾负荷。

3.对脂肪进行改造。将牛奶脱脂，大量去除饱和脂肪酸，加入植物油以增加不饱和脂肪酸，且至少占10%的总脂肪量。目前，先进的脂肪改造工艺就是将配方奶植物油的分子进行改造，成为OPO结构，使其更接近母乳。

|选择有实力的著名厂家产品|

配方奶的配方必须符合我国婴幼儿配方奶粉技术标准，且通过国家食品药品监督管理总局注册审批。

就添加的营养素来说，最初研制的厂家最好，因为这个厂家是根据无数次科学实验来证明这种营养素添加以及添加的量是合适的。各种营养素的添加、添加量以及添加比例必须以母乳为蓝本，同时还要考虑添加后宝宝吸收的情况与母乳相似。

|售后服务要好|

售后服务是产品质量的延伸。孩子添加配方奶后往往会出现一些问题，家长首先会想到是不是因为配方奶，如果售后服务不好，就会引起更多问题，合法权益得不到保证。

同时，家长也需要注意购买配方奶粉时查看包装是否密闭，是否胀罐或胀袋，是否在保质期内，开罐或开袋后奶粉是否有结块或异味等。

配方奶粉营养丰富，同时也是细菌最好的培养皿。当天气炎热，空气湿润时，配方奶粉非常有利于细菌生长。孩子如果吃了被细菌污染的配方奶，极易引起消化道疾病。

一般来说，配方奶粉开罐以后，应该在1个月内吃完，如果是袋装或者盒装的奶粉，开启后最好2周内吃完。平常保存时，每次用完将盖子盖好，放在阴凉通风的地方。不要放在冰箱里，因为冰箱里潮湿，开罐后的奶粉容易吸潮，引起奶粉的结块变质。另外，冰箱也不是无菌箱，里面同样有不少细菌，会通过开罐后的缝隙来污染奶粉。孩子吃后剩下的奶液不能再给孩子吃，即使再加温也不行，因为配方奶粉添加了各种营养，有的物质遇到高温可能变质。因此，孩子需要吃多少，就给配制多少，尽量不要浪费。如果孩子对配方奶粉需要量不大，建议家长尽量购买小包装的奶粉。

配方奶中的成分

母乳喂养的观念近几年已深入人心，母乳喂养的好处每个做母亲的都非常了解。但是，也有一小部分母亲由于疾病或工作不适合母乳喂养或者母乳不够，需要选择添加最接近母乳的奶粉，以适应孩子的生长发育。中国营养学会曾明确指出："婴幼儿配方奶粉是随着食品工业和营养学的发展而产生的除母乳以外的、最适合婴幼儿生长发育需要的食品。人类通过对母乳成分、结构及功能等方面进行研究，以母乳为蓝本，对动物乳进行了改造，调整了其营养成分的构成和含量，添加了多种微量元素，使其产品的性能、成分及含量基本接近母乳。"因此，大部分配方奶粉都含有以下几种成分。

|α-乳清蛋白|

母乳中的主导蛋白质是α-乳清蛋白，其含量占乳汁中蛋白质的27%。α-乳清蛋白能够提供最佳氨基酸组合，提高蛋白质的生物利用率，适应婴儿的肾负荷。α-乳清蛋白含有丰富的色氨酸，是神经递质5-羟色胺和褪黑素的前体，由松果体细胞交替分泌：白天分泌5-羟色胺，调节情绪、食欲和行为；黑夜分泌褪黑素，为内源性睡眠诱导剂，是内在生物钟的重要调节剂，有助于婴儿睡眠，促进大脑发育。这些物质使孩子从小能够有良好的情绪，吃得好、睡得香。当然，情绪好的宝宝更好带。

临床研究显示，用富含α-乳清蛋白的配方奶粉喂养，能够增加婴儿肠道有益菌——双歧杆菌的浓度。双歧杆菌的生长能够调节肠道菌群平衡，抑制肠道致病菌的生长。α-乳清蛋白同时还含有胱氨酸/半胱氨酸，具有重要的生物学作用：作为谷胱甘酸的组成部分，它可以防止过氧化物的氧化损害作用；作为牛磺酸的前体，它有利于胆汁酸的合成、脂肪酸的吸收以及神经系统的发育。除了营养以外，α-乳清蛋白还对婴儿有保护功能，因为α-乳清蛋白可能具有抗癌作用。

目前，国内使用的配方奶粉中尤其是0~6个月的配方奶粉基本上都按照母乳将乳清蛋白∶酪蛋白配制成60∶40。乳清蛋白中含有α-乳清蛋白和人乳中没有的β-乳球蛋白等4种蛋白质。其中α-乳清蛋白远远没有达到母乳中的含量。普通牛奶中α-乳清蛋白只占全部蛋白质的3%，一般的配方奶粉α-乳清蛋白占全部蛋白质的6%左右，而过多的β-乳球蛋白又增加了孩子过敏的概率。但是，如果单纯通过提高蛋白质的含量或提高乳清蛋白的含量来弥补色氨酸、胱氨酸/半胱氨酸的含量不足，会导致其他氨基酸的增加，不均衡的氨基酸比例会使氨基酸的代谢受到影响，增加小婴儿肾脏排泄含氮废物的负担。因此，迫切需要一种降低总蛋白质的含量、提高奶粉中α-乳清蛋白的含量、降低β-乳球蛋白的比例、更接近母乳的配方奶粉。

|OPO脂肪结构|

目前配方奶粉中的脂肪基本都是植物油脂，其脂肪分子是POP结构形式，即其脂肪分子主链（Sn-2）是不饱和脂肪酸油酸（O），其两侧（Sn-1和Sn-3）是饱和脂肪酸棕榈酸（P）。当配方奶中POP结构脂肪消化时，棕榈酸首先被释放游离出来，形成大量的游离饱和脂肪酸，只有少量的油酸能被吸收。没有被吸收的棕榈酸易与钙发生反应，生成不溶的皂块，进而被排出体外。这意味着婴儿失去了大量供能的脂肪以及宝贵的矿物质。用POP结构的婴儿配方奶粉喂养的新生儿对钙的吸收率仅为6%。钙排泄量的增加也提高了粪便的硬度，导致便秘和钙的流失。

由于母乳中饱和脂肪酸棕榈酸（P）大多连在分子主链（Sn-2）（约占70%），两边（Sn-1和Sn-3）各是不饱和脂肪酸油酸（O），即为OPO结构。因此，母乳在消化过程中，首先是不饱和脂肪酸油酸先游离出来，棕榈酸会被消化吸收，提高了能量的吸收率，只有极少量流失在排泄物中。母乳喂养儿的钙吸收率高达51%~58%，所以母乳喂养的宝宝大便都是金黄色的糊状便，不会发生便秘。

在分子结构上进行改造的工艺，将POP结构改造成OPO结构，使其更加接近母乳的结构。富含结构脂OPO的配方奶粉能使婴幼儿粪便中的脂肪流失较普通婴幼儿配方奶粉减少了近30%，使宝宝粪便中的钙流失减少30%，钙吸收率提高至57%，有助于营养吸收，减少钙质流失，解决普通配方奶便秘的问题，还能提升肠道益生菌——双歧杆菌的数量。

但是必须承认，配方奶粉尽管进行

了一系列的改造，却永远也不能与母乳相媲美！

|益生元|

益生元是一种不会被消化的食物成分，可以帮助肠内益生菌繁殖，增加肠内益生菌的数量，来抑制有害病菌的生长，降低肠道炎症的严重程度，并促进钙的吸收。低聚半乳糖和低聚果糖属于低聚糖，这些统称为益生元。母乳是非常不错的益生元来源，含有丰富的低聚糖，目前已经鉴定出超过200种母乳低聚糖。母乳中低聚糖在结肠菌群作用下生成短链脂肪酸，可保持肠道低pH值，有利于双歧杆菌和乳酸杆菌的生长，是肠道内双歧杆菌的生长因子，维持肠道的微生态平衡，从而保护肠道免受致病菌的侵袭。

牛奶中低聚糖的含量较少，约40多种，不过现在一些配方奶中添加了低聚果糖、低聚半乳糖等，使配方奶更接近母乳。因为低聚糖在肠内不能被蔗糖酶和麦芽糖酶分解，因此在人体内几乎不能被消化和吸收，而是直接进入结肠内被肠道菌群发酵，改善肠道菌群，刺激结肠益生菌的生产，改善肠道微生态环境，增强肠道的免疫力，缓解便秘，促进结肠运动。《美国儿科学会育儿百科（第6版）》也推荐在配方奶中添加益生元。我国允许低聚果糖、低聚半乳糖用于婴幼儿奶粉和孕妇奶粉中，总量不超过6.45%。

|益生菌|

益生菌就是对身体健康有好处的细菌，肠内益生菌含各种酶，能水解蛋白、分解糖，使脂肪皂化，溶解纤维素，合成维生素K和B族维生素。这些细菌主要寄生在人体的肠道内，维持着肠道的微生态平衡。益生菌主要用于腹泻和长期使用抗生素造成体内微生态失衡情况，但是只有在活的益生菌被吸收且达到一定的数量时才能发挥它的作用。《美国儿科学会育儿百科（第6版）》指出："目前，没有足够的证据支持应该给重病的孩子使用益生菌，也没有具有说服力的数据推荐在婴儿配方奶中使用益生菌。""如果益生菌补充剂等产品暴露于高温或潮湿的环境中，这种活性的'好'细菌就有可能灭活，当然产品也就无效了。"更何况奶粉储存环境不当、冲调温度过高，都会使益生菌在没有进入消化道便已经灭活。而且，添加益生菌的数量不够的话，也很难经过胃液和肠液的消化活着到结肠并繁殖起来。所以，在配方奶中添加益生菌还不如添加益生元更好。

|DHA|

DHA就是我们俗称的脑黄金，属于一种不饱和脂肪酸，是构成脑实质、髓鞘化、视网膜的主要材料，是保证神经细胞膜结构完整性、影响视网膜成熟的关键因素，占感光细胞中所有的脂肪酸的50%左右。视网膜中高水平的DHA有助于优化视觉系统。2010年，联合国粮食及农业组织专家委员会定义DHA为胎儿和婴儿的"条件必需脂肪酸"。英国营养基金会、世界卫生组织、联合国粮食及农业组织等都提倡在婴儿配方奶粉中添加DHA和AA（或ARA，花生碳四烯酸）。

我国来自妇产科、儿科、营养、循证统计等学科的专家组，以循证医学和循证营养学为依据，从国内外文献收集和梳理入手，借鉴联合国粮食及农业组织、欧盟食品安全局和中国营养学会等国际和国内相关专业组织已有的DHA共识或推荐，完成了《中国孕产妇及婴幼儿补充DHA的专家共识》（以下简称《共识》），以期促进我国医务人员重视母婴DHA营养、规范营养指导，提高母婴健康水平。《共识》推荐孕妇和乳母DHA每日摄入量为200mg，并且尽可能多摄入富含DHA的食物，如鸡蛋、鱼类。其间适时评价孕妇和乳母膳食DHA摄入量，若不能达到推荐摄入量，可应用DHA补充剂。对于0~3岁婴幼儿，每日DHA推荐摄入量为100mg。母乳含有婴儿所需DHA。政府、医务工作者、家庭和全社会都应鼓励和倡导母乳喂养。在无法母乳喂养或母乳不足情状下，可应用含DHA的配方奶粉。

|叶黄素|

叶黄素是神经组织中重要的抗氧化剂，能够抵御氧化剂对神经结构造成的损伤，对维持正常的神经功能具有重要作用。叶黄素主要集中在视网膜的黄斑部位，保护眼睛不受光线损害，因为太阳光中的紫外线及蓝光进入眼睛会产生大量自由基，导致白内障、黄斑区退化，甚至癌症。虽然紫外线一般能被眼角膜及晶状体过滤掉，但蓝光却可穿透眼球直达视网膜及黄斑。黄斑中的叶黄素则能过滤掉蓝光，避免蓝光对眼睛的损害。

人体无法合成叶黄素，只能从蔬菜水果和补充剂中获取。母乳中含天然叶黄素，但母乳中的叶黄素浓度在不同的个体之间存在着很大的差异，总体平均值为25μg/L。含量的差异与母亲膳食中的水果和蔬菜食用模式有很大的关系。

目前还没有关于婴儿叶黄素摄入量的推荐，配方奶中叶黄素的含量是基于母乳叶黄素水平以及临床数据来确定的。临床实验显示，当配方奶中的叶黄素含量约为母乳中含量的4倍时，喂养儿血清叶黄素含量接近母乳喂养儿。

|神经鞘磷脂|

孩子出生后神经发育进程一直延续至出生后婴幼儿期，而神经鞘磷脂是影响宝宝早期大脑塑造的关键营养素，是DHA和胆碱的重要载体。大脑突触修剪及髓鞘形成等，都必须有神经鞘磷脂的参与，有助大脑神经网络的效率和优化等大脑结构和功能的成熟和完善。髓鞘化是大脑发育成熟的重要标志之一，经过髓鞘化的神经网络就像是高速公路中的隔离带，加快信息传导速度，加强神经元间的信号同步和连接强度，使信号传递又快又精准。同时，神经鞘磷脂也是构成细胞膜的重要成分，参与组成细胞膜，具有保护神经细胞的功能。另外，神经鞘磷脂还是胆碱（胆碱的功能见下面"胆碱"相关内容）的载体。

神经鞘磷脂是母乳中含量最高的鞘脂，在母乳中其含量为25～177mg/L，且各个阶段（不管是初乳还是成熟乳）的母乳中神经鞘磷脂的含量相对稳定。为了满足婴儿大脑发育的需要，其含量在1岁以内还会显著增加。由于母乳中富含的神经鞘磷脂对于婴儿的早期大脑发育来说十分重要，因此对于不能母乳喂养的宝宝，在食用的配方奶粉中添加神经鞘磷脂是非常有必要的。

|胆碱|

胆碱是卵磷脂和神经鞘磷脂的关键组成部分，是重要神经递质——乙酰胆碱的前体，也是构成生物膜的重要成分。胆碱及其代谢物对维持所有细胞的正常功能起着重要的作用。同时，胆碱参与了神经系统髓鞘的形成，起到保护和绝缘神经纤维的作用，有利于神经纤维对外界信息的及时应答和信息的快速传递，对大脑神经系统的正常运作至关重要。胆碱能保证人类大脑在孕晚期开始迅速增长并持续到5岁左右。因此，在新生儿阶段，大脑从血液中获取胆碱的能力极强。研究证实，高水平胆碱与高水平叶黄素能够相互作用，对宝宝更好地再记忆十分有利。

母乳中胆碱的含量为160mg/L，完全可以满足新生儿和1岁内婴儿发育的需要。为此，应该在配方奶中添加等量的胆碱，以保证孩子发育所需。

|牛磺酸|

牛磺酸是一种特殊的氨基酸，是人体必不可少的一种营养元素。人体合成牛磺酸的半胱氨酸亚硫酸羧酶（CSAD）活性较低，主要依靠摄取食物中的牛磺酸来满足机体需要。牛磺酸存在于大脑、肌肉及眼睛中，尤其在脑内的含量丰富，分布广泛，能明显促进神经系统的生长发育和细胞增殖、分化，是脑发育的重要物质。另外，牛磺酸还可以改善内分泌状态，增强人体免疫功能，维护视网膜的稳定性和正常的视觉功能，促进铁的吸收。如果牛磺酸摄入不足，会使幼儿生长发育缓慢，发生视网膜功能紊乱，智力发育迟缓。

人体中牛磺酸的来源有两种，一种是自身合成，另一种是从膳食中摄取。但是婴幼儿，尤其是早产儿，由于酶类合成系统发育尚不成熟，自身没有合成牛磺酸的功能，机体所需要的牛磺酸必须依靠食物供给。母乳中的牛磺酸含量较高，是母乳中第二丰富的游离氨基酸，其中初乳中含量最高。初乳中牛磺酸含量为694.2μmol/L，过渡乳中含量约为421.5μmol/L，成熟乳中含量约为364.7μmol/L。[以上数据摘自《氨基酸和生物资源》2013年3.35（3）：63~67《人乳中氨基酸的含量及分析方法研究进展》。]但普通牛乳中仅含10±3μmol/L，仅为母乳的1/30~1/20。对于人工喂养的婴幼儿来说，因为牛奶中牛磺酸的含量甚低，因此以牛奶为基质的配方奶中添加牛磺酸是很有必要的。

|乳铁蛋白|

乳铁蛋白是一种广泛存在于哺乳动物的乳汁和体液中的具有生物活性的蛋白质。人类的初乳中乳铁蛋白的含量非常丰富。其是人乳中重要的免疫活性物质，约占人乳中总蛋白质的10%，近年来研究显示乳铁蛋白在肠道功能调节、促进铁的吸收、抗菌、抗病毒以及免疫调节和抗氧化方面具有重要的作用。尤其在早产儿、新生儿喂养和较大儿童营养保健中，乳铁蛋白显示出改善婴幼儿健康，预防和治疗婴幼儿呼吸道疾病、腹泻和新生儿坏死性小肠结肠炎等作用。牛乳中乳铁蛋白分子量与人乳中的分子量相近，且牛乳乳铁蛋白素与人乳乳铁蛋白素同源性高达69%，且来源便捷价廉，所以为了配方奶粉尽可能接近母乳，目前牛乳中具有活性的乳铁蛋白已经添加到一些婴幼儿配方奶中。

|β-酪蛋白|

牛奶中乳清蛋白：酪蛋白是20：80，酪蛋白主要包含α-酪蛋白、β-酪蛋白、κ-酪蛋白、γ-酪蛋白等，其中以α-酪蛋白为主，β-酪蛋白只占全部酪蛋白的36%。母乳中乳清蛋白：酪蛋白是60：40。母乳中的酪蛋白主要以β-酪蛋白为主，大约占母乳总酪蛋白含量的80%。母乳中不含有α-酪蛋白。多项研究显示，β-酪蛋白不是牛奶中主要的过敏原。引起宝宝对牛奶蛋白过敏的主要是α-酪蛋白和β-乳球蛋白（β-乳球蛋白是主要的牛乳乳清蛋白，母乳中并不含此类蛋白）。另外，β-酪蛋白相比α-酪蛋白更容易消化吸收。相关研究显示，母乳和牛奶中β-酪蛋白47%的氨基酸序列都是一样的，具有高度的同源性，蛋白质的高级结构和生理活性是高度相似的。β-酪蛋白以胶束形式及单体游离形式同时存在，具有开放柔性的二级结构，既易于被机体吸收，又具有转运和包裹小分子物质（如矿物质）的能力，同时还有分子伴侣功能，保护某些活性成分（如免疫蛋白和免疫因子）避免受热变性和化学变性。因此，母乳中β-酪蛋白与其免疫功能相关。增加配方奶粉中β-酪蛋白的绝对含量，使其接近母乳水平，是配方奶粉科学化的重大进步。经过循证医学研究，强化α-乳清蛋白和β-酪蛋白接近母乳含量的配方奶粉喂养的婴儿，90天后在体重、身长、头围、胸围、大运动、精细运动等方面的发展与母乳喂养儿无差异。β-酪蛋白与一定比例α-乳清蛋白组合使配方奶粉接近母乳水平的配伍和加工技术获得了国家优秀发明专利，这成为全国首家在配方奶粉中采用调整β-酪蛋白技术的奶粉。

罐装与袋装配方奶粉的差异

罐装与袋装的配方奶粉是有区别的，如产品的保存时间、配方奶的价格以及成分等。

|保存|

罐装的奶粉肯定比袋装的奶粉保质期长，一般为2~3年。罐装一般充有氮气，与空气隔离利于奶粉保存，不容易腐败变质，开罐后要求4周内吃完。而袋装不容易保存，保质期大约1年，且运输途中易于破损，开袋后一般要求2周内吃完。

|价格|

罐装相比较袋装的生产成本高，所以价格也比较高。袋装的奶粉比较经济实惠，适用于完全人工喂养能够在较短时间内吃完的孩子食用。

|成分|

有些品牌的奶粉，在保证符合国家规定的强制标准外，其罐装的奶粉与袋装的奶粉添加的营养素种类略有不同，个别营养素添加量也有差别。一般情况下，罐装奶粉中添加的营养素种类和每种营养素添加量比袋装更胜一筹。妈妈可在购买时对比一下成分说明。

如果家长经济实力比较好，最好选择罐装的配方奶粉。因为每个品牌的配方奶粉都是以罐装来代表其品牌的品质形象。如果家庭经济一般，孩子是混合喂养，吃配方奶较少，最好选择密封性好、开封后储存时间较长的罐装奶粉。

如果宝宝喝奶量很大，几天就能喝完一袋，买袋装的更加经济实惠。

如果在宝宝转奶的时候，选择包装量少的袋装奶粉是一个不错的方法。因为转奶的过程较长，选择量少的袋装奶粉更为划算。如果不适合宝宝而弃用也不至于造成比较大的经济损失。

冲调奶粉的标准化操作

"

Q 我的孩子是人工喂养，奶奶帮助我带孩子，她不知道怎样冲调奶粉，我也不太清楚。另外，有人认为"太干净不利于孩子的免疫力增强，孩子反而更爱生病"。如何正确冲调奶粉以及清洁消毒奶具呢？

"

A 给孩子冲调奶粉时，一定要做到干净卫生，注意冲调用水，并且不要随意添加调味料或保健品到配方奶里。

冲调配方奶要严格遵守清洁消毒程序

有的人认为冲调配方奶粉无须严格遵守清洁消毒程序，洗干净奶瓶然后控干即可。虽然有这样认识的人只是一小部分，但这种观点会误导很多家长。本来使用配方奶喂养孩子是一种不得已而为之的办法，这种喂养方式肯定不如母乳喂养安全、可靠、方便，因此必须严格遵照奶具的清洁、消毒程序，才能让孩子健康成长、少生病。不能因为家长的疏忽或者一些错误论点而贻害孩子。为此，世界卫生组织专门发布了一项指导文件：《如何冲调婴儿配方乳粉让您在家用奶瓶喂哺》。

| 母乳是最佳的喂养方式 |

世界卫生组织建议新生婴儿在6个月内应绝对母乳喂养。完全使用母乳喂养的婴儿将为其成长、发展、健康打下坚实的基础。不能进行母乳喂养的婴儿必须有合适的母乳替代品，例如婴儿配方乳粉。

| 最新安全建议 |

婴儿配方乳粉并非完全无菌，它可能含有会导致婴儿发生严重疾病的细菌。正确地冲调和保存婴儿配方乳粉，可以有效地降低患病风险。下面将介绍如何以最安全的方法使用奶瓶冲调婴儿配方乳粉。

| 如何冲调奶粉 |

1. 对冲调奶粉的表面（指工作面）进行清洁和消毒。

2. 用香皂和水清洗双手，然后用干净或者一次性毛巾擦干。

3. 煮些干净的水。如果使用自动电炉，请等到电炉自动断电；如果用锅煮水，请确保水煮至沸腾。

4. 阅读配方乳粉包装上的说明，了解开水和乳粉的调配比例。多于或少于说明的分量都可能使婴儿患病。

5. 请小心被烫伤，将适量的开水倒入干净且消过毒的奶瓶中，水温不得低于70℃（图36），并且煮开后30分钟以上的水不能再用来冲调奶粉。

水温不少于70℃

图36

6.将精确分量的配方乳粉添加到奶瓶的开水中（图37）。

图37

7.轻微摇动和转动奶瓶，使其充分混合（图38）。

图38

8.握住奶瓶放在水龙头下冲洗，或者将奶瓶放在盛放了冷水或者冰水的容器中（图39），迅速将其冷却到适合哺喂的温

度。这样就不会污染到乳汁了，但要确保冷却水的水平面低于瓶盖。

图39

9.使用干净或一次性毛巾擦干瓶子表面。

10.将少量乳汁滴在家长手腕内侧，以便检查温度。应该感觉起来是温热，而不是烫。如果感觉到烫，请继续冷却，然后再哺喂。

11.哺喂婴儿。

12.2小时内未能吃完的乳汁应全部倒掉。

TIPS：冲调配方奶粉是先放水还是先放奶粉

婴儿消化系统发育未成熟，胃容量小，消化吸收与肾脏的排泄功能都不完善，因此配方奶的浓度要尽可能接近母乳，婴儿才能适应。冲调配方奶粉浓度要精确，如先加奶粉，后加水，仍加到预定刻度，奶就浓了；先加水，后加奶粉，奶液会涨出一些，浓度合适。小婴儿吃过浓的奶，胃肠道和肾脏难以承受负荷，因而会发生一些疾病，如消化不良、腹泻、便秘等，发育受到影响。尤其是给新生儿喂过浓的奶液，容易发生消化道出血或肾功能损伤。另外，先放水后放奶粉更有利于奶粉溶解。

警告：切勿使用微波炉加热乳汁。微波炉并非均匀加热，物体会产生"热点"，这可能烫伤婴儿的口腔。

世界卫生组织还强调，如果没有70℃开水冲调乳粉或者孩子急于吃奶，也可以使用新鲜、干净的室温水冲调，最好使用40～50℃温水，不会灼伤婴儿的食道。冲调的乳汁即刻食用，不得存放。2小时以后剩余的乳汁应全部倒掉。

|清洁、消毒和存放|

清洁：

1.用香皂和水清洗双手，然后用干净的毛巾擦干。

2.在热水中彻底冲洗所有的哺喂和冲调工具。使用干净的瓶刷和瓶嘴刷擦洗瓶子和奶嘴内外，确保清除各个死角残留的奶液。

3.用干净的水彻底冲洗。

消毒：（按照厂商的说明）使用市面上的消毒器，或者在锅中用沸水滚煮，对清洁后的工具进行消毒。

1.在大锅内注上水。

2.把清洗后的哺喂和冲调工具放入水中，确保工具完全没入，内部没有残存的气泡。

3.注意，待消毒的玻璃奶瓶要放入冷水，水沸腾后再煮5分钟左右；如果是塑料奶瓶建议水沸后再放入奶瓶，煮3～5分钟。

4.在需要使用哺乳工具时再打开锅盖。

存放：清洗并擦干双手，然后接触消过毒的工具，建议用消过毒的镊子或者奶瓶夹来处理这些工具。如果要提前从消毒器中取出冲调和哺喂工具，请将它们放在干净的地方并盖好。提前从消毒器中取出奶瓶时，请切记把奶瓶全部组装好，这样可以防止奶瓶内部以及奶嘴内外再次受到污染。

TIPS：能用井水清洗奶瓶吗

有的井水中含有的硝酸盐或亚硝酸盐过多，如果不当进食可以引起肠原性发绀，也就是医学上说的"高铁血红蛋白血症"，患者的皮肤黏膜发绀。正常情况下，人体血液里的红细胞内不停地进行着氧化还原过程，并不断产生高铁血红蛋白，但同时又不断地被机体还原，使得高铁血红蛋白始终维持在一个正常的范围内。但是，如果水井中硝酸盐或亚硝酸盐含量高，当用井水冲洗奶瓶后残留在奶瓶中，容易使硝酸盐或亚硝酸盐进入婴幼儿的血液中。即使这些残留对于大人是很少的量，但对于幼小的婴儿也超出了机体的还原能力，造成高铁血红蛋白生成量超出可还原的量。高铁血红蛋白缺乏带氧和释放氧的能力，因而体内高铁血红蛋白多的患儿会出现皮肤和黏膜严重缺氧，发绀，严重者可发展为呼吸衰竭和循环衰竭。

由此我们可以看出，对冲调和哺喂配方奶粉的工具进行清洁消毒处理是多么重要，因为我们生活在充满微生物，包括细菌、病毒和原虫的世界里，而且这些微生物有很多是致病的，甚至可以致死。配方奶粉营养丰富，是细菌最喜欢生存的地方，奶粉和消毒不干净的奶具是细菌最好的培养皿，有利于一些致病微生物的生长和繁殖。另外，配方奶液因为是含有脂肪的液体食物，因此特别容易在奶瓶或者小杯子上挂壁，难以清洗。这些挂壁的死角却成了微生物最好的寄居场所，也是造成里面的奶液受污染的原因之一。为了杜绝配方奶液污染，世界卫生组织详细制定了上述严格的配方奶粉冲调规定和哺喂工具的清洁消毒步骤。

在冲调奶粉的过程和清洁、消毒奶具中，世界卫生组织还强调了操作者的卫生以及操作面的卫生清洁处理。因为任何一个环节的疏忽都会给孩子带来健康隐患。有人可能认为这种言论有点儿言过其实了，但看看每年腹泻流行的季节，医院孩子人满为患的情景，再问问一些腹泻患儿的家长，他们都后悔当初由于自己疏忽才造成孩子今天受罪。孩子的健康就掌握在家长手里，希望家长不要忘记！

当然，我不赞成孩子的一切用品都要用消毒剂来处理，因为这不但污染环境，而且清洗不干净，残留的消毒剂反而会影响孩子的健康。只要严格按照世界卫生组织要求的程序对哺喂工具认真清洗、消毒和哺喂孩子，孩子的健康就会获得很好的保障。

冲调奶粉用水

|冲调奶粉用水有讲究|

婴幼儿作为一类特殊人群，其免疫系统、肾脏等器官还未发育完全，饮食的安全尤为重要，所以使用桶装水冲调奶粉不合适。有些桶装水是矿泉水，含有多种矿物盐，不见得是宝宝发育所需要的矿物质，而且含有矿物盐的总量也不适合婴幼儿的肾负荷。桶装水虽然可以加热，但是没有达到无菌消毒的程度，过多食用不需要的矿物质，容易引起体内矿物盐代谢紊乱，更何况桶装水存在着二次污染的问题，也不安全。

还有一些桶装水是纯净水（包括蒸馏水），无矿物质，不能满足婴幼儿生长发育对矿物质的需求，所以也不宜冲调配方奶粉。

另外，反复煮沸的水也不适于冲调奶粉，因为反复煮沸的水会产生大量的水垢，而水垢中不但含有钙、镁，还含有对人体有害的亚硝酸盐以及重金属物质，如镉、铝、砷、汞等，对人体尤其对婴幼儿是有害的。过多的矿物质还可以在体内积蓄形成结石。经常饮用反复煮沸的水可以引起消化、神经、泌尿和造血系统的病变。

使用经过科学处理、卫生达标的自来水最好，因其符合国家规定的卫生和食用标准。注意要煮沸后使用。

|有的配方奶粉不能用热开水冲调|

一些配方奶粉由于成分方面的原因，如某些作为医疗用途的配方奶粉在水温达到70℃时便无法重组成分。如果这种配方奶粉不提供经消毒的液态食品形式，那么尽可能在需要时使用不超过70℃的温水冲调成新鲜奶液。使用70℃以下的温水冲调的奶液凉至孩子可以接受的温度应即刻食用，不得存放以备后用。2小时后剩余的奶液应全部倒掉。

冲调奶粉时不要随意添加调味料和保健品

首先，不可以在配方奶里加糖。如果在配方奶里加上糖，会使热量增高，势必导致孩子食欲下降、奶量摄入减少，影响各种营养的摄入，同时也容易造成肥胖。另外，过食糖类会造成孩子身体的不适，因为过多的糖在小肠内不能完全吸收，这些未吸收的糖到达结肠后，被结肠菌群分解，产生氨气、甲烷、乳酸、二氧化碳等，孩子会出现腹胀、腹痛甚至腹泻等。孩子长期食用过甜的食物还会产生嗜甜的喜好，容易养成孩子挑食偏食的毛病。目前，配方奶中所含糖的比例国家都有强制规定，这样的含糖量不会

引起孩子的不适。

其次，不可以随意在配方奶里加蛋白粉。安徽阜阳劣质奶粉事件被媒体揭发出来以后，人们知道了造成"大头娃娃"的根本原因是配方奶粉中的蛋白质含量偏低，根本就达不到孩子发育的需要。个别的奶粉蛋白质的含量只有0.34%，几乎与白水差不多。蛋白质是构成人体组织，合成各种酶、激素和免疫物质，用于新生和修复机体组织的有效成分，也是人体能量的主要来源。蛋白质是生命的物质基础，没有蛋白质就没有生命。但对于婴幼儿来说，也不是蛋白质越多越好。蛋白质过多摄入，导致婴幼儿的体液呈高渗透压状态，容易引起婴幼儿坏死性小肠结肠炎。由于大量的蛋白质摄入，使得体内蛋白质的分解大于吸收，造成肠道和肝脏过高的负担。过多的蛋白质分解产物从肾脏排出，使得发育不健全的肾脏负荷增高，可以导致高血压等心血管疾病。因此，我国规定婴幼儿配方奶粉每100g中蛋白质含量是10～20g。

鲜牛奶中的蛋白质是母乳中的2倍。为了使配方奶粉更接近母乳，厂家将鲜牛奶中过高的蛋白质进行了加工，以符合婴幼儿的生理需要。可见，在配方奶粉中添加蛋白粉来喂养孩子是一个大错误，这样会给婴幼儿发育不健全的肝脏和肾脏造成过重的负担，对身体有害。用蛋白粉代替配方奶粉来喂养孩子更是错

误的，因为孩子生长发育所需的营养素大约是四十余种，不是一种蛋白质就能够满足的，而且缺乏任何一种都会导致相应的疾病发生。

这样换配方奶粉，宝宝更容易接受

Q 我的宝宝已经7个月了，原先吃的是第一阶段的配方奶粉，现在应该换成第二阶段的配方奶粉了。请问应该如何换奶粉，孩子更容易接受？

A 1岁之内的孩子如果转换配方奶粉，可以遵循以下2种办法。

● 混合置换：假如孩子一顿吃3勺第一阶段奶粉，可以先每顿2勺第一阶段奶粉、1勺第二阶段奶粉冲调，观察3～4天。如果孩子消化良好，那么每顿1勺第一阶段奶粉、2勺第二阶段奶粉，观察3～4天。如果孩子消化良好，就可以3勺完全是第二阶段奶粉，建议继续观察3～4天，一切正常后就说明完全换过来了。整个置换过程大约需要10天。如果在置换的过程中孩子出现消化不良，建议观察的时间延长，待大便正常后再进一步置换，或者每次先少量置换，如半勺半勺置换。

● 一顿一顿置换：假如孩子一天吃4顿奶，可以先用第二阶段的配方奶粉置换其中一顿，观察3～4天。如果孩子消化良好，就可以再多置换一顿，再观察3～4天。如果孩子消化得还是不错，就这样反复置换，直至换完。如果在置换的过程中孩子出现消化不良，可以延长观察时间，大便正常后再继续置换。

另外，家长还要注意，不要给孩子频繁换配方奶粉。有些家长在孩子进食配方奶粉过程中，确实存在一些误区需要纠正：

● 认为经常换不同品牌的奶粉，互相弥补缺陷，营养会更全面。凡是著名的营养品公司生产的配方奶粉，其配方都有一定的理论根据，都有一定的儿科营养专家支持，其系列的配方奶粉都是根据孩子不同的年龄段对营养需求的不同而设置的不同配方。因此，最好吃一个品牌的系列奶粉。

● 家长跟着商品广告走，尤其是当某一个品牌的奶粉与另一种奶粉厂家由于不正当的竞争而互相诋毁时，家长轻信，立刻转奶（马上停原来的奶改成新选择的奶）。但是，由于1岁以内的孩子消化道机能不健全，这样频繁转奶很容易引起孩子消化道的不适应，而致呕吐或腹泻。个别的小婴儿经过一次腹泻后，由于治疗得不彻底，往往埋下了经常腹泻的隐患。因此，家长要有一个冷静的头脑，仔细分析，只要不是自己孩子吃的配方奶品牌有问题，就不要轻易给孩子转换奶粉。

可以用其他食物替代配方奶吗

Q 我因为身体的原因不能用母乳喂养孩子。现在孩子已经7个月了，一直吃配方奶粉，但是近来孩子大便干燥，婆婆说孩子吃配方奶粉火气太大，让宝宝改吃其他流食，像牛奶、羊奶、米汤、炼乳、酸奶等，这能行吗？另外，可以用中药"七星茶"冲调奶粉吗？

A 1岁以内的孩子是不能用鲜牛奶作为替代母乳的代乳品的，因为鲜牛奶不适合1岁以内孩子食用。而羊奶、炼乳、酸奶和米汤等食物都不能替代母乳或配方奶给孩子喝，更不能用七星茶冲调奶粉。

鲜牛奶

鲜牛奶有很多弊病，首先蛋白质含量过高，大约是母乳的2倍，小婴儿的肾脏发育不成熟，容易加重肾脏负担。其次，鲜牛奶中的蛋白质主要是由酪蛋白和乳清蛋白组成，以酪蛋白为主。酪蛋白的分子大，在胃酸的作用下形成不容易消化的乳凝块。再次，虽然鲜牛奶中钙的含量高，但是钙磷比例不合适，磷的含量高，影响钙的吸收。而且，铁的含量低，磷的含量高也影响铁的吸收，长期食用会引起孩子钙的缺乏和缺铁性贫血。最后，鲜牛奶中的脂肪主要是饱和脂肪酸，容易在胃酸的作用下与钙形成皂化块，引起大便干燥。而且，牛奶中的钠、钾等离子过高，会造成肾负荷加大，引发婴儿猝死综合征。有的人为了新鲜，用刚挤出没有进行消毒处理的牛奶喂孩子。这是很危险的，因为牛奶最容易受污染，如结核杆菌、链球菌、伤寒杆菌、布氏杆菌等都能通过牲畜和人手的媒介侵入奶中。有的牛奶中的抗生素或黄曲霉素含量过高，没有经过专业的检验直接给婴幼儿饮用，很容易引起过敏反应或疾病的发生。

配方奶粉是根据人的营养需要进行配制的，尤其是婴儿奶粉，必须接近母乳，因此根据母乳中的成分对牛奶进行强化加工。例如，将乳清蛋白和酪蛋白的比例配

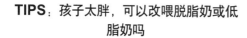

TIPS：孩子太胖，可以改喂脱脂奶或低脂奶吗

脂肪对于人体具有重要的生理功能，除了供给人体能量外，还是构成人体组织的成分，如磷脂、糖脂和胆固醇可以构成细胞膜，而且胆固醇还是合成类固醇、维生素D的重要原材料。脂肪还能促进脂溶性维生素A、维生素D、维生素E、维生素K的吸收，维持体温，保护体内脏器，增加人体饱腹感，使人不易发生饥饿。人体从脂肪中获取的能量占每天总能量的30%～50%。年龄越小需要的脂肪越多，孩子出生后头2个月增长每千克体重需6～7g脂肪，6个月才降至4g，3～4岁降至3～3.5g，因此脱脂和低脂奶不能满足正在生长发育的婴幼儿需要的能量。婴幼儿只能依靠大量饮用脱脂或低脂奶液才能满足能量摄取，可是正常状况下他们是无法饮用如此多的量的，而且大量饮用的结果会造成矿物质摄取过高，增加肾脏负荷，因为肾脏必须将多余的矿物质排出。再说，宝宝最好还是吃相应阶段的婴儿配方奶。如果家长觉得孩子太胖，应该增加孩子的活动量，同时家长注意不要过度喂养，随着孩子学会了爬行，应该以维持正常体重为喂养标准即可。

制成如母乳一样，即60：40，并且将乳清蛋白中的主导蛋白——α-乳清蛋白的添加量提高，使其更加接近母乳；将饱和脂肪酸换成不饱和脂肪酸；加强钙、铁、锌、维生素D等人体必需的矿物质和维生素的含量，调整了钙磷的比例，使得配方奶更容易被孩子肠胃吸收。为了满足孩子神经系统发育的需要，一些配方奶粉还像母乳一样添加了同样比例的DHA和AA。同时也添加了抗感染物质，如维生素A、牛磺酸、部分核苷酸等。

但是，由于生产工艺或成本原因，不同的配方奶粉营养成分是不一样的，因此家长选择配方奶粉一定要仔细看营养成分表，不要仅听厂家为促销使用的片面宣传。无论配方奶粉怎么配制，永远也不及母乳的营养，因此只要有条件还是母乳喂养好！

另外，任何一种配方奶粉都有自己的调制方法，应该遵照奶粉的调制说明冲调。而且，为了孩子健康，不能用七星茶冲调奶粉。

鲜羊奶

不可直接喂食鲜羊奶，因为羊奶中蛋白质含量高，大约是母乳的2倍，酪蛋白和乳清蛋白的比例也不合适，酪蛋白占据了75%～85%之多。酪蛋白的分子大，在胃酸的作用下会形成不易消化的乳凝块。羊奶含有的矿物盐比牛奶还高，小婴儿的肾脏发育不成熟，会加重肾脏负担。另外，羊奶中缺乏维生素B_{12}、叶酸、维生素C、维生素D，铁的含量也很少，而且钙磷比例不合适，磷的含量高，不利于钙的吸收。长期食用鲜羊奶，婴幼儿易发生营养不良性贫血或佝偻病。羊奶中糖的含量低，不能满足孩子生长发育对热量的需求。尤其是刚挤出来的羊奶没有经过灭菌消毒处理，很难保证食用的安全。因此，孩子是不能食用鲜羊奶的。

炼乳

炼乳是一种牛奶制品，是将鲜牛奶蒸发至原容量的40%，再加入40%的蔗糖装罐制成的。婴儿能母乳喂养的应母乳喂养，由于种种原因不能用纯母乳喂养时建议首选婴儿配方奶粉，以满足婴儿生长发育对营养的需求。以炼乳代替配方奶给孩子吃显然是不对的。炼乳太甜，经过稀释后蛋白质和脂肪的浓度含量降低，喂食炼乳不能满足婴幼儿对营养的需求，长期食用会造成孩子营养不良，严重影响生长发育。所以，千万不要用炼乳喂孩子，否则将影响孩子一生。

酸奶

1岁之内的孩子不建议吃市售的酸奶或酸奶饮料。酸奶是用纯牛奶为原料，在消毒灭菌后加上蔗糖和乳酸菌发酵制成的，有的产品还添加增稠剂、防腐剂、香味剂和甜味剂等，而且牛奶中高蛋白、高矿物质以及高渗透压不适合这个阶段的孩子食用。更何况，市售的酸奶含有这么

多的添加剂，更不适合1岁内婴儿吃。中国营养学会编写的《中国居民膳食指南（2016）》明确提出，对于1岁之内的孩子不建议吃液态牛奶，应该吃相应阶段的配方奶粉，因为配方奶粉为了接近母乳改造了牛奶的成分并且添加了各种营养素。另外，市场上还存在一种酸奶饮料（又叫含乳饮料），其在加工过程中除了添加了稳定剂、甜味剂、防腐剂、香精和水以外，蛋白质含量只要不低于0.7%～1.0%就可以上市，营养价值大大降低，更不适合1岁内的孩子吃。

如果孩子目前还不能适应配方奶，我建议用目前孩子吃的配方奶制作成酸奶，孩子可能就比较容易接受。操作十分简单，买一台酸奶机，将冲调好的配方奶放进消毒好的器皿中，加上乳酸菌制剂（市面上有出售制作酸奶的乳酸菌），盖上盖子，一同放进酸奶机中，设定好时间就不用管它了，到时间取出做好的酸奶即可。家长还可以在酸奶中加上一些水果泥，我想孩子肯定也会很喜欢吃。

米汤

小婴儿是不能单纯喂米汤的。

● 孩子出生后消化器官发育不成熟，功能不健全，唾液腺发育也不成熟，唾液分泌较少，含有的淀粉酶很低，不利于淀粉消化。4～6个月以后唾液腺逐渐发育完

善，唾液分泌量增加，唾液中淀粉酶也逐渐增加，消化淀粉的能力增强。另外，胰淀粉酶活力在4个月后才达到一定水平，所以4个月以下的婴儿不具备消化淀粉的能力。

● 3岁之内，尤其是1岁之内是孩子快速发育的阶段，其中大脑到3岁的时候重量是出生后的3倍，为1200g（成年人是1500g），这些组织生长主要依靠蛋白质。具体来说，母乳喂养足月儿每天需要的蛋白质是1.2g/kg体重，早产儿需要的更多。早产儿出生30天后，母乳对于快速生长发育的早产儿来说蛋白质等物质的含量相对不足，此时必须添加早产儿配方奶或者人乳强化剂。早产儿配方奶中蛋白质含量至少为2g/100mL，而且以乳清蛋白为主。米汤中不可能含有这么多蛋白质，因为谷类食物中蛋白质的含量为8%～10%，主要是植物性蛋白，其蛋白质的品质低于动物性蛋白。如此喂养就会出现类似安徽阜阳"大头娃娃"的情况，因为低蛋白质血症造成脑组织水肿，这样的孩子即使经过治疗，恐怕也难以恢复正常的脑组织结构，造成终身智力低下。

● 米汤属于辅食，过早添加辅食容易引发孩子过敏。因为小婴儿肠壁通透性高，小食物分子很容易通过肠壁进入血液中成为致敏原，诱发孩子过敏症发生。所以，世界卫生组织和《中国居民膳食指南（2016）》都建议小婴儿应该满6个月再开始添加辅食。

● 谷类食物中缺乏孩子生长发育的必需氨基酸——赖氨酸。

● 进食大量米汤使孩子体内植酸和磷的含量增加，造成2价元素吸收不好，例如钙、铁等，引发佝偻病或者贫血。

所以，不能用米汤来喂养6个月内的孩子，而且7个月以上的孩子也不能用喂食米汤来代替奶的营养。

孩子多大可以吃其他奶制品

Q 我的小孩原来是纯母乳喂养，断母乳后一直不肯喝配方奶。为了给孩子补充钙质，可以用其他的奶制品来代替配方奶吗？

A 1岁以后孩子可以吃其他的奶制品，例如奶酪、酸奶等。酸奶是鲜奶或者还原奶经过乳酸菌等发酵而成。发酵过程使奶中糖、少部分蛋白质被分解成半乳糖和乳酸、小的肽链和氨基酸等，使得奶液成为微细的凝乳。牛奶中脂肪含量一般是3%～5%，经发酵后，脂肪酸可比原料奶增加2倍。这些变化使酸奶更易消化和吸收，各种营养素的利用率得以提高。牛奶发酵，除保留了牛奶的全部营养成分外，在发酵过程中还可产生人体营养所需的多种维生素，如维生素B_1、维生素B_2、维生素B_6、维生素B_{12}等，易于消化吸收，提高了钙、磷、铁的利用率。同时，对于那些缺乏乳糖酶，喝了牛奶容易腹胀、腹泻的人（也就是乳糖不耐受者）就能进食"牛奶"了。酸奶能有效地抑制肠道内腐败菌和致病菌的繁殖和成活，阻止有害物质的产生。

但酸奶对于1岁以内的小婴儿来说就不适宜了，因为酸奶只相当于牛奶的营养成分，不能满足婴儿生长发育对营养的全面需求。小婴儿应食用其相应年龄段的配方奶粉作为主要的热量来源。

奶酪与酸奶一样都是发酵的牛奶制品，因为奶酪是近似固体食物，每千克奶酪制品是由10kg的牛奶浓缩而成，被誉为乳品中的"黄金"。奶酪含有丰富的蛋白质、脂肪、钙、磷、多种维生素和大量的益生菌等营养成分，胆固醇含量相对比较低，是具有极高营养价值的乳制品。奶酪中的蛋白质通过发酵分解后，很容易被人体消化吸收，吸收率高达96%～98%。奶酪也是最佳的补钙食品，含钙量最多，所含的钙质以游离态存在，极易被人体吸收。每天食用奶酪，能帮助幼儿骨骼生长发育。另外，经常摄入含有奶酪的食物能大大增加牙齿表层的含钙量，从而起到抑制龋齿发生的作用。1岁以内的宝宝不适合吃奶酪，因为奶酪中饱和脂肪酸含量高，宝宝消化机能还比较薄弱，不容易消化这些物质。1岁以上的宝宝最好选用液态或半固态的奶酪，方便涂抹在面包上或混在蔬菜中。奶酪也不可吃得过多，否则有饱胀感，影响其他食物的摄入。选择奶酪时需要注意脂肪含量和盐的含量，肥胖的宝宝适于选用低脂肪的品种。奶酪比较耐储藏而且始终处于发酵过程中，但是时间太长了也会变质，所以选择奶酪时，需要注意保质期。同时也要注意奶酪中盐的含量，尤其是一些再制奶酪，含盐量都比较高，幼儿不建议吃含盐量高的奶酪。

如果孩子现在还不满1岁，尽量帮助孩子逐渐接受配方奶粉。中国营养学会编著的《中国居民膳食指南（2016）》建议，对于没有用母乳喂养或已经断奶的1岁以内的小儿，每天应按照不同月龄段给予相应阶段的配方奶粉，不宜直接喂食普通液态奶。

另外，如果孩子1岁以后能够坚持母乳喂养是最好的，因为世界卫生组织建议母乳喂养可以到2岁或者以上。对于13～24个月的宝宝不能母乳喂养，可以选择相应阶段的配方奶粉。这是因为鲜奶、酸奶、奶酪等奶制品中蛋白质和矿物盐的含量均高于母乳，会增加幼儿的肾脏负担。因此，《中国居民膳食指南（2016）》明确提出，13～24个月的宝宝进食鲜奶、酸奶、奶酪等奶制品时，"可以将其作为食品多样化的一部分而逐渐尝试，但建议少量进食为宜，不能以此完全替代母乳或配方奶"。所以，我还是建议1～2岁的幼儿吃相应阶段的配方奶，2岁后逐渐进食普通牛奶、酸奶等奶制品。

如何进行混合喂养

"

Q 我因为产假过后需要上班，工作压力比较大，而且工作单位距家比较远，因工作性质背奶困难，母乳日渐减少。我想给孩子添加配方奶，请问应该如何进行混合喂养?

"

A 我建议母亲尽量通过热敷、按摩和孩子勤吸吮等方式增加母乳量，只要有信心，我想母乳量还是会增加的。当然，如果确实不能坚持纯母乳喂养或者母乳确实不够的话，也可以采取混合喂养的方式。我国法律规定产假不少于98天，2015年我国不同省份产假规定从最长的180天到最短的128天不等。根据当地产假时间，建议上班前1个月必须让孩子逐渐习惯配方奶粉的味道。孩子3个月左右的时候，味觉已经相当发达，而且口腔也习惯母亲柔软的乳头，孩子会拒绝配方奶粉和奶嘴的。如果孩子不能接受奶嘴和配方奶的话，可以试着用小杯子喂奶，先从少量加起，只要坚持并有耐心，孩子会逐渐接受配方奶的。

混合喂养有2种方法。

1.补授法。适用于6个月以下母乳喂养不足的婴儿。每次先吃母乳，将乳房吸空，然后补授配方奶粉。补授的乳量可根据母乳量多少及婴儿的食欲大小来确定。先按小儿需求让他吃饱，几天后就能了解婴儿每次所需补充的乳量。这样每次喂奶都使乳房吸空，有利于刺激乳房不断分泌乳汁，使母乳量逐渐增加。这种方法适用于母乳确实不够，与婴儿整天在一起的妈妈。

2.代授法。适用于母乳量充足，但因为特殊原因乳母不能按时给婴儿哺乳。只能应用配方奶代替一次或几次母乳喂养。在用奶粉代替母乳时仍应将乳汁吸出，置消毒奶瓶中冷藏，并在1天之内喂给婴儿吃。这样按时吸空乳房，以保证下一顿乳汁再分泌，不致使其逐渐减少。这种方法适用于上班或外出的妈妈。

2种方法中，就增加产乳量来说以补

授法较好。混合喂养每日喂哺次数与母乳喂养相同。

特殊宝宝的奶粉需特殊对待

扫码看视频5

Q 目前对于一些婴幼儿的特殊疾病有多种医疗用途的奶粉，这些医疗奶粉为孩子的健康成长做出了很大的贡献，请说说医疗配方奶粉的种类有哪些。

A 目前常用的医疗用途奶粉包括以下几种。

针对牛奶蛋白过敏宝宝的奶粉

|水解蛋白配方奶粉（低敏配方奶粉）|

水解蛋白配方奶粉是指经过特有的水解技术，将牛奶中的蛋白质（包括酪蛋白及最容易引起牛奶过敏的β-乳球蛋白）水解成分子较小的肽链，这样便可大大降低牛奶的致敏性，但不影响氨基酸的含量。其渗透压低，不通过胃肠道消化可以直接吸收，且含渣量少或无渣，可以减少宝宝的粪便量，适用于对牛奶蛋白过敏的宝宝，也是医生喜欢选择的一种具有治疗

意义的奶粉，但是价格比较贵。

根据蛋白的水解程度，水解蛋白配方奶粉可分为部分水解蛋白配方和完全水解蛋白配方。蛋白水解得越完全，致敏性越低。

完全（深度）水解蛋白配方奶中的蛋白质被水解为短肽和氨基酸。其中，氨基酸没有过敏原性，短肽比适度水解配方粉中的肽链更短，这种小剂量的低过敏原性的短肽基本不会造成过敏反应。但完全（深度）水解蛋白对脂肪的溶解性差，影响对脂肪的吸收，可用于大部分轻到中度牛奶蛋白过敏的饮食治疗。所以，对已经确定对牛奶蛋白过敏的宝宝，建议选用完全（深度）水解配方奶3~6个月，之后再视情况调整。

部分水解蛋白配方奶是通过专门的蛋白水解工艺，把高致敏性的普通牛奶蛋白变成低致敏性的小分子蛋白，从而减少宝宝过敏的风险，只能用于食物过敏的饮食预防。它与普通牛奶配制的配方奶粉相比，营养成分相同，过敏原含量少，比起完全（深度）水解配方奶粉和氨基酸配方奶粉，味道也更可口，容易被宝宝接受。

部分水解蛋白配方奶粉主要用于预防蛋白质过敏，目前只被推荐给那些父母双方或至少一方有过敏史的所谓有高风险的宝宝。还可用于治疗宝宝牛奶蛋白过敏期间从完全（深度）水解蛋白配方奶至普通配方奶的过渡。

水解蛋白奶粉的味道可能不如普通婴幼儿配方奶粉。使用时可直接停用原配方奶粉更换成水解蛋白奶粉，但是从水解蛋白奶粉换回一般婴儿配方奶粉时，则需采用渐进式换奶方式或者使用适度水解奶粉过渡到普通婴儿配方奶粉。

｜氨基酸配方奶粉（无敏配方奶粉）｜

蛋白质的基本单位是氨基酸，是由完全游离的氨基酸按一定配比制成的，故不具有过敏原性。人体摄入的食物蛋白在体内首先需分解为氨基酸，然后才能被机体吸收及利用。氨基酸配方奶粉是将植物氨基酸混合配方，对婴儿肠胃没有刺激，无致敏性，适合对蛋白质过敏的婴儿食用以及作为对牛奶蛋白过敏的辅助诊断用。与完全（深度）水解蛋白奶粉相比，氨基酸配方奶粉在预防蛋白质过敏方面效果更好。因为氨基酸配方奶粉既无牛奶蛋白也无乳糖，所以也可以给乳糖不耐受患儿食用。氨基酸奶粉是把蛋白质处理得最彻底的配方粉，而且来源是植物蛋白，所以等于彻底规避了牛奶蛋白这个过敏原。但是，牛奶蛋白过敏的宝宝最好不要长时间用氨基酸配方奶粉，因为氨基酸配方奶粉的植物蛋白来源长时间食用会使肠道对蛋白质的消化吸收能力减弱，不利于宝宝以后慢慢恢复正常饮食。氨基酸配方奶粉推荐给严重牛奶蛋白过敏、不耐受完全（深度）水解蛋白奶粉的婴儿食用。

无乳糖配方奶粉（防腹泻奶粉）

该奶粉主要用于原发性乳糖不耐受和继发性乳糖不耐受的婴儿。患这种病的孩子因为乳糖酶缺乏或者乳糖酶活性减低，所以饮用含有乳糖的配方奶会引起腹泻而且长期不愈，需要选用不含乳糖的配方奶粉。其配方奶粉中的糖多以葡萄糖多聚体、蔗糖、麦芽糖糊精、玉米糖浆等来代替乳糖。继发性乳糖不耐受的患儿食用无乳糖配方奶粉大便正常后，还要继续食用2~3周，待小肠绒毛上的乳糖酶完全修复后才能停用。置换回普通的配方奶粉需要采用渐进式换奶方式。

低（无）苯丙氨酸配方奶粉

这种奶粉是针对苯丙酮尿症患儿食用。苯丙酮尿症是由婴儿苯丙氨酸代谢障碍引起，是一种常染色体隐性遗传疾病，因此需要限制饮食，治疗必须从新生儿或婴儿早期开始，才能避免对神经系统的损伤。因此，这类患儿需要选用低（无）苯丙氨酸水解蛋白的配方奶粉。

很多食物都可诱发孩子的食物过敏反应，而引起过敏的食物过敏原几乎都是蛋白质。小儿最常见的食物过敏原为牛奶、鸡蛋、大豆。目前，虽然有以羊奶为基质的配方奶粉面市，但是因为产量低、价格昂贵，很难被一般家庭接受。对牛奶蛋白过敏的孩子食用以羊奶为基质的配方奶粉，不能保证百分百预防过敏发生。因为食物间存在交叉反应性，不同的蛋白质可有共同的抗原决定簇，所以至少 50% 对牛奶过敏的人也对山羊奶过敏。例如，牛奶中引起过敏的主要是 α-S1 酪蛋白，虽然山羊奶中 α-S1 酪蛋白含量已经降到 1%～3%，有些经过处理的配方羊奶粉能降到 0.5% 左右，但是它不可能完全消失。因此，对 α-S1 酪蛋白敏感的孩子在改用羊奶粉后仍有可能会发生过敏反应。

对牛奶蛋白过敏的孩子多达半数对大豆蛋白也很敏感。2006 年，欧洲儿童胃肠营养学会发布的《儿童喂养指南》中明确指出，大豆蛋白配方粉不能用于 6 个月以下食物过敏的婴儿。美国儿科营养学会从 1983 年起也不推荐用大豆蛋白作为食物过敏患儿的首选营养来源。

目前，国际食品法典委员会发布的《婴儿配方粉成分的全球标准》中提出："来源于除牛以外其他动物乳汁的蛋白质，以及来自于不同植物的蛋白质都有潜在的可能用于婴儿配方粉，但每种蛋白质的适用性和安全性都应得到充分的评价并被记录下来。不推荐在标准中使用除牛乳以外的其他动物蛋白。至今国际上发表的大多数文献仅局限于对以牛乳或大豆蛋白为原料的婴儿配方粉进行的评价。"

因此，对牛奶蛋白过敏的孩子，建议还是在医生指导下选择完全水解配方奶粉或者氨基酸配方奶粉。

牛奶过敏会引起大便微量出血吗

"

Q 在宝宝第一次体检时，大便潜血化验呈阳性，医生说可能是牛奶过敏引起的消化道出血，这是真的吗？以后孩子还能吃含有牛奶的食品吗？

"

A 牛奶过敏是可以引起消化道出血的。

过敏性疾患属于变态反应性疾病，是人接触了某种物质（变应原），刺激了少数敏感者体内产生特异性抗体IgE。特异性抗体IgE很快结合于体内肥大细胞表面，使得机体处于致敏状态，这种变应原即为抗原。当相同抗原再次进入机体无论是牛奶还是婴儿的配方奶粉中的蛋白质都可能含有不同的变应原（过敏原），几乎所有的食物变应原都是蛋白质，经过加热可以使牛奶或配方奶粉中的变应原性减低，但是不可能完全消除所有的变应原，所以还会引起过敏。

就有可能发生过敏性休克、哮喘、过敏性鼻炎、荨麻疹、血管性血肿，严重者可发生死亡。食物中仅有一部分成分具有变应原性，牛奶中的蛋白质含有至少5种具有变应原性（酪蛋白、β-乳球蛋白等）成分，只不过每种成分的含量不同，其中以酪蛋白、β-乳球蛋白变应原性最强（即最容易引起过敏）。牛奶蛋白作为一种过敏原，可以引起消化道平滑肌痉挛，消化道的黏膜发生水肿、渗出、糜烂，并导致出血。有的孩子可以出现烂便、水样便并伴有黏液和血。但粪便中的血通常不易被察觉，长期下来有可能形成缺铁性贫血。婴儿配方奶粉多是以牛奶蛋白为基质，所以也不能避免过敏反应发生而引起消化道出血。

避免牛奶过敏症的最好办法就是母乳喂养，而且最好能持续到2岁或以上。一旦确定对牛奶过敏，立刻停止喂牛奶、以牛奶为基质的配方奶粉以及任何含有牛奶的制品。如果因各种原因不能进行母乳喂

养，可以在儿科医师的指导下食用完全水解蛋白配方奶粉和氨基酸配方奶粉。

需要注意的是，食物中所含的过敏原还可能引起交叉性过敏反应，就是对某种食物过敏的人对另一种食物也过敏，这是因为不同的蛋白质可具有共同的抗原决定簇，使变应原具有交叉反应性，从而导致了不同的食物会发生相同的食物变态反应。比如，50%对牛奶过敏的人可能对羊奶也过敏。植物的交叉反应性比动物明显，如对大豆过敏的人，也可能对其他豆科植物像扁豆、苜蓿等过敏。因此，牛奶过敏也会增加对其他食物过敏的概率。确诊对牛奶蛋白过敏的孩子当转换其他基质的奶粉时，需要仔细询问医生后再换奶。对于高致敏婴儿如果是母乳喂养，那么乳

虽然食物变应原存在着交叉反应性，但是交叉反应不存在于牛奶和牛肉之间，也不存在于鸡蛋和鸡肉之间，所以对牛奶蛋白过敏的孩子是可以吃牛肉的。

对牛奶蛋白过敏的孩子，家长在为孩子选择食物的时候，一定要注意食物标签上的配料表，厂商有可能在食品中加入牛奶做调味。另外，不但要注意配料中是否含有牛奶，还要看是否含有牛奶的相关食品，例如乳酪、酸奶、冰激凌、酪蛋白、酪蛋白盐类和乳清蛋白。不要让孩子接触任何牛奶和牛乳制品。

母应尽量禁食牛奶、鸡蛋、鱼虾以及一些坚果，因为这些物质会经由母乳进到宝宝的肠道中，较易诱发宝宝过敏（并不常见，但有可能发生）。母乳需要考虑补充其他食品替代，或者额外补充钙等矿物质以及维生素。

食物的变态反应在生后最初几年最常见，如果以后无相同的抗原再次进入，致敏状态持续半年至数年后消失，大多数患儿到了2～3岁就对该食物产生耐受，症状随之消失。如果经过化验特异性抗体IgE升高的话，可能持续时间较长，需要高度警惕过敏发生。如果避免食物变应原不彻底，致使孩子十几岁后敏感性依然存在。另外，对许多食物有变态反应的婴儿，尤其是高致敏家族的婴儿以后有可能会发生其他特应性疾病，如变应性哮喘、变应性鼻炎、变应性皮炎等。因此家长不要吸烟，不要在室内养宠物，保持室内环境的清洁卫生十分重要。

素食家庭喂养

/3

素食妈妈如何进行母乳喂养

"

Q 我们的家庭是以素食为主，母乳喂养的孩子如何弥补因为素食给孩子带来的营养缺陷？

"

A 素食的妈妈和非素食的妈妈的母乳是不一样的。一般母乳中维生素和矿物质的含量与乳母膳食供应的种类与数量有密切的关系。母亲如果是严格素食者，就会导致蛋白质、B族维生素、矿物质以及一些必需脂肪酸等物质的摄入减少，势必影响母乳中的成分和质量。例如，母乳中维生素B_{12}浓度降低，婴儿也会继发缺乏。母乳中维生素D浓度低和日光照射不

足的婴儿又不及时补充维生素D，也会发生维生素D摄入不足，而致婴儿佝偻病。同时，大量摄入谷类食物也会降低铁、钙、锌的肠道吸收，所以母乳中也会缺乏相应的矿物质。由此可见，素食者的纯母乳喂养儿需要额外补充以上缺乏的营养素。

素食妈妈需要每天至少摄入12种食物，而每周至少摄入25种。虽然谷类食物可以提供碳水化合物、一少部分的B族维生素、矿物质和膳食纤维，但远远不够。因此，素食妈妈应补充一些含有这些营养物质的植物食品，如玉米、豆类、豆制品（包括发酵豆制品，因为发酵豆制品可以合成少量的维生素B_{12}）、鸡腿菇、红菇、菠菜、芹菜、大枣、芥菜、豆荚、紫

180

菜、海带、坚果。推荐食用油选择大豆油或者菜籽油进行烹调，使用亚麻酸油或紫苏油拌凉菜。每天口服DHA制剂200mg以及补充维生素B_{12}。如果父母素食，添加辅食后的孩子也吃素食，将给孩子的健康带来永久的损害。

素食家庭人工喂养或混合喂养指导

Q 由于家庭的特殊原因，我们一家都是素食，而且我母乳很少，必须采取混合喂养，请问我该给孩子吃什么奶？

A 母乳喂养是最佳选择，因此建议增加吸吮母乳的次数，使泌乳量增加，同时适当给孩子和乳母补充一些因为素食可能缺乏的营养素，孩子就可以健康地成长。如果母乳确实不够需要添加配方奶的话，建议选择以大豆蛋白为基质的配方奶粉，因为不含动物性产品，但是这种配方奶粉只能吃到1岁。

素食的宝宝容易缺乏维生素 B_{12}

Q 我朋友产后为了减肥一直吃素食，宝宝母乳喂养。给孩子添加辅食也是素食，结果孩子虽然很胖，但是面色苍白，显得很木讷。医生认为这是维生素B_{12}缺乏导致的巨幼红细胞性贫血。这是怎么回事？

A 水溶性的维生素B_{12}是人体不可缺少的营养素。6个月内的婴儿因为体内肝脏储存了一定量的维生素B_{12}，可能没有表现出任何症状。6个月以后因为体内储存的维生素B_{12}消耗完又没有及时添加辅食，或者辅食是素食，就会导致巨幼红细胞性贫血（一种斑状、弥漫性的神经脱髓鞘的进行性神经病变），出现一系列的消化道和神经系统的症状。早期可能表现出厌食、恶心、呕吐等消化道症状，大便微绿、稀薄有黏液，孩子全身皮肤逐渐呈蜡黄色，轻度黄疸，口唇、指甲和眼睑苍白，颜面部呈轻度非可凹性浮肿，表情呆滞，反应不灵敏，少哭不笑，嗜睡，不认亲人，对于喜欢的食物也没有情绪表示，这类孩子俗称"泥膏样娃娃"。这些孩子大运动，如坐、爬、行走等，发育晚或者出现倒退现象，可能还表现出不规则的震颤、肌无力等神经系统症状。一些家长刚开始不加以注意，当出现神经系统症状时才发现，这样会严重影响孩子的大脑发育。

维生素B_{12}富含于肉类、鱼、贝壳类、禽、乳类和蛋类中，植物性食品中基本不含维生素B_{12}。为了让宝宝从乳汁中获得丰富的维生素B_{12}，乳母必须多吃以上食物，才能满足孩子发育的需要。对于已经添加辅食的孩子，除了从配方奶和母乳中获得维生素B_{12}外，还需要在辅食中注意添加以上食物，满足孩子生长发育和神经系统的发展。不要盲目减肥而完全素食，这样既不利于乳母的身体健康，更贻害宝宝。

早产儿喂养

早产儿分类及喂养指导

"
Q 我的孩子是33周出生，体重1900g，医生说我的孩子属于中危早产儿，我很紧张。请问早产儿是根据什么来进行分类的？我们该如何喂养？
"

A 因为早产儿胎龄小，体重低，出生的时候没有到预产期，各个器官发育还没有成熟，出生后很可能发生并发症，或者由于出生后没有完成追加生长，营养缺失，不但可能会出现生长缓慢，而且成年以后也是发生代谢综合征的高风险人群。所以，早产儿出生后在医院和出院后进行营养风险评估，以及根据评估对其进行营养管理是十分重要的。

《中华儿科杂志》编辑委员会、中华医学会儿科分会新生儿学组和儿童保健学组在《早产、低出生体重儿出院后喂养建议》中对早产儿根据危险因素进行评估，并依据胎龄和体重进行分类：

● 高危早产儿，胎龄＜32周，出生体重＜1500g；

● 中危早产儿，胎龄32～34周，体重1500～2000g；

● 低危早产儿，胎龄＜34周，体重＞2000g。

另外还需要注意以下6点：

1.是小于胎龄儿还是适于胎龄儿，有没有宫内生长迟缓，小于胎龄儿属于高危儿；

2.是否经口喂养；

3.出院时每天奶量摄入是否达到150mL/kg体重；

4.出院前体重增长是否达到标准，是否＞25g/天；

5.出院时候体重、身长、头围与同胎龄胎儿比较，是否发生生长迟缓；

6.有没有并发症，如支气管、肺发育不良，消化道结构畸形，坏死性小肠结肠炎，代谢性骨病，神经系统损害。

如果有上述6点之一，必须升一个等级进行管理。

对于早产儿喂养可以参考下面的内容。一般来说，早产儿出生后都需要进入新生儿重症监护病房由医生护士来照顾，满足了出院条件才可以出院。

高危早产儿喂养

高危早产儿喂养首选生母母乳喂养，不能生母母乳喂养应给予捐赠的人乳喂养。母乳喂养对于早产儿非常重要。正如北京协和医院王丹华主任医师所述，母乳可以为早产儿提供最理想的免疫防御和免疫调节，其营养价值以及免疫学功能也最适合早产儿的需要，且母乳中蛋白质含量高，脂肪和乳糖含量较低，易于吸收。另外，母乳中钠盐含量较高，有利于早产儿的钠盐丢失补充。母乳中的某些成分对小肠的成熟也起到一定的作用。研究表明，从短期看，母乳喂养能促进早产儿的胃肠功能成熟，降低感染风险，降低坏死性小肠结肠炎的患病率；从长期看，对促进早产儿中枢神经系统和视网膜发育具有积极意义。这些益处影响着早产儿当前健康和远期预后，是任何配方奶所不能替代的。

可以母乳喂养的，要进行母乳+强化剂喂养，能量密度为每100mL335～356kJ至矫正胎龄38～40周，后转为母乳+部分强化剂，能量密度为每100mL306kJ。

如果确实没有生母母乳或者捐赠的母乳，也可以用早产儿配方奶（能量密度为100mL335～356kJ）至矫正胎龄38～40周喂养，此后转换为早产儿过渡配方奶（能量密度为100mL306kJ）。

高危早产儿采取混合喂养，则母乳量>50%，足量强化母乳+早产儿配方奶至矫正胎龄38～40周，转换为半量强化母乳+早产儿过渡配方奶。如果缺乏母乳强化剂时，则鼓励直接哺乳+早产儿配方奶（补授法）。母乳量<50%，缺乏母乳强化剂时，则鼓励直接哺乳+早产儿过渡配方奶（补授法）。

如果是人工喂养，则应用早产儿配方奶至矫正胎龄38～40周后，转换为早产儿过渡配方奶。

中危早产儿喂养

足量强化母乳喂养（能量密度为每100mL334～355kJ）至矫正胎龄38～40周后，强化母乳调整为半量强化（能量密度为每100mL305kJ）；鼓励部分直接哺乳、部分母乳+人乳强化剂的方式，为将来停止强化、直接哺乳做准备。

如果是混合喂养，则母乳量≥50%，足量强化母乳+早产儿配方奶至矫正胎龄38～40周后转换为半量强化母乳+早产儿过渡配方奶。母乳量<50%，或缺乏人乳强化剂时，鼓励直接哺乳+早产儿配方奶（补授法）至矫正胎龄38～40周，之后转换为直接哺乳+早产儿过渡配方（补授法）。中危早产儿喂养与高危早产儿一样，不过强化治疗的时间短。强化喂养也要根据生长和血生化来决定，一般来说应用到矫正3个月。

如果是人工喂养，则应用早产儿配方奶至矫正胎龄38～40周后，转换为早产儿过渡配方奶。

低危早产儿喂养

低危早产儿出院后应该鼓励妈妈直接哺乳。妈妈应该均衡饮食，同时给予泌乳的支持，尽量满足宝宝的需要直至1岁以上。同时应该按需哺乳，这和足月儿一样，最初喂养间隔小于3小时，包括夜奶，补充维生素A、维生素D制剂和铁剂。低危早产儿一般采用配方奶喂养（能量密度为每100mL280kJ），如生长缓慢（<25g/天）或喂奶量每天<150mL/kg体重，或血碱性磷酸酶升高、血磷降低，可适当应用母乳强化剂直至生长满意及血生化正常。

如果混合喂养，则可采用部分早产儿过渡配方奶，直至生长满意。

如果是人工喂养，则采用普通婴儿配方奶。

高危早产儿强化喂养到矫正6个月甚至1岁，中危早产儿强化到矫正3个月。不过，以上强化时间也需要因人而异。根据体格生长各项指标在矫正同月龄的百分位数 [详见第一章中"生长发育指标的测量与生长发育曲线"一节，其中所谓百分位数法，是以某年龄组的男孩或女孩抽取100名，由低到高排列，进行综合测评，求出某个百分位（用P做代号）的数值，常分为3rd、5th、10th、25th、50th、75th、90th、95th、97th。P25th代表第25百分位数值]，最好达到P25th～50th，小于胎龄儿>P10th。同时，要看个体生长速率是否满意，一旦达到追赶目标就可以提前终止强化喂养。注意避免体重/身长>P90th。准备停止强化喂养时也需要逐渐降低其中的能量密度，直至能量密度至每100mL280kJ。

早产儿出院标准

Q 我的孩子是31周早产，出生体重是1500g，出生送至新生儿重症监护病房住院，现在住院已经20多天，体重升至2000g。请问这种情况可以出院吗？

A 早产儿出院是有一定的标准的，体重达到2000g是最基本的要求，同时孩子可以通过自己吸吮吃奶，体温一直平稳，每天体重稳定增长10~30g，呼吸平稳，心跳正常，且已经完全停药和停止吸氧一段时间，才可以考虑出院。最好出院前请眼科医生做眼底检查，排除早产儿视网膜病，并进行血常规检查，如果均无异常，就可以出院了。出院后医生会定期随访，按照规定接种疫苗，评估孩子生长发育的情况，给予指导和干预。

追赶生长

Q 我的孩子出生时才2000g。听说孩子出生时如果体重偏轻或是早产儿，生后有追赶生长的现象，如果喂养得当可以追赶上同龄孩子发育的速度，是这样吗？

A 确实是这样。

人类生长具有轨迹现象。在正常环境下，健康孩子的生长是沿着自身特定的轨道向遗传所确定的目标前进。但是由于出生时体重偏轻，例如足月小样儿或者早产儿，或者因为疾病、营养不良以及某种激素缺乏时，孩子的生长就会偏离他正常的生长轨道，造成生长落后。一旦这些阻碍生长的因素被去除掉，孩子将以超过相应年龄的正常发育速度加速生长，以恢复到原有的生长轨道，这种现象称为追赶生长。但是，追赶生长程度也与受到损害的原因、时间、严重程度以及年龄有关。如果孩子受到的伤害严重，伤害的时间过长，年龄偏大，则追赶生长很难完成。

对于人类孩子来说，追赶生长是2岁

前小儿的正常现象。早产儿是生长迟缓和发育落后的高风险人群，生长落后直接关系到神经系统发育和成年期疾病。早产儿出生后需要追赶生长，追赶性生长最佳时期为生后第一年，尤其是前6个月，因为第一年是早产儿脑发育的关键时期，追赶生长直接关系到早产儿神经系统发育。如果喂养合理，随着发育，矫正月龄和出生月龄之间的差异越来越小，孩子很快就会达到出生月龄发育的标准了。因此，早产儿在医院内和出院后的管理是十分重要的。对于小于胎龄儿来说，就应该追赶生长让体重回归到正常的范围内。适于胎龄的早产儿追赶生长要好于小于胎龄儿。由于孩子疾病或者缺乏某种激素造成生长障碍，越早治疗其追赶生长的效果越好。

TIPS：早产儿的月龄如何计算

一般是采用2种方法来计算月龄。一种是按出生的时间来计算，例如孩子已经出生2个月了，所以出生后的月龄就是2个月。另一种计算的方法是按预产期来计算，即矫正月龄。例如，孩子还是出生2个月，早产1个月，所以2-1=1，孩子的矫正月龄应该是1个月。进行体检时，孩子应该按照矫正月龄1个月来评定发育的情况而不是按照出生的月龄2个月。建议早产儿出院后6个月内，每个月随访一次，6个月情况稳定后可以2个月一次。如果属于高危早产儿，出院后第一年应该每个月评估一次，尤其是出院后第1～2周必须进行首次评估，评估内容有喂养方式、每天奶量、每次喂奶所需要的时间、哺乳过程中生命体征的变化、有无呕吐和腹胀、排尿和排便的次数与性状、体重增长、生活节律、并发症的治疗和转归等。

早产儿母乳喂养指导

Q 我的宝宝是早产儿，出院后我该如何喂养以满足孩子正常生长和追赶生长？为什么强调母乳喂养？如何进行母乳喂养？医生建议我给孩子喂母乳时加上母乳强化剂，直到发育指标达到早产—低出生体重儿的正常水平，可具体该如何添加呢？

A 早产儿出院后需要继续营养支持，以满足孩子生长发育和追加生长的需要，以及最理想的营养需求。

早产儿出院后喂养指导

对于早产儿来说，母乳喂养仍然是最理想的选择，如果出院时体重≥2000g，没有其他高危因素，可以继续母乳喂养。如果母乳不足，孩子没有任何高危因素，可以试用婴儿配方奶粉。如果体重增长满意，可以继续添加普通配方奶粉。如果体重增长不满意，可以添加早产儿过渡配方奶粉。此种配方奶粉营养素和能量介乎于早产儿配方奶粉和普通婴儿配方奶之间（能量密度多为每100mL306kJ）。

如果孩子出院前营养评估并不理想，但母乳充足，可以添加母乳强化剂至胎龄40周，以后继续纯母乳喂养。

因各种原因不能母乳喂养的早产儿或低出生体重儿，出院后可以哺喂早产儿过渡配方奶粉。根据追赶生长的情况，如果已经达到同月龄婴儿的发育指标，就可以逐渐置换普通婴儿配方奶粉了。

早产儿母乳喂养的重要性

早产儿消化能力差，容易呕吐、腹胀、腹泻，而且淀粉酶分泌得少，但其他消化酶的发育接近于成熟儿，对蛋白质的需求较高，对脂肪消化能力略差，尤其对脂溶性维生素吸收不良，很容易发生坏死性小肠结肠炎。早产母乳和足月母乳相比，尤其是初乳含有更多的蛋白质、必需脂肪酸、能量、矿物质、微量元素和IgA，正适合快速生长和需要保护的早产儿，能够使其在较短时间内恢复出生体重，生长发育参数提高。

对能够进食的早产儿应尽量给予生母母乳喂养。早产儿出生时无病、体重＞1500g，出生2小时后就可以喂养。要尽快开始喂食少量母乳，启动胃和肠道功能，做到从微量逐步增加到足量的喂养方法。不能吸乳者可由母亲挤出乳汁经过鼻饲或者用滴管口饲。如果早产儿出生前两天母乳量不能满足其需要，应暂时使用别人捐赠的母乳（母乳库）。

早产儿如果完全母乳喂养，出生后第二个月的早产儿体内蛋白质等物质的含量相对不足，易产生低蛋白血症，这是因为生母的成熟乳中的总蛋白质对于快速生长的早产儿仍显太低，因此需要补充一些强化人乳的产品和早产儿配方奶，以增加蛋白质和其他必需的营养素。而他人捐献的人乳多为成熟乳，显然其营养成分不如生母母乳。如果生母母乳确实不够，可以采用母乳库的母乳，以减少坏死性小肠结肠炎的发生。当然，经过医生评估后，也可以添加早产儿配方奶，采取混合喂养。

母乳强化剂和早产儿配方奶都是医疗用奶，必须去医院购买。

母乳强化剂的添加

由于早产儿母乳不能提供充足的能

量、蛋白质、钠、钙、磷及其他一些基本营养物质来满足婴儿类似于在子宫中的快速生长和正常发育的需要，而且与足月婴儿不同，早产婴儿不能调节其摄入量以补偿其营养的缺乏，虽然普遍认为母乳是健康足月婴儿的理想食物来源，但对早产婴儿而言，未强化的母乳营养成分还有缺陷。因此，在对母乳进行强化，以满足婴儿营养需求量的前提下，母乳才是早产婴儿最佳的营养来源。母乳强化剂是一种含有蛋白质、能量、常量矿物质、微量元素和多种维生素的制剂，通常以粉末的形式加到固定量的母乳中，可提供早产儿追赶生长所需的营养摄入。

2009年，《中华儿科杂志》编辑委员会、中华医学会儿科学分会新生儿学组和儿童保健学组所著的《早产、低出生体重儿喂养建议》指出，当早产儿可以耐受100mL/kg·d的母乳喂养后，强化后母乳能量密度升至每100mL335～356kJ。若需要提高热量，可加能量密度至每100mL377～419kJ以提供足够的蛋白质和能量。如果因为疾病需要限制喂养的液体量，可增加母乳的能量密度至每100mL377～419kJ，母乳强化剂则应在达到100mL/kg·d前开始使用，以提供足够的蛋白质和能量。

早产儿人工喂养指导

Q 我的孩子是31周早产，出生体重才1250g，我因为疾病的原因，不能用自己的乳汁来喂孩子。听别人说应该用早产配方奶喂孩子，是这样吗？早产配方奶与普通配方奶有什么不同呢？

A 若无生母母乳、早产人乳或者母乳不足者可以选用早产儿专用配方奶，这是专供医院使用的医疗用奶。

对于早产儿，尤其是高危和中危早产儿胃容量小，消化能力弱，对蛋白质的需求量高。需要人工喂养的早产儿住院期间使用的是院内的早产儿配方奶，目前有液态配方早产儿奶，也有粉剂配方，以前者为最佳。院内每100mL早产儿配方奶蛋白质含量多为2g或2.2g，其中以乳清蛋白为主，碳水化合物8～9g，以及合适比例的DHA、AA、亚油酸、α-亚麻酸。DHA属于不饱和脂肪酸，是神经系统细胞生长及维持的主要成分，是大脑和视网膜的重要构成成分。AA，属于不饱和脂肪酸，是人体大脑和视神经发育的重要物质。《食品安全国家标准婴儿配方食品》规定，婴儿配方食品中添加DHA的同时，至少要添加相同量的AA，而且所需要的各种矿物盐、微量元素和维生素、核苷酸、肉碱等，其渗透压减低至适应发育不成熟的肾脏功能，每100mL总热量335～343kJ。

出院后的早产儿需要继续强化营养，达到理想的营养状态，满足正常生长和追赶生长的需求。出院后早产儿配方奶粉各种营养素和能量介乎于早产儿院内配方奶和标准婴儿配方奶之间，是一种早产儿过渡配方奶，适用于人工喂养的早产儿和低出生体重儿，或作为母乳的补充，每100mL热量为306kJ左右。

早产儿配方奶中乳清蛋白：酪蛋白比例为70：30。100mL早产儿配方奶中至少含有蛋白质2g，并以乳清蛋白为主；碳水化合物8～9g，其中并非全部为乳糖，配有部分低聚糖，这样既不会导致一些早产儿乳糖不耐受，又能保持对肠道乳糖酶活性的有效刺激；脂肪中含有40%～50%的中链脂肪酸，其渗透压较低，更容易水解，在肝脏中易被氧化，利用速度快。一些配方奶还提供了必需脂肪酸，加入了适量的肉碱并考虑了亚油酸和α−亚麻酸的合适比例，含有适合早产儿生长发育所需的维生素、多种矿物质及微量元素。但是，早产儿配方奶缺乏母乳中的许多生长因子、酶和IgA抗体。一般来说，早产儿配方奶粉适合体重≤2000g的早产儿和低出生体重儿，却都远不如母乳的营养价值和生物学功能。

不同厂家生产的早产儿配方奶含有的热量不同，每100mL奶液中含有297～339kJ的热量。这样的配比有利于早产儿消化吸收和增加体重。

待早产儿长到2000g时改用足月儿配方奶。更换奶粉时需采用渐进式添加奶粉的方法。

另外，早产儿的喂养也要个体化，按照日龄与接受情况调整奶量：

● 体重＞2000g，每隔4小时喂一次；

● 体重1500～2000g，每隔3小时喂一次；

● 体重1000～1500g，每隔2小时喂一次；

● 体重＜1000g需要给予静脉营养，具体喂养要听从医嘱。

如果喂养得好，第一天总量可给到每千克体重60～90mL，第一周可给到每千克体重每天100～120mL，第二周可给到每千克体重每天120～160mL。在稳定的生长期阶段循序渐进地增加奶量，以不超过20mL/kg·d为宜，否则容易引起喂养不耐受或者坏死性结肠炎。增加的奶量平均到一天每次的奶中。如果耐受情况很好，可以1～2天增加一次奶量。

用早产儿配方奶喂养的早产儿，应根据配方奶的成分来决定是否添加维生素与铁剂。

早产儿营养素补充

> **Q** 我的宝宝是孕32周早产，听说这样的孩子出生后就要补充各种营养。出院时，医生给我开了很多维生素还有铁剂，孩子为什么需要补充这么多的营养素？

A 由于早产儿体内各种维生素和铁剂储存量较少，生长又快，容易导致缺乏，因此孩子出院时，医生就会让家长回家后继续给孩子补充这些物质。

维生素补充

每天给孩子补充维生素C50～100mg，以及复合维生素B、维生素K、维生素E、维生素A、维生素D等。出生后，医生会一次性给孩子注射维生素$K_1$1mg，以预防新生儿自然出血；开始口服复合维生素B半片和维生素C50mg，每天2次；每天补充维生素E5～10mg。推荐生后即开始每天口服维生素D800～1000IU，3个月后每天口服维生素D400IU，直至2岁。因为新生儿体内维生素A的储存主要是在胎儿最后90天积累的，早产儿的维生素A出生时会缺乏，因此母乳喂养最重要。哺乳期的妈妈应该增加富含维生素A的食品，如动物肝脏，同时配合母乳强化剂（内含维生素A）。如果采用院内早产儿配方奶喂养以及出院后早产儿配方奶喂养，其配方奶中均已添加了维生素A。

维生素E是脂溶性的维生素，其可以维持细胞膜的完整性、提高机体免疫力、预防视网膜黄斑性病变等，是人类必需的营养素。维生素E也是最有名的抗氧化剂，缺乏可使机体内抗氧化机制发生功能障碍，引起细胞损伤。这一功能与机体免疫、神经、心血管、生殖等许多系统的正常运行密切关联。早产儿和极低出生体重儿易发生维生素E缺乏，这是因为新生儿体内维生素E基本上是孕末2个月从母体获得的，由胎盘向胎儿输送维生素E有限，所以早产儿出生时体内维生素E的储存低于正常新生儿，血浆中含有的维生素E水平低。另外，早产儿尤其是极低出生体重儿对脂肪和脂溶性的维生素吸收较差。早产儿因为过早使用铁剂治疗贫血，会破坏肠道中的维生素E阻止其吸收，也会加重其缺乏。正因为早产儿和极低出生体重儿体内储存的维生素E少，肠道吸收能力低，生长速率相对更快，所以获得和维持正常的维生素E水平更加困难。

世界卫生组织认为，维生素E对于早产新生儿健康和福祉非常重要。生育早产儿的母亲乳汁中维生素E的含量比其他母亲要高。维生素E或许有助于预防或限制与早产有关的一些健康问题，如出血导致的贫血。但是，世界卫生组织同时强调，研究表明，为早产儿提供维生素E补充剂能够带来一些好处，但也有可能增加威胁生命的感染风险，如败血症。因此，早产儿不支持大量补充维生素E，但可以进行少量补充，每天以5～10mg为宜。其实，只要妈妈饮食得当，避免食用烟熏、油炸、发霉等容易产生自由基的食品，生母母乳相比于成熟母乳中含有的维生素E量会更丰富。妈妈在孕期和产后应该适当增加富含维生素E的食品，如绿色的蔬菜、水果、天然植物油、粗制的麦片、糙米、坚果等，就能够有效提高母乳中的维生素E含量，满足孩子对维生素E的需求。

TIPS：早产儿和小婴儿贫血与维生素E不足有关吗

维生素E是脂溶性维生素，是一种抗氧化剂，对维持红细胞细胞膜的完整性有着重要作用。缺乏时，细胞易于脂质过氧化，损伤细胞膜。早产儿与小婴儿贫血可能与维生素E缺乏有一定的关系，如果孕妇因体内维生素E不足，胎盘转运维生素E有限，就会导致早产儿和小婴儿出生时血浆和组织中维生素E水平低。而且，早产儿和小婴儿消化器官不成熟，尤其是早产儿从母体中获得的维生素E更少，所以早产儿越小缺乏得就越多。孩子出生后，血液中大量红细胞的细胞膜的必需脂肪酸因接触氧气而分解，无法迅速再生，往往容易造成溶血性贫血，早产儿尤其容易发生，这也是造成小婴儿贫血的最主要原因。因此，建议孕产妇和乳母适当多吃一些富含维生素E的食品，就可以杜绝新生儿贫血发生。目前配方奶粉中都含有合适比例的维生素E，有助于预防红细胞破损相关问题的发生。

铁补充

铁是血红蛋白必不可少的成分，而胎儿铁的储备主要是在孕晚期，早产儿由于早产所以铁储备不足，引起血红蛋白不足，导致贫血。早产儿往往在出生6周常出现贫血。因此，早产儿出生2周后必须每天开始补充铁元素2～4mg/kg体重。该补充量包括强化铁的配方奶、母乳强化剂、食物和铁制剂中的铁元素的含量。

补充持续到生后1岁，断奶之后可以通过食物补铁，也可给予葡萄糖酸亚铁糖浆（10mL/0.3g）每天每千克体重1mL，分3次口服，持续12~15个月。

钙补充

一般孕20周后胎儿骨骼生长加快，孕28周开始钙化，胎儿每天体内需要沉积约110mg的钙，尤其是在孕末期，钙的需要量明显增加。但是，因为宝宝提前出生，骨骼中没有储存更多满足自己生长发育需要的钙质，所以早产儿出生后就需要更多的钙质来满足自己的需求。钙的来源主要依靠生母的母乳来进行补充，这是因为生母母乳中特别是初乳中含有这个阶段早产儿发育所需要的丰富钙质，正适合快速生长和需要保护的早产儿。对于全母乳喂养的早产儿在满月后也需要添加"人乳强化剂"或者补充适量的早产儿配方奶，因为此时母乳中的营养素，包括钙质已不适应其生长速度，需要特别补充钙、磷以及其他的营养素。对于不能母乳喂养的早产儿则应该选择早产儿配方奶，尤其是特别针对早产儿调配的婴儿配方产品，含有比一般的婴儿配方奶或母乳更多的钙和磷。当早产儿体重达到2000g时可以停掉早产儿配方奶，而改喂一般配方奶粉，根据所进食配方奶粉中的钙和维生素D的含量，补充不足的那一部分（0~6个月婴儿每天需要钙200mg，维生素D400~800IU）。对于全母乳喂养的早产儿则停掉"人乳强化剂"或部分早产儿配方奶，继续吃母乳即可，每天需要补充维生素D400~800IU，尽量外出多晒太阳。

TIPS：早产儿需要补充益生元和益生菌吗

《美国儿科学会育儿百科（第6版）》谈到，对很多健康问题来说，目前证实益生菌可以改善问题的证据仍很有限，需要更多的研究。其同时提倡，母乳是一种非常不错的益生元来源。同时，有观点认为早产儿配方奶中可以添加益生元，因为它们可以帮助肠道内的有益菌繁殖，从而在增加肠道有益菌数量的同时，抑制有害细菌的生长，有可能降低肠道炎症严重的程度，并促进钙的吸收。早产儿配方奶中没有必要补充益生菌。添加辅食以后还可以多吃一些富含益生元的食品。

小于胎龄儿喂养指南

Q 我的孩子是孕34周出生，体重1800g，医生诊断为小于胎龄儿。对于这样的孩子我应该如何喂养呢？

A 小于胎龄儿的定义为出生体重、身长、头围低于相同胎龄的第10百分位，包括早产小于胎龄儿和足月小于胎龄儿。小于胎龄儿随着年龄增长，在青春期、成年后，发生肥胖、糖尿病、高血压、高脂血、哮喘甚至某些肿瘤的风险要比其他人群高。小于胎龄儿发生主要基于这几个原因：遗传因素，如母亲矮小，多胎妊娠，母亲营养状况不良，母亲患有慢性病或者使用了一些致畸药物，自己吸烟、吸食毒品或者长期处于二手烟和三手烟的环境中，胎盘有问题或者胎儿自身有问题等。

小于胎龄儿由于体内糖原储备少，容易发生低血糖，而且其棕色脂肪少，体温调节不好也会出现低体温，所以保暖很重要。小于胎龄儿生后营养支持与预后密切相关。

早产小于胎龄儿按照早产儿危险因素分类进行喂养，请参见本书"早产儿分类及喂养指导"相关内容。

小于胎龄儿特别强调母乳喂养以避免发生喂养不耐受和坏死性小肠结肠炎。另外，由于小于胎龄儿追赶生长不如早产儿理想，如出院后生长缓慢，更容易出现神经系统不良结局，而母乳喂养可以降低其风险。建议母乳喂养坚持到1岁以上甚至2岁。通过合理、适宜喂养，小于胎龄儿可以在2~3年内完成追赶生长。发现问题应及时处理和治疗。如果追赶生长不足，可以导致体格生长和神经系统发育落后，如果追赶过快，则增加成年期慢性疾病发生的风险。小于胎龄儿1岁内强化喂养，如果1岁内追赶不上，只要生长速率可以，就应停止强化喂养。

早产儿生理体重减轻

Q 我的孩子提前预产期4周就出生了，出生时体重是2000g，出生后不久医生告诉我孩子体重下降到1800g。为什么孩子体重不升反而下降呢？

A 无论是早产儿还是足月儿出生后第一周内都有"生理体重减轻"的阶段，足月儿体重下降不会超过10%，但是早产儿生理体重减轻的幅度和恢复至出生体重的时间，可随出生体重的不同而有所不同，可能会下降10%~15%，其中超低出生体重儿（早产儿体重<1000g）可能会下降20%。一周后早产儿体重开始恢复，<1500g的早产儿可能延迟至2~3周才恢复至出生体重。早产儿恢复到出生体重后，每天应增加体重20~30g。所以，只要孩子没有什么疾病，以后加强喂养，孩子会追赶生长到正常孩子的发育水平。

CHAPTER 4

辅食添加
与营养素补充

辅食添加

辅食添加，及时合理最重要

❝

Q 我的宝宝差几天8个月，家里老人说配方奶有营养，一天喂5顿配方奶，每次210mL，有时吃点儿果汁，至今没有给孩子添加其他辅食。这样可以吗？

❞

A 大量的儿童体格发育调查资料显示，儿童时期的营养不良问题往往与婴幼儿时期的营养不良与不科学的喂养方式有密切的关系。研究表明，我国儿童出生体重及6个月内体重的增长与发达国家儿童相比无明显差异，而6个月后差距逐渐增加，其主要原因是家长缺乏科学喂养知识，使许多婴儿在6个月后不能及时、合理地添加辅助食品，影响婴儿生长发育。特别在农村，添加辅食的时间、辅食的营

养成分等方面都难以做到及时、合理、安全和符合营养要求。

"保护、促进和支持母乳喂养，及时合理地添加辅助食品"，是婴幼儿时期十分重要的营养指导策略。添加辅食是婴儿对于奶类以外的食品形成第一印象的重要时刻，所以是非常重要的，也是必需的。

世界卫生组织和中国营养学会都明确建议，纯母乳喂养、人工喂养和混合喂养的婴儿满6个月（180天）开始添加辅食。由于每个孩子的发育状况和对食品的爱好程度存在着个体差异，有的孩子尤其是人工喂养的孩子可能对大人的饭菜更感兴趣，更喜欢配方奶以外的食品。"据研究发现，出生17~26周的婴儿对不同口味的接受度最高，而26~45周的婴儿对不同质地食物的接受度较高。适时添加与婴幼儿发育水平相适应的不同口味、不同质地和

不同种类的食物。"（以上摘自《中国居民膳食指南（2016）》）另外，如果需要调整添加辅食的时间，一定要咨询专业医师，而不是自作主张添减辅食，但最早不能早于4个月，最晚不能晚于8个月。

可以根据以下几种现象的出现与否，来判断添加辅食的时机。

- 只要大人一吃饭，孩子就会兴奋地扑向饭菜，大有吃不到嘴誓不罢休的劲头。
- 当用小勺触及孩子的口唇时，孩子张嘴、吸吮并可以吞咽糊状食物。
- 孩子口水大增，甚至流出口外。
- 当吃配方奶或者吃母乳时，孩子频繁出现咬奶嘴和奶头的现象。
- 喂奶形成规律，每天喂5～6次奶，每隔3～4小时一次。
- 母乳喂养每天8～10次，人工喂养每次奶量已经超过1000mL，孩子仍吃不饱。
- 体重已达到出生时的2倍，低出生体重儿已达到6kg，或给足奶量体重增长仍未达标者。
- 在少许帮助下，孩子可以坐起来，挺舌反射消失［需要与孩子"恐新"（害怕新食物）行为相区别］。

为什么建议在6个月的时候给孩子添加辅食呢？原来，孩子出生后迅速地发育，到了6个月时已为接受辅食做好准备。这时，孩子的消化器官发育较完善，唾液腺开始大量分泌，消化酶活性增强，尤其是淀粉酶大量产生，具备了消化母乳以外的其他食物如淀粉类食品的能力。相应地，婴儿发育所需要的能量增大，而液体食物体积大，婴儿的胃容量相对小，因此只有通过增加食物营养密度，缩小体积，来解决这一问题。单一的食物，即母乳或配方奶所含热能、蛋白质和其他营养素已不能满足孩子生长发育所需，孩子必须引进其他营养丰富的食物。

另外，6月龄婴儿的感觉、运动、认知、行为能力也获得较大发展，如抬头稳，挺舌反射消失，可以接受小勺喂养并能吞咽糊状食物，同时自我意识增强，对外界探索兴趣增加，孩子本身也需要机会去接触、感受和尝试，逐步体验和适应多样化的食物。而且从4个月开始，婴儿体内储存的铁逐渐被消耗殆尽，加上母乳含铁量较低，婴儿必须从辅食中获得足够的铁满足生长的需要。要知道，7～12月龄婴儿所需要的能量中1/3～1/2来自辅食；7～12月龄婴幼儿需要的99%铁、75%锌、80%维生素B_6、50%维生素C必须从辅食中获取。同时，辅食添加也能促使肠道菌群形成，使肠道消化和吸收功能增强；婴幼儿神经认知行为能力得以发展，从被动喂养向主动进食逐渐过渡。因此，满6个月的宝宝要开始循序渐进地添加辅食，满足其全面发育的需要。在这个特定时期，孩子的吞咽和咀嚼能力发展最快、最有一些家长总想给孩子早一点儿添加辅食，似乎添加得越早孩子就会越吃越壮，岂不知，过早添加辅食对孩子害处多多。小婴儿胃肠道发育还不成熟，肠黏膜屏障包括它的物理性保护机制（胃酸、黏液、蛋白水解酶、肠蠕动和黏膜表皮）以及肠淋巴组织、分泌性免疫球蛋白A、细胞免疫的免疫性保护机制，都要到婴儿6个月大时才能发育完善。而且，6个月前的婴儿消化酶系统也发育不成熟，过早添加辅食容易造成进入体内的蛋白质未充分分解，即吸收入血，引起胃肠道过敏反应。

小婴儿缺乏分布于肠黏膜表面的保护性抗体——分泌性免疫球蛋白A，使肠道细菌在黏膜表面形成炎症，这样便加速了肠黏膜对异种蛋白吸收，诱发胃肠道过敏反应。同时，小婴儿肠道通透性较大，使其容易发生过敏。一小口食品中的抗原量可能是母乳中同种抗原的

1000倍，因此世界卫生组织建议婴儿满6个月再添加辅食，尤其对于有过敏倾向家族史的孩子。

2个月的小婴儿唾液腺分泌得很少，4个月时才开始逐渐增加，5～6个月分泌量增多。唾液具有消化和抑制细菌生长的作用，并含有消化酶，其中主要是淀粉酶，能对食物进行初步的消化作用。

从婴儿接受辅食的情况来看，满6个月开始添加，孩子更容易接受，所需要的时间大约1周。而4个月时添加辅食，孩子接受起来困难一些，适应时间可长达六七周之多。

因此，从孩子生理发育的特点来看是不能早添加辅食的。当然，每个孩子发育是有差异的。如果孩子已经完全具备添加辅食的条件就可以添加，但是最早不能早于4个月，最晚不能晚于8个月。

容易获得、最易形成，如果在这个时期施以正确的指导，可收到事半功倍的效果。

科学合理地添加辅食，使孩子从小得到良好的营养供应，不但能促进其身体和大脑的发育，增强对疾病的抵抗能力，而且还有利于消化系统性能不断完善。随着孩子的成长，妈妈应及时、大胆地给宝宝添加各种食物，而且食物越是不精细，对宝宝口腔、胃肠壁的力学刺激就越大，肠壁肌肉的推动力也就越大，

使得宝宝逐渐练就很强的消化机能。同时也要及时地摄入适量的膳食纤维，有助于宝宝建立正常排便规律，保持健康的肠胃功能，对预防成年后的许多慢性病也有着不可估量的好处。

婴儿通过视觉、嗅觉、味觉、触觉接受各种各样的食物，极大地丰富了食品的记忆仓库，将来长大了，就会对不同食物有着较强接受能力和适应性。

另外，添加辅助食品有助于宝宝的

心理发展，因为液体食物即母乳或配方奶是孩子早期生存的物质条件，也是孩子和哺育者相互依恋的重要维系物，但孩子不可能永远靠它生存。添加辅食是孩子迈向独立的一个重要转折点，它有助于孩子建立自信心，为日后自立打下基础。婴儿时期是人生最初阶段，通过及时添加泥状食品或固体食品，使孩子感到舒适，获得满足感，从而对养育者产生信赖感。这些有利于培养他的积极情绪，防止消极情绪产生，对宝宝一生的身心健康具有十分重要的意义。

通过吃辅食，婴儿逐渐学会使用双手操纵各种食具，掌握自我服务的本领，停止利用吸吮方式摄食的方法，逐渐适应普通的混合食物，最终达到断奶的目的。

添加辅食的顺序

Q 看到您说添加辅食这么重要，我的孩子已经满6个月，是纯母乳喂养，我准备给孩子添加辅食了，但是我不知如何添加辅食，请您指导。

A 中国营养学会编著的《中国居民膳食指南（2016）》建议添加辅食的顺序为，首先添加富含铁的食物，如强化铁的婴儿米粉、肉泥（红肉泥，包括猪肉、牛羊肉）、蛋黄和肝泥等泥糊状食物。其中建议添加动物性食物顺序为，肉泥—蛋黄—肝泥—动物血泥—鱼泥（剔净骨和刺）—虾泥—全蛋（如蒸蛋羹）—肉末（先畜肉末，后禽肉末），其间逐渐添加各类蔬菜泥、水果泥、碎蔬菜、碎水果粒等，尽早做到食品多样化。

添加食物形态顺序为，泥糊状食物（米糊、肉泥、菜泥、果泥）—烂粥、烂面、碎菜、碎水果粒—软米饭、软面条、小饺子、小馄饨等软固体食物。食物的性状应逐渐粗糙。

具体建议按如下安排添加辅食。

•7月龄：母乳或配方奶700mL及以上，并逐渐添加泥糊状辅食，如含铁米粉、肉泥、蛋黄、肝泥、菜泥、水果泥、鱼泥、禽肉泥、虾泥、豆腐泥等。

•8～9月龄：母乳4～6次或配方奶600mL及以上，半固体辅食，如烂面、稠粥、碎菜、切成小粒的水果、肉末、全蛋。

•10～12月龄：母乳3～4次或配方奶600～500mL，软固体辅食，如小饺子、小馄饨、软米饭、面包片、馒头片、煮烂的蔬菜等。

● 13～24月龄：母乳或配方奶500mL，淡口味家庭食物，必要时需切碎或捣烂。

另外，添加辅食要注意以下几点原则。

因婴儿生长发育以及对食物的适应性和爱好存在着一定的个体差异，辅食添加的时间、数量以及快慢等，都要根据婴儿的实际情况灵活掌握，遵循循序渐进的原则。

● 每次只引入一种新的食物，逐步达到食物多样化。每添加一种食物都要观察2～3天婴儿消化情况，如果没有呕吐、皮疹、腹泻等，可以再添加另一种新的食物。

● 添加辅食的量需要由少到多，并根据婴儿的营养需求和消化道成熟的情况决定，开始每天可以添加1次米粉，每次可以从1勺开始，孩子吃后消化得很好，再逐渐加量和增加辅食次数。当辅食可以代替1～2次母乳或配方奶时，一般到9个月时就可以逐渐断掉夜奶了。

● 添加辅食要由稀到稠、由细到粗，逐渐从流食、半流质、软固体食物到固体食物。例如，从米糊、烂粥、稀粥到软饭。给予食物的性状应由细到粗，如从喂细菜泥、粗菜泥到碎菜和煮烂的蔬菜。

● 小儿的食物要单独制作。1岁之内建议让孩子尝试多种多样的食物，尽早做到食品多样化，但要注意膳食少糖、无

盐、不加调味品。辅食应适量添加植物油（每天5～10g），推荐以富含α-亚麻酸的植物油为首选，如亚麻籽油、核桃油等。添加的食物要新鲜，制作过程要注意卫生，而且要现做现吃，不要吃剩存的食品。

TIPS：为什么给孩子添加辅食不能从麦粉开始而用米粉

孩子6个月以后，唾液腺开始大量分泌，淀粉酶也开始逐渐大量产生、活性增强，母乳或配方奶粉中的营养已经满足不了孩子生长发育的需求，迫切需要添加泥糊状的食品以增加营养密度。

由于小麦中含有麸蛋白，麸蛋白中含有的氨基酸容易引起小婴儿的过敏，激活机体免疫系统，攻击并破坏小肠内膜，阻碍肠道营养吸收而发生乳糜泻。1999年，国际食品法典委员会第二十三次会议公布了常见致敏食品的清单，其中包括8种常见的过敏食品：蛋、鱼、贝类、奶、花生、大豆、坚果和小麦。临床上，90%以上的过敏反应都由这8种食品引起。北京协和医院变态反应科尹佳等人通过历时15年的过敏性休克最大样本回顾性研究，在诱发过敏性休克的食物清单里，将小麦列为主要元凶。从发病严重程度看，小麦诱发了57%的重度过敏反应。鉴于米粉比小麦粉更容易被小婴儿的消化道吸收且不容易引起过敏，所以添加辅食最好从米粉开始。孩子接受了含铁米粉和其他富含铁的食物后，再逐渐添加上小麦粉。婴儿在一开始添加面粉时，应该少量添加，家长要仔细观察孩子吃后的反应。

- 鼓励孩子自己进食，培养良好的进食行为，如饭前洗手等。建议给孩子使用小勺喂饭，允许孩子用手抓饭吃，进而学习使用勺子吃饭，训练孩子的手眼协调能力和精细动作。

- 定期检测孩子生长发育情况。

添加辅食要在宝宝身体健康的时候进行，并在添加的过程中密切观察宝宝的消化能力，如果出现消化不良的情况，如呕吐、腹泻或者生病时就要暂缓添加，待症状消失或者疾病痊愈时再从少量开始添加，不能因为孩子不适应从此就不再添加辅食。另外，如果宝宝不愿意吃某种食物的话，也不要强迫其进食，否则会引起孩子厌恶，达不到预期的目的。最好是在孩子口渴的时候添加新的饮品，在孩子饥饿时给予新的食物。个别婴儿在这个时期会将送入口中的食物吐出来。不能将此视为拒绝新食品的行为，家长需要坚持喂食，婴儿逐渐就能学会吞咽而吃进去。

避免或推迟添加易过敏食物不会预防过敏

Q 听有些人说，为了预防鸡蛋过敏，可以给孩子推迟添加鸡蛋，最好是1岁以后再添加，是这样的吗？

A 有一些家长，尤其是有过敏史的家长，担心孩子食物过敏，因此限制婴幼儿饮食。但近年来关于辅食添加时间的研究已经表明，早添加一些易过敏的食物，并不会增加过敏的概率，避免或者推迟添加，也不会带来预防效果，也就是说，没有研究显示限制饮食能够有效地预防过敏。过早或过晚引入某些食物都有可能增加过敏的风险，如牛奶、鸡蛋、花生、鱼、贝类等容易致敏的食物。美国儿科学会也认为，没有证据表明，孩子添加辅食时吃这类营养密集性食物会导致日后对这类食物过敏，因此不用推迟添加易过敏的食物来预防过敏。由中国营养学会编著的《中国居民膳食指南（2016）》也不建议推迟易过敏食物的添加，而建议尽早添加不同种类的食物。从孩子6个月开始逐渐引入不同种类的食物，每种食物从少量开始，每次只添加一种新的食物。尽早丰富孩子辅食的种类，以满足孩子生长发育的需要。

大自然中人类的食物多种多样，每个人体质不同，对哪些食物过敏也会各有不同。所以，我们需要做的并不是让孩子在1岁前远离一切有可能致敏的食物。

相反，在1岁之前让孩子尝试鸡蛋等易致敏食物，会让孩子更不容易对这些食物过敏。不过需要注意的是，添加时要从少量开始，仔细观察，尤其是有家族过敏史的宝宝。

TIPS：为什么建议给孩子添加蛋黄

给孩子添加辅食，首先要添加的是富含铁的食物，如含铁米粉、红肉泥、肝泥、动物血泥等，紧接着就可以添加蛋黄了。蛋黄容易消化，营养丰富，不但含有丰富的蛋白质、脂肪供给孩子能量，还有正常人体所需要的胆固醇。另外，蛋黄内含有的卵磷脂可以提供胆碱，帮助合成重要的神经传递物质——乙酰胆碱，所以蛋黄对婴儿的神经发育、大脑发育都有帮助。同时，蛋黄内还有保护眼睛的维生素A、视黄醇、核黄素，以及各种微量元素，如磷、铁、钙、锌、硒、铜等。重要的是，其所含营养几乎可以全部吸收利用。虽然蛋黄中铁的含量比较低，但在维生素C的帮助下，铁吸收可以提高3倍。

添加蛋黄时，建议取煮熟去掉蛋白的蛋黄1/4或1/6个，用橙汁（已经给孩子添加过橙子了）或含有丰富维生素C的其他水果汁调制（选择孩子喜欢的口味且已经添加过的水果），将调好的泥状食品，用小勺放在孩子的舌面中间，练习吞咽和舌碾的动作。孩子只要不对蛋黄过敏，一般习惯1~2周后再加量，循序渐进，直至一个完整的蛋黄。千万不可操之过急，以免孩子不适应，引起消化不良或心理上对蛋黄的厌恶。

鹌鹑蛋和鸡蛋营养相差不多，家长也可以用鹌鹑蛋黄代替鸡蛋黄，用量相差不多即可。记住，不管是鸡蛋黄还是鹌鹑蛋黄一定要刚煮熟的，因为放置时间长的蛋黄容易受细菌污染变质。另外，蛋黄要全熟的，否则不能将其中的细菌全部杀死，容易引发细菌感染。

一旦发现孩子对鸡蛋过敏，以后就不要给孩子吃鸡蛋。可以用其他营养价值相同的食物来替代，满足孩子营养需求，具体可以参照国家修订的婴幼儿喂养指南。

鸡蛋是一种经济实用的动物性食物，如果自己的孩子没有特殊情况，建议及早添加蛋黄。

喂辅食有方法

放进奶瓶喂他？

Q 我的孩子已经满6个月了，正准备给他添加辅食。可是用小勺喂米糊，他总是吐出来，我是否可以将米粉

A 孩子刚添加辅食时，虽然挺舌反射已经消失，但孩子具有原始的自我保护机

能，会使他出现"拒绝新食物"的表现，也就是人们常说的"恐新"表现，因此会将食物吐出来或者拒绝接受。家长不要着急，继续喂孩子，每次可以从一小勺或者半勺（最好用硅胶小勺）开始，在孩子饥饿时先喂米糊，然后吃母乳或者配方奶补足这顿的热量。等到孩子逐渐熟悉并接受了米糊，也没有出现腹泻、皮疹或者呕吐等情况，可以逐渐将奶和辅食分别作为两顿食品安排。

另外，家长不能把开始喂某种食物时孩子所表现的拒绝视为不喜欢，后面就不再给吃，这会剥夺孩子学习吃新食品的机会。家长需要有耐心地少量多次喂食，直到孩子逐渐适应这种新的食品。随着孩子味觉的发育，家长要有意识地增加食品的色、香、味、形，进一步诱发孩子的食欲，保持对食物的良好兴趣，孩子就会逐渐把进食奶类食品以外的食物作为一种人生的享受和满足了。

同时在这里提醒妈妈，如果孩子是母乳喂养或者正处在孕期（孕期妈妈饮食的味道，胎儿可以通过吞咽羊水获得味道的感知。孩子出生后添加辅食，更容易接受孕期妈妈所吃食品的味道），那么妈妈对食物的喜好和偏爱也会影响孩子口味的选择。母乳的味道与哺乳妈妈的饮食有关，可以使婴儿更乐于接受同样味道的食物。对于妈妈喜好的食物味道，孩子添加辅食后对其味道接受度会更高。所以，孕妈妈

以及哺乳期妈妈应尽量做到食物多样化，要进食不喜欢味道但营养丰富的食物，这样有助于婴儿更好地接受不同味道的食物，保障孩子获得全面的营养。

刚添加辅食时，孩子就要养成坐位吃饭的好习惯。喂食者用一只手臂将婴儿拦腰抱着呈坐位（或让其坐在餐桌椅上），用另一只手使用小勺喂孩子（图40）。用充满感情的语言表达喂食的过程，例如："宝宝，张开嘴吃饭喽！""看！宝宝吃得真好！"家长不要着急，待孩子咽下辅食后，再喂下一口。当孩子拒绝张口吃辅食或者扭头不再将注意力集中在吃饭上时，不要强迫孩子继续进食，以免引起孩子的抗拒，下一次吃辅食就更加拒绝了。

图40

不能用奶瓶喂辅食，虽然这样做孩子可能吃的辅食比较多，但是孩子缺失了早期训练咀嚼的机会，而且这样喂辅食很容易喂过量。更何况用奶瓶喂食时，孩子往往是半卧位，这不是良好的进餐习惯。

孩子吃辅食的时间和喂养最好固定。另外，就餐环境要安静，周围不要有分散

孩子吃饭注意力的物品或声音，更不能一边看电视、玩玩具，一边吃饭。

孩子顺利吃完辅食，家长要表扬和鼓励他，让孩子逐渐懂得吃饭是一件美好、享受的事情，同时也是满足自己需求必须完成的事情。

吃多少才算食量刚刚好

"

Q 我的孩子已经满6个月了，准备添加辅食，除了每天喝配方奶，还应添多少辅食？每天饮食如何安排？

"

A 每个孩子的食量是有差异的。中国营养学会妇幼分会在2018年初发布的标准如下。

|7～12个月每天食量|

奶类：继续母乳喂养，奶量700～500mL。

谷类：20～75g。

蔬菜：25～100g。

水果：25～100g。

肉蛋禽鱼类：鸡蛋15～50g（至少一个蛋黄）；

肉禽鱼25～75g。

油：0～10g。

盐：不建议额外添加。

|1～2岁每天食量|

奶类：继续母乳喂养，奶量600～400mL。

谷类：50～100g。

蔬菜：50～150g。

水果：50～150g。

肉蛋禽鱼类：鸡蛋25～50g；

肉禽鱼50～75g。

油：5～15g。

盐：0～1.5g。

水：500～600mL，上下午各2～3次。

|2～3岁每天食量|

奶类：350～500g。

大豆（适当加工）：5～15g。

谷类：75～125g。

薯类：适量。

蔬菜：100～200g。

水果：100～200g。

肉蛋禽鱼类：鸡蛋50g；

肉禽鱼50～75g。

油：10～20g。

盐：<2g。

水：600~700mL。

|4~5岁每天食量|

奶类：350~500g。

大豆（适当加工）：10~20g。

坚果（适当加工）：适量。

谷类：100~150g。

薯类：适量。

蔬菜：150~300g。

水果：150~250g。

肉蛋禽鱼类：鸡蛋50g；

肉禽鱼50~75g。

油：20~25g。

盐：<3g。

水：700~800mL。

|7~12个月建议每天饮食安排|

7：00~7：30，母乳或配方奶 （10个月添加谷物）。

10：00~10：30，母乳或配方奶。

12：00~12：30，辅食。

15：00~15：30，母乳或配方奶。

18：00~18：30，辅食。

20：00~20：10，母乳或配方奶，刷牙。

20：30，按时睡觉。

9个月后断夜奶。

|13~24个月建议每天饮食安排|

7：00~7：30，母乳或配方奶150mL+谷物。

10：00~10：30，母乳或配方奶150mL+水果或其他点心。

12：00~12：30，正餐。

15：00~15：30，母乳或配方奶100mL+水果或其他点心。

18：00~18：30，正餐。

20：00~20：10，母乳或配方奶100mL，刷牙。

20：30，按时睡觉。

|2~5岁儿童每天饮食安排|

建议每天3顿正餐，2顿加餐（加餐食物为奶和水果或松软面点）。注意，睡前不要吃甜食。

预防"婴儿肥"变成单纯性肥胖症

Q 我的孩子已经2个月了，是纯母乳喂养。孩子到医院儿保科做体检，

医生说我的孩子比较胖，是"婴儿肥"，建议我不要过度喂养。"婴儿肥"是怎么回事？

A 小婴儿的皮下组织由纤维组织和脂肪组织组成，其中皮下脂肪组织在胎儿第5个月开始发育，所以孩子出生后皮下脂肪组织发育得比较丰满。出生后6~8个月内如果喂养得当，皮下脂肪组织会增长迅速，依次在面部、四肢、躯干以及腹部积累（脂肪量取决于脂肪细胞的大小而不是数量），从而出现"婴儿肥"的现象。

8~15个月脂肪组织增长相对稳定，皮下脂肪增长速度逐渐减慢，3岁以后就完全失去了"婴儿肥"的状态，这是一个正常生理发育的过程。但是，如果家长过度喂养，孩子"婴儿肥"的状态就很难消失，继而发展成单纯性肥胖症，这样容易埋下一些诱发成人疾病的隐患。因此，生后第一年是控制儿童肥胖的第一个关键期。

注重口味多样化，不让宝宝独爱甜味

Q 我的孩子已经添加3个月辅食了，他就是喜欢甜味的食品，其他口味一律不接受，为什么会是这样呢？是不是与我家人都喜欢吃甜的食品有关？

A 孩子一出生就具备良好的味觉分辨能力，特别喜欢甜味，更喜欢吸吮甜度大的液体，不喜欢苦味和咸味。因此，孩子6个月以后添加辅食的时候，要给予不同味道的良性刺激，让孩子在记忆仓库中多多储存不同的味道。孩子喜欢特定口味的食品，往往是在家长有意识或者无意识的培养过程中建立的。据科学家研究，妈妈在怀孕期间如果偏好某种食物口味，孩子出生后也有可能偏好这种口味。同样，妈妈在哺乳期间对食物味道的喜好，也会使婴儿对妈妈喜好的食物味道接受度高。

建议妈妈在孕期以及哺乳期注意饮食的多样化，这不但有利于自己的健康，也有利于下一代的营养均衡。另外，家中的人也要注意饮食多样化，不要因为自己口味的喜好而影响孩子，或者心理上给孩子暗示。例如，妈妈吃饭时说"我就爱吃甜的食物"或"还是甜的好吃"等，孩子就会认为只有甜的食物才是好吃的东西，逐渐也特别喜欢甜味的食品了。可是，我们不希望孩子喜欢某些特定口味的食物，这样不利于孩子饮食多样化的培养，养成孩子偏食、挑食的不良习惯，长久下去孩子会因为营养不均衡而导致营养不良。

碳水化合物也是糖吗

Q 我看有的食品成分表不是写糖的含量而是写碳水化合物的含量，例如酸奶。碳水化合物是糖吗？它对于婴幼儿生长发育真的十分重要吗？

A 碳水化合物也称糖类，是生物界三大基础物质之一，也是自然界最丰富的有机物。碳水化合物主要供给身体能量，帮助体内合成蛋白质，促进生长发育，也是神经系统重要组成成分，例如核糖。碳水化合物还可以保护肝脏，维持解毒功能；抵抗因糖原不足，体内脂肪氧化不全，产生过多酮体引起酸中毒；完成脂肪氧化，降低血脂；调节血糖；改善肠道菌群等功能。和成人比较起来，婴儿体内的碳水化合物储存很低，所以需要经常进食。联合国粮食及农业组织以及世界卫生组织专家组把碳水化合物按照聚合度重新分为3组，即糖、寡糖和多糖，其中糖又包括单糖、双糖和糖醇。

- 单糖是不能被水解的最简单的碳水化合物，如葡萄糖、半乳糖和果糖等。

- 双糖，有蔗糖、麦芽糖、乳糖等。其中，乳糖是由葡萄糖和 β-半乳糖结合；蔗糖是由一个葡萄糖分子和一个果糖分子组成；麦芽糖由2个葡萄糖分子组成。

- 糖醇，如山梨醇、甘露醇。

- 寡糖，又称低聚糖，是由3个以上、10个以下的单糖分子构成的聚合物，如异麦芽低聚寡糖、海藻糖、低聚果糖、低聚甘露糖、大豆低聚糖等。

- 多糖，如淀粉、非淀粉多糖等。

除单糖外，其他糖类必须先经过消化酶分解为单糖，方能被机体吸收。碳水化合物的消化吸收分为2种主要形式：小肠消化吸收和结肠发酵。单糖直接在小肠消化吸收，双糖经过酶水解后再吸收，一部分寡糖和多糖水解成葡萄糖后吸收。碳水化合物在小肠不能消化的部分，到结肠经过细菌发酵后再吸收。（以上内容参考中国营养学会编著《中国居民膳食营养素参考摄入量（2013版）》）

因为糖是纯能量食物，适量糖的摄入对身体有好处，但是过量摄入不但会造成肥胖、龋齿、偏食挑食、高血糖、糖尿病、血脂异常、高血压等儿童代谢综合征发生，而且为将来肥胖、高血压、心血管疾病等埋下隐患。因此对于婴幼儿、儿童来说，控制糖的摄入很有必要，特别注意不要让1岁内的孩子进食果汁，1岁后控制果汁量的摄入，而且1岁后的孩子控制含糖饮料摄入十分重要。

市售酸奶营养成分表中写的碳水化合物含量，代表酸奶中的乳糖和其他糖，如蔗糖、果糖，有的还有低聚糖，所以过多摄入也对身体有害。选择酸奶时，选含碳水化合物每100g酸奶不要超过5g的为宜。

世界卫生组织建议成年人每天糖控制在50g（相当于11块方糖），最好是25g（相当于6块方糖），不能超过每天所进食的碳水化合物总量的10%；1～2岁儿童为5～10g的糖；2～3岁儿童为7.5～12.5g；4～5岁儿童为10～25g。

蔬果吃得对，健康更加分

" Q 我注意到《中国居民膳食指南》中特别强调了1岁以后的宝宝应多摄入深色蔬菜和水果，使其占每天蔬菜、水果总摄入量的一半以上。为什么？"

A 蔬菜根据颜色分为深色蔬菜和浅色蔬菜。深色蔬菜的营养价值高于浅色蔬菜，像深绿色、红色、橘黄色和紫红色蔬菜都属于深色蔬菜。这些蔬菜里富含植物性化学物质，包括多种色素物质，如叶绿素、叶黄素、番茄红素和花青素等，是已知人体必需营养素以外的化学成分，人体不能合成，只能通过食物供给。植物化学物质具有多种生理功能，如抗氧化作用、调节免疫力、抑制肿瘤、抗感染、降低胆固醇、延缓衰老等，因此具有保护人体健康和预防心血管疾病和癌症等慢性病的作用。

番茄红素是类胡萝卜素的一种，是自然界中最强的抗氧化剂，具有极强的清除自由基的能力（是β-胡萝卜素的2倍，是维生素E的100倍），对防治癌症、调节血脂、预防心脑血管疾病、提高精力和机体免疫力、延缓衰老、抗辐射、保护皮肤等均有功效，素有"植物黄金"之称。

叶绿素具有造血功能，是最好的天然解毒剂，可以清除体内的毒素，预防感染，防止化脓，有止痛、改善体质的功效。

花青素是一种强有力的抗氧化剂，能够保护人体组织免受氧自由基的伤害，增强血管弹性，改善循环系统，增进皮肤的光滑度，抑制炎症和过敏，改善关节的柔韧性。

叶黄素是一种类胡萝卜素，主要存于人眼中，高浓度集中在视网膜的黄斑区

（因为叶黄素是黄色，故名黄斑），少量存在于晶状体中。叶黄素是一种天然抗氧化剂，可过滤蓝光，清除氧自由基对眼睛的伤害，预防冠心病、癌症，有增加皮肤及黏膜组织抗紫外线功能、增强免疫系统等功效。

所以，建议在宝宝的膳食中保证绿色、红黄色蔬菜和水果的摄入，同时哺乳期的妈妈每天的膳食中也要保证这些食物的摄入，以满足宝宝对这些物质的需求。

1 岁以内的婴儿禁止吃蜂蜜

Q 我的宝宝近来便秘，我打算给他冲点儿蜂蜜水喝，可是邻居告诉我，小婴儿最好不要吃蜂蜜，是这样的吗？

A 是这样的。蜂蜜中可能有肉毒杆菌，会引起肉毒杆菌中毒。肉毒杆菌中毒是一种罕见的、比较严重的、可以通过被肉毒杆菌污染的食物传播的疾病。肉毒杆菌存在于土壤和灰尘中，蜜蜂在采花粉酿蜜的过程中，有可能会把带菌的花粉和毒素带回蜂箱，使蜂蜜受到肉毒杆菌的污染，所以有些蜂蜜中含有的肉毒杆菌芽孢数量非常高。研究发现，极微量的肉毒杆菌毒素就会使婴儿中毒。虽然肉毒杆菌孢子本身并无毒性，但是当进入体内后，它可以在肠胃里生长并产生毒素，导致中毒。婴儿与年龄稍大的孩子和成年人不同，1岁以下的婴儿体内还没有形成完好的肠道微生态屏障，来抵抗肉毒杆菌芽孢的侵袭。宝宝吃了有污染的蜂蜜后，就可能会引起中毒。中毒宝宝主要表现为持续便秘，严重者出现神经麻痹、哭泣微弱、呼吸困难等症状，非常危险。另外，蜂蜜太甜会破坏宝宝饮食习惯，使其不接受白开水，所以在婴儿未满1岁之前，不建议喂食蜂蜜。更何况100g蜂蜜中糖分占75.6%，水分占22%，其他成分不到3%。所以，从营养成分组成的角度来说，蜂蜜是一种热量高（100g蜂蜜中的热量为1344kJ）、营养高度单一的食品。因此，吃蜂蜜起不到传说中的那些保健作用，也解决不了便秘的问题。

如何给孩子断夜奶

Q 我的孩子快8个月了，每天夜间一两点钟都要吃奶，不给吃就大哭，只要含上奶头就又睡了。就这样，后半夜他每隔1～2小时就醒一次，要吃奶。我想给孩子断夜奶，可是他一哭，我一心软就又让他吃上了，弄得我每天晚上都苦不堪言。请问怎么才能给孩子断夜奶呢？

A 婴儿添加辅食后，当辅食可以替代一顿奶的时候（一般是8～9个月），就应该考虑给孩子断夜奶了。儿童牙医建议，长牙就应该减少夜奶的次数，上牙萌出后要彻底断夜奶，因为上牙部位没有唾液分泌腺体开口，牙齿缺乏自洁作用，最容易形成龋齿。4～6个月的婴儿逐渐建立了自己的进食规律，此时婴儿的胃容量可以达到200mL以上，同时胃排空的时间延长，因此婴儿应该开始定时喂养。例如，纯母乳喂养的孩子每3～4小时喂奶一次，每天6～8次；人工喂养的孩子建议最好平均4小时喂奶一次，每天6次，夜间适当地延长喂奶间隔。这样有利于添加辅食以后断掉夜奶。

孩子出生6周后，体内的生物钟会刺激大脑的松果体，开始分泌褪黑素，来调节生长激素的分泌。这直接影响着孩子的生长发育。褪黑素不但可以诱导孩子入睡、影响着睡眠的质量，而且还有提高孩子免疫力的功能。褪黑素分泌的高峰是在22点至凌晨3点，而且促进孩子生长发育的生长激素80%也是在夜间深睡眠时分泌，所以如果孩子在夜间频繁醒来吃奶，不能很好进入深睡眠状态，势必会影响褪黑素和生长激素的分泌，从而影响孩子的生长发育。由此可见，断夜奶是十分重要的。

要想孩子按时断夜奶，首先就要养成入睡的好习惯。孩子2～3个月时是建立良好入睡条件反射的关键时期，最好晚上9点以前让孩子入睡。另外，入睡前家长可以让孩子形成一套固定的准备式，如给孩子洗澡，做好口腔清洁护理，穿上睡衣和使用纸尿裤。让孩子躺在自己的小床上，听着安眠曲或者由家长轻拍入睡。每天重复这个入睡模式，孩子就会把洗澡、清洁口腔、换上睡衣以及听（同一首）安眠曲或者家长的轻拍，和入睡之间建立条件反射，以后再重复这个模式，孩子很快就会入睡了。此时千万不要养成孩子含着奶头入睡的习惯，一旦形成习惯以后再想纠正就十分困难了。另外，喂奶的间隔也要逐渐调整为4小时一次，最好建立如下喂奶间隔：8点、12点、16点、20点、24点、第二天4点各喂一次奶。孩子长到7~8个月辅食逐渐可以代替一顿奶的时候，可以将20点和24点的奶合并为一顿。当孩子习惯了这个喂奶的规律以后，再逐渐将凌晨4点的奶推到凌晨5点以后。

这里需要提醒家长注意的是，断夜奶的过程需要家长的耐心和坚持，否则孩子一哭就喂，会强化孩子的行为，再想断掉夜奶就很难了。

TIPS：3个月以后的宝宝夜间该叫醒吃奶吗

纯母乳喂养的孩子在3个月以内应该按需哺乳。随着生长发育，孩子逐渐形成内在的生物钟规律，白天清醒的时间多，夜间睡眠的时间多。此时，家长应将喂奶时间规律化。同时，孩子奶量增加、胃的排空时间延长使吃奶间隔延长，这时的孩子可以连续睡眠5~6小时，家长不必叫醒孩子吃奶。但是，家长白天需要加强喂养，增加孩子吃奶的次数，保证全天喂奶次数达到6~8次。

对于人工喂养的孩子来说，建议每天喂奶6次，夜间适当拉长喂奶的间隔，保证孩子夜间的睡眠。

孩子是进入厌奶期了吗

Q 我的孩子平常吃奶吃得很好，近来流口水严重，而且还咬奶嘴。给孩子添加米粉和蛋黄后，他开始不爱吃奶了。现在他不但吃奶少甚至拒绝吃奶，但是孩子精神很好。孩子是进入厌奶期了吗？这该怎么办？

A 医学上没有"厌奶期"这一术语。随着孩子的发育，孩子的好奇心增强，对

周围一切事物都感兴趣，任何一种声响或者物品都能转移孩子吃饭或吃奶的注意力。孩子到了4个月左右，唾液腺开始分泌，孩子可能会流口水。乳牙也开始萌出，这会刺激牙龈，引起牙龈的不适，孩子可能出现咬奶嘴或奶头的情况。由于添加了辅食，辅食的味道多种多样，孩子开始对味道单一的奶不感兴趣，所以出现了"厌奶"的表现，每天吃奶量大大减少，表现出对泥糊状食品的喜爱。这个阶段的孩子精神好，也很活泼，但是奶量的减少会引起妈妈的焦虑。其实，这种情况一般

经过20～30天就会恢复正常，家长大可不必着急。当孩子出现"厌奶"的情况时，家长要排除病理性原因，然后针对"厌奶"可以做如下处理。

● 选择合适的奶嘴。孩子正处于乳牙要萌出的阶段，牙龈不适，因此需要选择软硬度、大小合适的奶嘴。适当地扩大奶嘴眼，避免孩子吸吮疲劳后不愿意再吸。

● 奶的温度要适当。奶温过高或过低，都会刺激孩子的牙龈，造成孩子不愿意吃奶。

● 适当增加喂奶的次数，例如原来每天4次，可以改为5～6次，保证每天摄入的奶量。当孩子奶量恢复正常时，再逐渐改回每天4次。

● 泥糊状食品不能添加过多，影响配方奶的摄入量。小婴儿每天的热量物质摄入还应以奶为主。

● 孩子吃奶的环境要安静，周围不要有引起他注意力转移的声响或者物品，更不要开着电视喂孩子。

每个孩子"厌奶"的表现不一样，有的孩子可能很严重，有的孩子可能没有表现就过去了；而且每个孩子发生的时间也不一样，早的孩子可能3个月就发生，晚的孩子可能6个月才出现。但是，如果孩子"厌奶"严重，影响了发育，就需要去医院就诊。

给孩子添加调味品需谨慎

Q 家里做的饭菜一般会加一些味精或鸡精，让饭菜更香、更好吃。孩子的饭没什么味道，不知道可不可以加上调味品，比如盐、味精、鸡精什么的，使宝宝的饭菜更有滋味，也能多吃点儿长大个儿吧？还有，我看市面上有儿童酱油销售，这是不是比普通酱油更健康一些呢？需不需要给孩子买？

A 中国营养学会编著的《中国居民膳食指南（2016）》指出，辅食不加调味品并尽量减少糖和盐的摄入。婴幼儿辅食应单独制作，保持食物原味，不要额外加糖、盐及各种调味品。1岁以后，孩子应逐渐尝试淡口味的家庭膳食，因此1岁之内的辅食中不要添加调味品，尽量让孩子品尝食物的原味。

添加盐的注意事项

一般大人都是以自己习惯的口味去品尝婴儿食品的味道，已经习惯咸味食品的大人就会认为婴儿配方食品无味，而错误地想象婴儿也会认为没有味道。婴儿的口味和大人的不一样，其对低钠和高钠食物的接受程度是一样的。婴儿应该摄食低钠食物，如母乳、婴儿配方奶粉以及市售的婴儿食品等。

口味是后天培养出来的，婴儿应该多品尝食品的原味，这样在孩子味道的记忆仓库中就会储存更多不同的味道。因此，大人不要把自己口味的喜恶强加给孩子，不可在婴儿食品中额外加盐。

1～2岁幼儿每天盐的摄入量应<1g，2～3岁盐的摄入量应<2g，4～5岁盐的摄入量应<3g。婴儿配方食品要严格遵照这个规定，因为配方食品中原有的食物包括奶粉所含的钠元素已经足够婴儿发育需要的，不需要额外再添加钠盐。宝宝夏天如果出汗很多，母乳或者配方奶、配方食品里含有的钠元素也足以满足宝宝的需要，不需要给孩子额外补充盐。另外，如果家族里的人都有高血压，就更要注意宝宝饮食中的盐含量。我国成人居民高血压的高发与食盐的高摄入量有关，要控制和降低成人的盐摄入量必须从婴儿时期开始，而且控制得越早收到的效果越好，尤其对于具有高血压家族病史的宝宝更为重要。

味精、鸡精不要加

不能让孩子吃含味精或鸡精等调味品的食物。鸡精是以鸡肉、鸡蛋、鸡骨头（有的鸡精不含天然的鸡肉类成分）和味精、超鲜味精为原料经过特殊工艺制成的产品，是复合调味料。鸡精和味精都含有谷氨酸钠和氯化钠（食盐成分），无形中增加了食物里钠元素的含量。孩子的肾脏还没有发育健全，所吃的母乳或合格的配方奶中的矿物质是符合肾脏的渗透压的，如果吃了盐，就会喜食咸味，加重肾负荷，埋下将来患高血压、动脉硬化的隐患。大人不能以自己的口味为准，给孩子调味。

另外，谷氨酸钠能使婴幼儿血中的锌转变为谷氨酸锌，随尿排出，造成孩子缺锌。人的唾液中含有一种味觉素，是一种含锌的物质，营养着味蕾和口腔黏膜。如果孩子缺锌，可以引起味觉功能丧失，食欲减低，同时导致智力、生长发育和性发育减退。而且，鸡精和味精也容易造成孩子的味觉错位，一旦停止吃这些调味品，孩子会拒绝饮食，使发育更加落后。

对于哺乳期的妈妈来说，同样建议妈妈尽量少吃鸡精和味精，以防止通过乳汁传递给孩子。

儿童酱油真的好吗

我国只有酿造酱油的国家标准，没有制定儿童酱油的国家标准，所谓的有机、酿造、富含氨基酸与强化了钙和铁的儿童酱油是商家的一个宣传噱头而已，价格却高于普通酱油很多。

儿童酱油含钠量并不低。一般普通成人酱油10mL含钠量600～800mg，而儿童酱油10mL中含钠量都在600mg以上，这相当于1.5g的盐，可以看出含钠量并不低，甚至有的还高于普通酱油。有的儿童酱油还添加了钙和铁，但是通过吃酱油补铁，盐肯定就会超量，同样威胁了儿童的健康。

儿童酱油成分表中含有钙、铁、氨基酸，再打上有机的标牌，由此受到不少家长青睐。其实，酱油是由大豆和小麦发酵酿造制作的（配制酱油除外），大豆和小麦中的蛋白质最后都被分解为氨基酸，所以所有的酱油都含氨基酸，并不是特意添加进去的。

市场上售卖的儿童酱油都是商业宣传，长期给孩子吃儿童酱油就会养成重口味、嗜咸，甚至养成挑食偏食的毛病，为其成年后患高血压、动脉硬化等埋下了隐患。因此，不建议家长给孩子买价高而又不适合幼儿吃的儿童酱油。

警惕幼儿食品中隐性盐的摄入

Q 我发现《中国居民膳食指南》中提出不同年龄段有不同的盐的摄入标准。请问，在日常生活中应该如何保证孩子不会摄入超量的盐呢？如何注意食品中隐性盐的摄入问题？

A 《中国居民膳食指南（2016）》指出，学龄前儿童每日盐的摄入量为1～2岁＜1g，2～3岁＜2g、4～5岁＜3g。这里限制盐的摄入，主要是限制食盐中矿物质——钠的摄入。而高盐（高钠）的摄入会为儿童埋下患高血压、心血管疾病和脑卒中的隐患，同时也会增加患胃癌和骨质疏松的风险。因此，限制盐的摄入必须从婴幼儿期开始。

从婴儿开始添加辅食起，很多父母在给孩子制作食物时，都会注意少放盐的问题，但却忽略了饮食中隐性盐的摄入问题。在生活中，隐性盐的摄入也是一个不可忽视的问题。《中国食物成分表（第2版）》指出，如茴香、芹菜、塌棵菜和茼蒿等蔬菜的钠含量较高，即每100g茴香中含钠186.3mg，相当于含盐量为0.47g；每100g茼蒿中含钠161.3mg；每100g芹菜茎含钠206mg；每100g塌棵菜含钠115.5mg。吃这些蔬菜时最好不放盐或少放盐，可以使用醋、芝麻油、橄榄油、核桃油、亚麻籽油等进行调味。还有一些中高钠含量的蔬菜，如萝卜、芥菜头、大白菜、胡萝卜缨、芹菜叶、生菜、蕹菜、西洋菜、藕、白花菜、扫帚苗等，烹制这些蔬菜时就要少放盐。另外，肉、鱼、虾、贝等食物也含有不少钠。我们日常生活中吃的面包、起酥类食品、麦片、饼干、蛋糕、中式点心、奶酪、牛肉干、海苔、薯片以及熟肉制品等都是含钠较高的食品。个别的矿泉水每100mL中含钠量也会达到80mg。因此，学龄前儿童吃这些食物时，应该适当减少每天盐的摄入量。需要提醒家长注意的是，像膨化食品、油炸食品、冰激凌、人造奶油甜点等零食，对孩子身体健康无益，家长更要少给学龄前儿童吃。

婴幼儿如何补充水分

扫码看视频6

Q 婴幼儿每天需要额外补充水分吗？如果需要补充，该补充多少呢？目前市场上有各种各样的桶装、瓶装水，其中有矿泉水、矿物质水、纯净水以及最近流行起来的婴幼儿专用饮水，给孩子选择什么水比较好呢？

A 水不但是生命的基本构成，也是人体不可缺少的营养物质，其重要性仅次于空气。小儿体内水分相对于成人多，其水分主要来源于摄入的液体和固体食物，以及食物氧化和组织细胞代谢所产生的内生水。水的需要量取决于机体的新陈代谢和能量需要。成年人每消耗4186kJ能量需要水1mL，而小婴儿新陈代谢旺盛，能量需要较多，肾脏浓缩功能差，所以需要水分相对多，大约每消耗4186kJ能量，需要水1.5mL。孩子年龄越小需要的水分越多，而且活动量、外界的温度和食物的性质也影响孩子对水的需要量。如果孩子活动量大或者外界的温度高、出汗多，食物过干、咸、甜，那么孩子需要的水分就多。儿童每千克体重需要约150mL水。如果每天每千克体重摄取的水分少于60mL就会出现脱水。如果超出正常需要量，不但会突然增加尿量，而且若心、肾功能不全，还有可能发生水中毒，出现水肿、惊厥及循环衰竭等。婴幼儿每天需要的水相对成年人多，总需水量为1250～2000mL。

不同年龄孩子对水的需求量请参考本书"吃多少才算食量刚刚好"。

孩子满6个月时添加了辅食，学会用手抓食物吃，手—眼—口动作已经很准确和熟练了，这时正是开始训练孩子使用杯子喝水的好时机。使用杯子喝水可以加强宝宝肢体动作的协调性，是成长过程中满足自己生存的一项技能学习，为1岁以后脱离大人照顾走向独立生活打好基础。过晚训练孩子使用杯子喝水，长期用奶瓶喂养，会使孩子越来越依赖奶瓶。这除了容易引发龋病外，还会妨碍孩子咀嚼功能的发育。

开始训练时，家长可以给孩子选择带有双把手的学饮杯或吸管杯。喝水时，孩子应该采取半卧位或者坐位。当孩子喝水时，家长要示范给他，如何倾斜杯子喝到水。然后，让孩子双手握住杯子两侧的把手，大人在杯子下方帮助他，抬高杯底将杯嘴或者吸管放进他的嘴里，让他喝到水（图41）。随着孩子使用杯子喝水逐渐熟练，家长就可以放手让他自己拿着杯子喝水了。这时也可以将杯子换成鸭嘴杯，让孩子学会如何使用杯子喝水而杯子里的水不会洒出来。到1岁以后，孩子就可以使用易于把握的普通杯子喝水或吃奶，脱离了依靠吸吮方式吃奶的奶瓶。

图41

适合孩子饮用的水有哪些

目前，市面上销售不同包装的饮用水。对于家长来说，给孩子选择什么饮用水，确实是需要考虑的。

|不宜饮用纯净水|

市场上的纯净水都去除了钙、镁、铁、锰、锌、硅等无机物，虽然基本无污染物，但同时也基本无营养元素。婴幼儿生长发育需要的矿物质（微量元素和常量元素）有一部分是从水中得到的，长期饮用纯净水，会减少婴幼儿对矿物质和有益元素的摄入，特别是那些日常膳食中无法摄取或摄入量极少的微量元素，如氟、锶、锌等，对肠黏膜、新陈代谢和矿物质动态平衡或其他人体机能有着直接的影响。同时，长期饮用纯净水也会造成大量的钙、镁和其他必需矿物盐的流失，给健康带来不利影响。另外，纯净水pH值一般为6.0左右，而我国生活饮用水卫生标准规定pH值为6.5～8.5，所以婴幼儿不宜长期饮用纯净水。

一些家庭使用了净水器，来净化当地的自来水。净水器产出的水为纯净水，净水能力越强，水中的矿物元素含量就越低，长期饮用对健康不利。再加之净水器维护不及时，非常容易造成二次污染，所以这类家庭自产的纯净水也是不建议婴幼儿饮用的。

|不宜饮用"矿物质水"|

人为在纯净水中添加一些食品添加剂，如硫酸镁、氯化钾等，这样的水被称为矿物质水或人造矿化水。水中添加矿物盐仅仅是为了调节口味，不起任何营养作用，因此国家规定这类水不能称为"矿物质水"，并且人为添加硫酸镁、氯化钾等物质的水，必须在标签上明确标注"添加食品添加剂用于调节口味"。因此，这类水本质就是纯净水，同样不建议给婴幼儿饮用。

|不宜饮用矿物元素含量过高的天然矿泉水|

天然矿泉水要求水源来自地下深处，自然涌出或者经钻井采集，含有一定量的矿物质、微量元素或其他成分。不同水源含有的矿物元素的种类和量有着很大的不同。因此，矿泉水里含有的矿物质有可能并不是孩子生长发育所需要的，且水中溶解性总固体含量过高，不适合孩子的肾负荷。孩子喝了矿泉水，容易造成某种微量元素过量，长久下去可能对孩子有害。因此，建议家长选用矿泉水时可以看产品的标签，关注溶解性总固体和钠含量等指标，矿物质含量过高的矿泉水不宜给婴幼儿饮用。

需要提醒家长注意，我国发布的GB 19298—2014《食品安全国家标准包装饮用水》中只对包装饮用水大肠杆菌和铜绿假单胞菌做了限量要求，因此婴幼儿饮用水必须经过煮沸才能饮用或者冲调配方奶。

那么，到底应该给孩子饮用什么水好呢？

|优质自来水|

我国对生活饮用水有较严格的标准。如果确定本地自来水水质比较好，其矿物盐含量符合国家标准，水质不太硬，家长完全可以放心地让孩子长期饮用自来水，但必须是烧开的自来水，以达到灭菌目的。白开水既安全又实惠。

不用果汁、饮料替代白开水

Q 我的孩子10个月了，一直是母乳喂养，孩子从来不愿意喝水。后来因为天气热，想给孩子多喝水，可是孩子就是不喝白开水。为了让孩子喝水，我们就尝试着给孩子喝果汁或饮料，结果他养成了只喝果汁和饮料的习惯。请问可以用果汁或饮料代替水吗？

A 水为人体不可缺少的物质，它的重要性仅次于空气。婴幼儿每天需要的水分大约是155mL/kg体重，而且年龄越小需要的水分越多。因为小婴儿新陈代谢旺盛，热量需要较多，但是肾浓缩的功能差，所以需要的水相对较多。另外，水的摄入多少也与活动量、外界的气温、食物的性质有关，活动量大、气温高、进食蛋白质和矿物盐多，需要的水就多。如果孩子排泄得多（例如腹泻），需要的水也多。

果汁、饮料不能代替水，原因如下。

● 孩子的味觉对甜味有很强的亲和力，一旦家长因为某种缘故给孩子喝过果汁或者饮料，孩子味道的记忆仓库就会起作用，记下这种好喝的味道，造成有的孩子拒绝喝水，而偏爱果汁或者饮料。

● 果汁中含有大量的果糖，如果大量饮用，会导致孩子的血糖升高，影响食欲，进而影响正常的生长发育。同时，过量的果糖也会影响身体对铜的吸收。铜在人体中有着重要的生理功能，如维持正常造血功能，促进结缔组织生成，维护中枢神经系统的健康，促进正常黑色素形成，以及维护毛发的正常结构，保护机体细胞免受超氧阴离子的损伤。此外，铜对胆固醇代谢、葡萄糖代谢、心脏功能、免疫功能、激素分泌也有影响。早产儿容易发生铜缺乏。如果长期缺铜，可以发生不同程度的缺铜性贫血，引起厌食、腹泻、肝脾肿大、生长停滞、浅表静脉扩张、肌张力减退、精神萎靡等。缺铜还会造成含铜蛋白和酶活力下降，由此引起弹性蛋白和胶原蛋白合成减少，并使心脏和动脉组织强度减低，引起破裂以至死亡。同时，铜缺乏也会引发关节炎、色素消失、神经改变、糖耐量下降、血清中胆固醇增加及心律不齐。铜还是人体中参与制造心血管组织所必需的微量元素之一，小儿缺铜将给日后患冠心病留下隐患。

不要给1岁内的婴儿饮用果汁。对于1岁以上的儿童来说，果汁的营养远远跟不上水果的营养，而且容易摄入过量，无形中使糖的摄入量增多。而且，果汁还缺乏水果能提供的膳食纤维和其他营养成分。

对于1～3岁的孩子，果汁的摄入量应限制在每天不超过120mL；4～6岁的孩子果汁的摄入量应限制在每天120～180mL；7～18岁的儿童或青少年果汁的摄入量应限制在每天240mL。

饮料更是多含糖分，碳酸饮料含糖5%～8%，乳酸饮料含糖10%～13%，长期饮用，容易造成孩子摄入糖分过多而成为小胖墩儿。肥胖会为将来成年疾患埋下隐患。而且，糖分摄入过多，不能被人体吸收利用，而是从肾脏排出，使尿液发生变化，这种情况日久天长会引起肾脏病变。

● 一些工业生产的果汁和饮料中还含有枸橼酸和色素。前者进入人体后与钙离

220

子结合成枸橼酸钙，不易释出，使血钙浓度降低，引起多汗、情绪不稳，甚至骨骼畸形等缺钙症状。色素对小儿的危害也很大，过量的色素在体内积蓄不仅是小儿多动症的原因之一，而且可以干扰多种酶的功能，使蛋白质、脂肪和糖的代谢发生障碍，引发"果汁尿"，从而影响婴幼儿的生长发育。

● 长期饮用果汁或饮料会对婴幼儿的牙齿造成侵蚀。

● 多喝果汁或饮料也会造成婴幼儿营养不良。果汁、饮料中含糖量高，会使孩子血糖升高，饥饿感消失，吃饭时毫无食欲。同时，饮料进入消化道，会稀释消化液，对消化和吸收食物造成阻碍。有的饮料由于添加了防腐剂、香精、糖精钠以及人工色素，长期饮用会导致厌食，引发营养不良或者贫血。

➚ 育儿链接：胡萝卜有营养，给孩子榨生胡萝卜汁喝好吗　● ● ●

胡萝卜的营养十分丰富，不但含有蛋白质、脂肪、碳水化合物、钙、镁、钾，而且还含有维生素C、纤维素、叶酸以及丰富的类胡萝卜素，因此中医以"小人参"来美誉胡萝卜。胡萝卜中的类胡萝卜素被小肠黏膜吸收，由肝脏摄取转化为维生素A并储存，供人体所需。维生素A可以维持人体细胞膜的稳定性，保持皮肤及黏膜上皮细胞的完整和健全，促进骨骼和牙齿正常发育，增强机体的免疫功能和抗病能力，维持生殖系统正常功能，构成视网膜中感光物质，维持暗光下的视觉功能，因此胡萝卜是对孩子健康非常好的一种食品。但是，由于类胡萝卜素和维生素A皆为脂溶性的，只有与脂类结合才能被人体吸收，而生吃胡萝卜或喝生胡萝卜汁会导致近90％的类胡萝卜素留失，更何况胡萝卜汁还丢失了大量的膳食纤维和其他营养物质。所以，不建议婴儿食用生胡萝卜汁，即使是做成熟的胡萝卜汁也不建议给孩子吃。可以将胡萝卜做成泥状食品，用少许植物油调制后来喂宝宝。

需要家长特别注意的是，虽然胡萝卜营养丰富，也不能短时间内大量吃，因为胡萝卜素是一种黄色的色素，如果过食富含胡萝卜素的胡萝卜、南瓜、橘子等，可以引起血中胡萝卜素增高。当胡萝卜素血中浓度超过2.5g/L时，会导致皮肤黄染，严重者会引起食欲不振、恶心、呕吐、全身乏力等。胡萝卜素血中浓度过高的表现是：

● 黄染首先出现于手掌、足底、前额及鼻部皮肤；

● 一般不出现巩膜和口腔黏膜黄染；

● 血中胆红素不高；

● 停止食用富含胡萝卜素的蔬菜和水果以及汁液后，皮肤黄染逐渐消退。

另外，长期饮用含糖饮料也会带来一些健康上的隐患。2018年5月18日，由北京大学公共卫生学院和联合国儿童基金会驻华办事处组织全国相关领域专家编写的《中国儿童含糖饮料消费报告》发表了。文章显示，过多饮用含糖饮料会增加患龋齿、肥胖、2型糖尿病和血脂异常等慢性疾病的风险。儿童处于生长发育的关键时期，均衡的营养是其智力和体格正常发育乃至一生健康的基础。经过研究发现，过多服用含糖饮料对血压、骨健康有一定影响，含有碳酸的饮料还会增加龋齿的发生率。

一些金属罐装饮料还会引起有害金属污染，如铝、铅等，严重影响了孩子的智力。尤其是市面上生产的功能性饮料和碳酸饮料更不适合婴幼儿喝。

辅食请勿过度精细

"

Q 我家宝宝已经1岁5个月了，吃稍微硬一点儿的食物就吐出来，而且吃食物时也不咀嚼就直接吞咽下去。这是不是与我们一直给他吃太精细的食物有关？

"

A 确实有一定的关系。咀嚼动作是需要舌头、口唇、面颊肌肉和牙齿彼此协调运动，才能够完成的。根据婴儿的不同月龄，应该适时添加不同食物，在充分照顾到营养平衡的同时，还要考虑到食物的硬度、柔韧性和松脆性，用以提供口腔肌肉不同的刺激，使其得到充分发育。单纯进食液体食物或过于柔软的食品，对于婴儿咀嚼功能的完善和发达是有妨碍的。如果总是给孩子吃流质食物或糊状食物，孩子几乎未接触过固体食物，咀嚼肌就不能充分发育，牙周膜软弱，甚至牙弓与颌骨的发育增长也会受到一定的影响，不利于牙齿及时的萌出以及萌出后牙齿的排列。不通过咀嚼的食物，孩子就不可能更好品尝其味道，而失去对食品的乐趣，勾不起孩子的食欲，也不利于味觉的发育。而且，咀嚼肌得不到应有的发育，也会影响孩子将来的容貌。

口腔中的乳牙、舌、颌骨是辅助语言的主要器官，其功能的完善要靠口腔肌肉的协调运动。如果乳牙不能及时萌出，上下颌骨及肌肉功能的发育差，都会影响婴幼儿语音的清晰、日后的构音和语言发育。

孩子乳牙脱落过晚，最常见的原因之一就是因为孩子吃的食品过于精细，没有充分发挥牙齿的生理性功能。牙齿的主要功能是咀嚼食物，只有咀嚼食物才能促进乳牙牙根的生长发育及其自然吸收、脱落。

孩子在添加半固体或固体食物的过程中，可能大便会出现食物渣滓，如菜叶、水果块等，这是添加辅食过程中常有的事情，只要孩子不哭不闹，照吃照玩，就不需要处理，家长也不必惊慌。孩子的胃肠道需要有逐渐适应这些粗糙食物的过程，逐渐就会对吃进去的食物进行消化、吸收，大便的性状也会好转。如果家长误认为孩子不能消化而停止这种性状食物的喂养，宝宝也就失去了胃肠锻炼的最好时机，肠道的推动力及适应能力便会出现停滞。所以说，孩子的养育要粗放一些，就是这个道理。否则，我们的宝宝对食物略冷一点儿，硬一点儿，多一点儿都不适应。这样的孩子很难适应环境变化，而且弱不禁风。

用鸡汤熬粥是否更有营养

Q 我们南方人都喜欢煲汤给孩子喝，尤其认为鸡汤有营养，我每天给孩子用鸡汤熬粥并添加上蔬菜，这样营养是不是很丰富呢？

A 鸡的营养主要存在于其所含的肉和脂肪里。肉质中所含的肌酐、肌酸等产生鲜味的含氮浸出物很丰富，所以炖出的鸡汤味道浓厚、鲜美。但这些含氮浸出物并不具有很高的营养价值。汤里面只有少量氨基酸、核苷酸，以及为数不多的矿物质和乳糜微粒，而孩子生长发育急需的蛋白质，以及其他营养成分如脂肪、脂溶性维生素、矿物质有90%～93%仍然留在肉里。因此，可以肯定地说，肉里的营养要比汤里的高很多。而且煲汤的时间越久，营养成分反而会越低。

孩子添加辅食时，可以给孩子吃鸡肉泥。当孩子接受了鸡肉泥后，随着发育，可以用鸡汤熬粥时，也要注意在粥里放上鸡肉和蔬菜，让膳食多样化。以后还要逐渐给孩子添加鱼、虾，以及其他种类的禽肉、瘦畜肉，还要注意补充各种蔬菜（深绿色、红黄色蔬菜各占一半），这样孩子的营养才能均衡全面。

对于其他的动物性食品（包括海鲜食品）煲汤都是同样的道理，值得注意的是煲汤的时间过久，汤里的嘌呤含量往往过高，对孩子也不好。因为过高的嘌呤会造成高尿酸，是引发痛风和结石的罪魁祸首。所以建议煲汤的时间不要过久，并注意去掉汤中过高的油脂，让孩子喝汤时也不要忘记吃汤里的肉。

粗粮添加有讲究

"

Q 我的宝宝刚8个月，经常便秘，我想给孩子吃些玉米面粥来补充膳食纤维，但是我又怕热量摄入不足。什么时候可以给孩子吃粗粮？

"

A 目前，有很多家长的喂养观出现了偏差，常常采用高糖、高脂肪（主要是饱和脂肪酸摄入多）、低膳食纤维的不科学喂养方式。这样很容易让孩子小小年纪就埋下成人疾病的隐患。

孩子生长发育不但需要蛋白质、脂肪、碳水化合物、水、矿物盐、维生素等营养素，还需要膳食纤维，因此膳食纤维又被称为人体必需的第七大营养素。

膳食纤维是不被人体消化吸收的一类物质，包含可溶性膳食纤维和不可溶性膳食纤维。膳食纤维对人体的生理功能起到十分重要的作用，如刺激胃肠蠕动，促进大便排出，减少胃肠疾病等。粗粮像燕麦、小米、玉米以及豆类、薯类等，含有大量膳食纤维，其热量相对于细粮略低。

膳食纤维是植物中的可食部分，不能被人体小肠消化吸收，在体内具有重要的生理作用，是维持人体健康不可缺少的营养素。吃一些粗粮是解决便秘的一个好的方法。粗粮摄入体内转化的热量较精米、白面低，假如将葡萄糖的血糖生成指数定为100，则精米饭为83.2，富强粉馒头为88.1，小米为71，玉米粉为68，燕麦为55。

以燕麦为例，燕麦在美国《时代》杂志评出的十大健康食品中名列第五。进食燕麦符合现代营养学家提倡的"粗细搭配""均衡营养"的饮食原则。

据中国医学科学院综合分析结果，优质燕麦粉含有蛋白质为15.6%，其中含有幼儿生长发育的8种必需氨基酸，且构成较平衡，有理想的赖氨酸和蛋氨酸比例，尤其是赖氨酸的含量为0.68%，而在大米和小麦中这两种氨基酸严重不足。燕麦的脂肪含量为8.5%，其中主要成分是不饱和脂肪酸，是促进幼儿生长发育和新陈代谢的必需脂肪酸。燕麦中亚油酸占38.1%～52%，分别是小麦、大米的2倍和

4～7倍。而且，燕麦中B族维生素的含量占谷类粮食之首，能够弥补精米精面在加工中丢失的大量B族维生素。抗氧化剂维生素E的含量也高于大米和小麦，同时含有丰富的具有合成遗传物质功能的叶酸。100g燕麦片的热量为1637kJ，其释放的热量及磷、铁、钙、锌、锰的含量几乎占禾谷类首位，能满足幼儿的生理需要。虽然燕麦含有的淀粉量略低于大米和小麦，但是淀粉分子比大米和面粉小，易消化吸收，还含有果糖衍生物的多糖，可被人体直接利用。燕麦是谷类中唯一含有皂甙素的作物，它可以调节人体肠胃功能，降低胆固醇。燕麦中富含2种重要的膳食纤维，其中可溶性纤维（β-葡聚糖）可大量吸纳体内胆固醇，并排出体外；非可溶性纤维有助于消化，从而降低血液中胆固醇含量，有利于孩子便秘的治疗，更好地清除孩子体内垃圾，减少肥胖症的发生，有效预防心血管病和大肠癌症的发生。燕麦中还含有可以抑制炎症的环前列腺素。因此，燕麦是一种对身体健康十分有益的食物。再加上经过加工的燕麦片非常适合处于生长发育阶段的幼儿食用，给孩子多吃一些燕麦食品是一个不错的选择。

但是，过多食用高纤维的食品可让宝宝产生胀腹感，也会造成宝宝摄入热量不足，这对宝宝的发育也是不利的。因此，需要多种食物合理搭配，构成膳食平衡，才能保证热量的摄入。对于婴儿来说，满6个月开始添加辅食后，奶类仍然是重要的食品，辅食添加的量、品种、性状等也要由少到多、由细到粗。7～12月龄婴儿辅食应提供所需能量的1/3～1/2。但是，此时婴儿的肠胃还不适应含有高纤维而热量相对比较低的粗粮，因此1岁之内的宝宝尽量先不要吃粗粮。1～3岁的幼儿，按照幼儿平衡膳食宝塔规定，除每天保证一定量的奶类外，每天摄入的食物种类、合理数量、饮水、身体活动都有具体的数量，可以摄入少量的粗粮，如燕麦片、玉米面、小米等。同时，家长可以根据食物同类互换及各类食物的量灵活掌握，这样才能保证孩子的生长发育所需要的热量。

婴幼儿适合吃罐装的肉松吗

"

Q 我看到市面上有很多供婴幼儿食用的罐装肉松售卖，这些肉松是否可以给孩子吃呢？

"

A 目前市面上确实有一些商家销售婴幼儿罐装肉松，虽然其中含有蛋白质、碳水化合物、脂肪和一些矿物质，但一些厂商在制作过程中会添加过多的油、盐、糖。例如，有些肉松每100g中含盐量竟然能达到1.6g。那么，这种高热量、高盐、高糖、高油的食品又怎么能利于婴幼儿发育呢？更何况这种食品并不新鲜，而且食材中大量的B族维生素也会被破坏。因此，一些所谓的婴幼儿肉松并不适合婴幼儿食用，不建议给婴幼儿选择肉松食用。

2016年5月，上海市食品药品监督管理局在答复上海市奉贤区市场监督管理局提出的关于罐装肉松产品是否适用GB 10770—2010《食品安全国家标准婴幼儿罐装辅助食品》时，明确答复："生产专供婴幼儿食用的食品应当符合有关婴幼儿食品安全标准。生产婴幼儿罐装辅助食品，其性状及有关指标应当符合GB 10770—2010《食品安全国家标准婴幼儿罐装辅助食品》规定。仅按照SB/T 10281—2007《中华人民共和国国内贸易行业标准肉松》生产的肉松产品，其标签不得宣称适宜婴幼儿食用。"

"垃圾食品"谨慎吃

Q 我的孩子3岁了，特别爱吃洋快餐，一周必须吃3～4次。大家都说这些食物不利于孩子的生长发育，是这样吗？

A 对于洋快餐的营养价值，医学营养界一直持有异议。洋快餐是西方快节奏生活下应运产生的食品，我们也称为"垃圾食品"。这些食品具有高脂肪、高蛋白、高热量、低维生素、低矿物质、低纤维素的特点。我不主张孩子吃这样的食品，因为这些食品营养配比不合理，容易引起孩子脂肪堆积、热量过剩，造成孩子肥胖。平衡的膳食结构由多到少依次为，谷类、蔬菜水果类、畜禽肉类、奶类及奶制品与豆类或豆制品、油脂类，呈宝塔形。如果孩子小时候就肥胖，长大了一般都患有肥胖症，还容易诱发高血压、心血管疾病、糖尿病等。幼儿正处于体格和智力发育的关键时期，也是饮食行为形成的重要时期。这个时期形成的饮食行为往往会持续一生。如果不及时进行纠正孩子对食物的不良喜好，很容易形成不健康的行为和生活方式，为各种慢性病的发生埋下隐患。洋快餐口感好，孩子喜欢吃，偶尔吃一两次，未尝不可，孩子还可以长长见识，调调胃口，但是不能作为日常生活中的主要食品来源。

如何让宝宝合理有度地吃零食

Q 我的宝宝2岁了，平常特别喜欢吃零食，结果导致他正餐吃得特别少。我怕影响孩子的健康，曾拒绝给他吃零食，但看到孩子眼馋的样子我又于心不忍。请问孩子吃零食好吗？应该选择什么样的零食？怎样吃零食才合理？

A 零食指每日三餐之外所吃的食物。孩子1岁以后胃容量大约为300mL，进食量有限，而且咀嚼和消化能力比较弱，所进食物多是稀软的饭菜，因此正餐食物产生的能量不能满足孩子生长发育的需求，只有在两顿正餐之间添加适当的零食，才能获得充足的营养。由此可见，合理有度地吃零食不但是一种生活上的享受，而且可以弥补正餐能量和营养素的不足，同时起到缓解紧张情绪的作用。合理地选择零食非常重要，在保证营养的情况下，家长可以适当照顾孩子的喜好。零食最好选择新鲜、天然、易消化的食物，如奶类、水果、蔬菜、坚果和豆类（根据年龄选择研碎吃或者整粒吃），或者稀软的面食。零食安排的时间最好是上午9～10点，下午15～16点，晚餐以后除水果外尽量不要再吃其他零食，特别是甜食。吃零食前一定要洗手，吃完漱口，睡前还要清洁牙齿，预防龋齿发生。每次的零食量以不影响正餐食欲为原则，尽量选择小包装的食品，不要购买散装暴露的食品。同时，家长要注意识别食品的营养成分、生产日期和保质期，要限制高脂肪、高糖、高盐的食品，不要给孩子吃膨化或者黏性食品，慎重选择强化食品。另外，家长不要把零食作为奖励、惩罚、安慰孩子的手段。

《中国居民膳食指南（2016）》推荐给学龄前儿童的零食

推荐的零食有：新鲜水果、蔬菜，液态奶、酸奶、奶酪等乳制品，馒头、面包、鲜肉鱼制品，煮鸡蛋、鸡蛋羹，豆腐干、豆浆等豆制品，研碎的坚果。

限制的零食有：果脯、果汁、果干、水果罐头，乳饮料，冰激凌、雪糕等冷冻甜品类食物，奶油、含糖的碳酸饮料和果味饮料等饮品，薯片、爆米花、虾条等膨化食品，油条、麻花、油炸土豆等油炸食品，含有人造奶油的甜点，咸鱼、香肠、腊肉、鱼肉罐头等腌制食品，烧烤类食品，以及高盐坚果和糖浸坚果等。

吃水果时需要注意些什么

Q 宝宝非常喜欢吃水果，不管是吃饭时还是午觉后都要吃大量的水果。孩子姥姥还爱给孩子吃反季节水果，如冬天吃西瓜，她还说水果吃多了人长得水灵。请问这样吃水果可以吗？

A 水果都含有大量果糖。果糖是糖类中最甜的一种单糖，甜度是蔗糖的1.7倍。婴幼儿最喜欢甜味的食品，所以宝宝喜欢吃水果是很正常的事。孩子吃水果关键是需要注意吃的时间、挑选的品种和进食的量。在饱餐之后不要马上给宝宝食用水果，因为糖类在小肠内只会消化吸收一小部分，大量未消化的糖类会停留在结肠，经过细菌的酵解吸收产生很多气体，从而引起腹胀、腹痛及腹泻等。同时，也不要在餐前给宝宝吃水果，因为1g的糖在体内可以产生14kJ的热量，宝宝的胃容量还比较小，如果在餐前食用水果，就会占据一定的空间，而且血糖升高也不会产生饥饿感，从而影响正餐营养素的摄入。另外，水果的摄入量过大，会导致身体摄入过量的果糖，不仅使宝宝的身体缺乏铜元素，影响骨骼的发育造成身材矮小，而且还会使宝宝经常有饱腹感，影响对其他必需营养素的摄取，导致食欲下降。

水果虽然美味，但是有的水果却给宝宝带来"灾难"，因为个别宝宝可能对某些水果过敏，出现恶心、呕吐、荨麻疹、腹泻、便血、低血糖、昏厥以致休克、死亡。所以，给宝宝添加新的水果时，一定要观察孩子全身各系统的表现，尤其对有过敏家族史的宝宝更要加倍注意。

随着农业科技的发展，很多水果在一年四季都会销售。大棚生产的反季节水果即使成熟，其营养成分也不如自然生长的水果。而且，个别唯利是图的商贩和果农抓住消费者尝鲜的心理，用植物生长调节剂催熟水果，使水果达不到应有的丰富营养，常吃还对人体有害而无利。

给孩子吃水果最好把食用水果的时间安排在两餐之间或是午睡醒来后，并根据宝宝的年龄大小及消化能力，选择应季水果，即什么季节吃什么水果最好。

当然，给孩子吃一些反季节的水果也是可以的。目前我国物流非常发达，即使在北方冬天也可以吃到南方产的热带水果，家长可以根据孩子接受的情况来选择。

让孩子远离五大不健康零食

Q 孩子有的时候看到别人家的孩子吃一些零食，他也哭闹着要吃，可我觉得那些零食不健康，就没给他买。爷爷奶奶一看到这种情况就偷偷地给他买着吃。我该如何劝说他们不给孩子吃这些不健康的零食呢？

A 孩子小，生长发育速度快，需要的能量大，但其胃容量小，所以孩子在正餐之间应该添加零食。为孩子选择什么样的零食，家长要把好关，因为孩子小，对食物是否有营养没有概念，只要觉得好吃就喜欢。有的零食虽然味道好，但是在制作过程中却添加了大量的调味剂、甜味剂、香精等添加剂。而且，孩子吃了第一口，就会留下深刻的印象，以后他还会继续要这种零食，反复多次食用就会对孩子的生长发育产生影响。因此，家长要科学地给孩子挑选零食，并且和其他家庭成员讲明哪些零食对孩子的生长发育不利，从而杜绝给孩子吃不健康的零食。

油炸薯片

油炸薯片不适合做幼儿的零食。薯片经过油炸后不仅里面的蛋白质、维生素和矿物质等营养成分被破坏，而且会产生丙烯酰胺。这是一种有毒物质，由于幼儿的身体尚处于发育之中，解毒能力较差，毒素不易排出，长期食用含有丙烯酰胺的食品会对身体产生潜在危害。另外，油炸薯片的营养价值很低，还含有大量脂肪，是高热量的食品，多吃容易导致肥胖。而且，薯片的脂肪中还含有不少的反式脂肪酸，所以薯片才松脆可口，让孩子越吃越上瘾。科学家经过研究认为，怀孕期或哺乳期的妇女过多摄入含有反式脂肪酸的食物会影响胎儿的健康。胎儿或婴幼儿可以通过胎盘或乳汁被动摄入反式脂肪酸，他们比成年人更容易患上必需脂肪酸缺乏症，影响生长发育。反式脂肪酸能升高低密度脂蛋白，降低高密度脂蛋白，为以后患上动脉硬化、冠心病埋下隐患。反式脂肪酸还会降低记忆力，因为其对可以促进人类记忆力的一种胆固醇具有抵制作用，并对中枢神经系统的生长发育造成不良影响。油炸薯片中还含有大量的盐，长期过量食用，会增加肾脏负担，埋下高血压隐患。有些油炸薯片中的铝元素过量，长期食用会引起神经系统病变，具体表现为记忆减退、视觉与运动协调失灵，严重者可能痴呆。另外，过量的铝还会抑制骨生成，发生骨软化症等。所以，不要让孩子吃油炸薯片。

巧克力

巧克力是一种高热量的食品，味道和口感都不错，深受孩子喜爱。但是，婴幼儿不适宜吃巧克力。中国疾病预防控制中心营养与食品安全所编著的《中国食物成分表（第2版）》中指出，100g巧克力中含有热量2453kJ，以及糖53.4g、蛋白质4.3g、脂肪40.1g。50g的巧克力大约是多半碗米饭的热量。巧克力的营养成分及高热量是不适合婴幼儿食用的。尤其是劣质巧克力食品，厂家在制作巧克力时为了悦目、口感等还添加了不少饱和脂肪酸、反式脂肪酸、稳定剂、香料、色素等食品添加剂，对婴幼儿发育不成熟的解毒和排毒器官——肝脏和肾脏都是沉重的负担，容易受到损害。而且，巧克力中含有让孩子神经系统兴奋的成分，容易造成孩子兴奋，不容易入睡，哭闹不停等。过多的糖分摄入，不但影响孩子的食欲，而且还容易生成龋齿。巧克力中还含有草酸，可与奶中的钙结合形成草酸钙，草酸钙不溶于水，从而降低了钙的吸收率。另外，100g巧克力中才含有1.5g纤维素，食后不能刺激肠蠕动，影响婴幼儿的消化功能。因此，家长要让孩子少吃巧克力，更不要将巧克力与配方奶同吃。

饮料

目前市面上的饮品确实品种很多，包括碳酸饮料（可乐、汽水、果味饮料等）、功能饮料和乳酸饮料，但是这些饮料都不能给孩子喝。碳酸饮料因为含有碳酸、柠檬酸等酸性物质，以及白糖、香料、咖啡因、人工色素等，长期食用不但腐蚀牙齿、不利于消化，而且会影响孩子的食欲，抑制体内益生菌生长繁殖，破坏体内微生态平衡，同时导致钙吸收率下降，严重影响孩子的生长发育。功能饮料适合运动过后大量出汗消耗能量的人，因为它含有高热量和高电解质，但不适合婴幼儿饮用，而且有的功能饮料还含有咖啡因、酒精等，孩子长期饮用还会出现惊厥，产生幻觉、心跳加速、血压升高、胸痛、易怒等。乳酸饮料不是乳酸菌饮料，因为乳酸菌饮料都是牛奶经过乳酸菌发酵后制成的，属于发酵型乳酸饮料；而乳酸饮料大多是用调味剂和微量元素调制而成的，其中含有的蛋白质、钙等营养成分极少。如果家长用乳酸饮料代替奶制品，那么可能会导致孩子骨骼发育不良、营养不良。另外，乳酸菌饮料也不能代替奶制品，因为它不是酸奶（100g酸奶含有的蛋白质≥2.9g），蛋白质含量很低，100g仅含有1～1.3g。乳酸饮料中的糖、乳酸或柠檬酸、香料、防腐剂会影响孩子的食欲，使孩子越喝越营养不良。

口香糖

口香糖是一种大众化食品，很多人都有咀嚼口香糖的习惯，认为可以清洁牙齿，有助于颜面部肌肉的发育。口香糖的成分多是以天然或人造橡胶为主，再加上蔗糖、果糖或甜味剂以及合成香精和食用色素等构成，分为胶姆类口香糖和泡泡糖。两者的区别是胶基原料的不同，泡泡糖采用成膜性较好的胶基原料，在咀嚼的同时又可吹出泡泡来。但不管哪种口香糖，对于幼儿来说都是不适宜的。咀嚼口香糖增加了孩子口腔与外界的接触，容易受细菌污染，并影响牙齿发育。有的口香糖还可能被孩子吞咽，虽然它们在消化道内不被消化，且在1周内（通常1～2天）可以排泄掉，但是上面沾染的细菌有可能会致病。因此，最好不要给孩子吃口香糖。

果冻

果冻有着香甜的、多种多样的口味，而且品种繁多，很能引起孩子的好感，但3岁以下的孩子是不适宜吃果冻的，因为果冻里含有防腐剂、增白剂、香精、色素、甜味剂及食品增稠剂这些不利于孩子成长的添加剂。防腐剂虽然起到保鲜防腐的作用，但是过多食用危害孩子的健康。尤其是孩子吃多了含有山梨酸钾或苯甲酸的食品后，不能将这些物质排出体外而沉积体内，为癌症埋下了隐患。食品增稠剂又称食品胶，分为天然和化学合成两大类。天然来源的食品胶大多数是从植物、海藻和微生物中提取的物质，如制造果冻的卡拉粉。化学合成的食品胶是化学物质，最近发展得较快，种类繁多。不管是天然的还是合成的食品胶都不可随意添加，必须遵守我国制定的标准来进行适量的添加，否则长期食用添加过多食品胶的果冻会对身体造成损害。另外，由于果冻特有的韧性和形状，往往容易引发婴幼儿因为食用不当而造成窒息，危及孩子的生命安全。

2004年4月13日，欧盟委员会为了保证孩子的身体健康，决定禁止销售儿童果冻，并要求所有成员国将儿童果冻从商场货架上撤下来。果冻正式告别了欧盟市场。在我国还没有制定相应的措施之前，我建议家长不要让孩子吃果冻。

家长不妨平时在家里给孩子预备一些奶制品，如无盐奶酪、酸奶，也可以准备一些水果及自制的面包、蛋糕（不加泡打粉单纯用低筋面粉烤制的）等作为零食。另外，外出时看到别的孩子吃一些不健康的零食，最好带孩子离开，转移孩子的注意力。

可以用奶片当鲜牛奶吃吗

Q 我的孩子已经1岁半了，最近才断母乳。我知道孩子应该终生吃奶，但是他不接受配方奶或鲜牛奶，却喜欢吃奶片。我看到广告说一板奶片相当于一盒鲜牛奶，而且奶片在胃中停留时间长有利于营养吸收完全。请问我可以用奶片代替牛奶吗？

A 奶片是奶粉经过脱水，添加凝固剂、麦芽糖、甜味剂等制成的。在高温加工的过程中，奶粉里的一些营养物质丢失或遭到破坏。而且，当大量的奶片进入消化道时，其会吸收消化道里大量的水分，造成渗透压增高，给孩子发育不成熟的肾脏带来很大的负担。有关资料显示，奶片中的蛋白质、脂肪的含量大大低于鲜牛奶，长期食用，可以引起孩子营养不良。更何况，奶片的生产企业鱼龙混杂，卫生和质量都让人担忧。我国还没有制定相关行业的质量标准，因此奶片只能作为零食，而不能作为牛奶和配方奶的替代用品。

可以用保鲜膜给孩子包零食吗

Q 我经常带孩子外出游玩，因为孩子小，所以常给孩子用保鲜膜包一些零食备用。可是其他妈妈说保鲜膜有毒，不能给孩子使用。请问这是真的吗？

A 现在很多家庭都在使用保鲜膜。市场上绝大部分的保鲜膜都是用乙烯做母料，并分为三类：聚乙烯（PE），用于食品包装，如水果、蔬菜等；聚偏二氯乙烯（PVDC），用于熟食包装；聚丙烯（PP），用于食品包装。但是，有些商家会使用早已淘汰的聚氯乙烯（PVC）制作保鲜膜。这种保鲜膜对人体健康具有一定的威胁，其中的塑化剂会随着食物进入人体，造成内分泌紊乱，甚至导致癌变。尤其包裹油性的食物并经过加热后，其危害更严重。因此，家长在选择保鲜膜时一定要注意包装说明，不要选择以聚氯乙烯为原料的保鲜膜。

何时能够给孩子吃花生

Q 我的孩子2岁了，他看见大人吃花生就特别想吃，但我听说3岁以内的孩子不要吃花生等坚果，是这样的吗？

A 孩子添加辅食后是可以逐渐添加花生（研碎后）的。世界粮食与农业组织、世界卫生组织、联合国食品法典委员会经过反复论证，于1999年公布了"八大过敏原"。这八大过敏原占所有过敏原食品的90%以上，其中排在第一位的就是花生及花生制品。2000年，美国儿科学会也曾就食物过敏的高危婴幼儿提出了如下建议：1.孕妇在怀孕期间除花生外，可以考虑不忌口；2.母亲在哺乳期间应该避免食用花生及其他坚果；3.孩子3岁后再吃花生等坚果。但是，近年研究认为，早添加花生不会增加过敏概率，还有可能降低对花生的过敏，而晚吃花生并不能够降低对花生的过敏。因此，美国儿科学会现在建议，不用预防性地避免添加易过敏的食物，大胆让孩子尝试各种丰富的食物，细心观察孩子是否过敏即可。如果孩子确实过敏，就回避这种食物，不过敏就放心吃。不过，对于3岁以下的婴幼儿，不宜吃花生等整粒坚果，因为孩子的咀嚼和吞咽动作不协调，容易呛到气管中而发生意外。

榨甘蔗汁给孩子喝有什么禁忌吗

Q 我的孩子特别喜欢喝甘蔗汁，我经常买甘蔗榨汁给孩子喝（兑了3倍的水）。但我听说吃发霉的甘蔗可能中毒，是这样的吗？

A 霉变甘蔗中含有神经毒素3-硝基丙酸，可以刺激胃肠道黏膜，损害颅脑神经。其潜伏期为15分钟～7小时，多数在2～5小时发病。中毒最初症状为恶心、呕吐、腹痛、腹泻，继而头晕、头疼、视力障碍，出现眼球偏侧凝视、复视、阵发性抽搐、大小便失禁等，严重者呼吸衰竭甚至死亡。好质量的甘蔗肉清白、味甘甜，含有丰富的蔗糖，而且甜度大，用它榨的汁孩子都喜欢喝。但是，甘蔗收割后如果储藏不当会发生霉变，霉变的甘蔗外皮失去光泽，质地较软，瓤部颜色比正常甘蔗深，一般呈酒糟味或酸霉味。如果进食了霉变的甘蔗就容易引起中毒。因此，家长在给孩子选择甘蔗时一定要注意甘蔗的质量，不要给孩子吃发霉变质的甘蔗。除以上原因外，不建议给婴儿榨甘蔗汁喝，因为糖含量太高。至于1岁以上的孩子喝甘蔗汁的量也如果汁一样应限制饮用量。

要科学食用豆腐、豆浆

Q 我的孩子已经10个月了。大家都说豆浆很有营养，我想用它冲鸡蛋花给孩子吃。但有的妈妈告诉我，这么小的孩子不能喝豆浆，是这样的吗？如果豆浆不能喝，那豆腐能吃吗？哪种豆腐营养好，适合孩子吃？

A 大豆含有丰富的蛋白质、不饱和脂肪酸、钙和B族维生素，是优质蛋白质来源。大豆中蛋白质含量为35%～40%，除蛋氨酸外，所含的必需氨基酸的组成和比例与动物蛋白相似，而且还富含谷类食物欠缺的赖氨酸，是一种理想的食品。用大豆制成的食品种类很多，如豆腐、豆腐干、豆腐丝、腐竹、豆浆、豆花等。

豆浆虽然营养丰富，但是1岁以内的孩子不适合吃。因为豆浆中含有皂素、蛋白酶抑制剂及植物红细胞凝集素等抗营养因子，能够抑制孩子生长发育。虽然豆浆经过加热至100℃以后，这些物质会被分解而失去活性，但加热不彻底时会使人出现恶心、呕吐、腹泻等症状。另外，大豆中含有棉籽糖、鼠李糖、水苏糖等寡糖，不能被人体吸收利用，有可能会在结肠内被一些有害细菌发酵产气，引起孩子腹胀不适，因此，1岁内的孩子最好不要吃，1岁以后少吃。

1岁以上的孩子是非常适合食用豆腐的，因为豆腐营养成分丰富。哪种豆腐适合孩子吃，我先分享一下相关数据，因为南豆腐、北豆腐、内酯豆腐所含有的营养成分相差很大。

种类	能量 (kJ)	蛋白质 (g)	脂肪 (g)	碳水化合物 (g)	钙 (mg)	磷 (mg)	镁 (mg)	锌 (mg)
北豆腐100g	414.4	12.2	4.8	2.0	138	158	63	0.63
南豆腐100g	238.6	6.2	2.5	2.6	116	90	36	0.59
内酯豆腐100g	205.1	5.0	1.9	3.3	17	57	24	0.55

（摘自北京大学医学出版社《中国食物成分表（第2版）》，2009年）

从营养价值来看，北豆腐、南豆腐品质好，因为它们分别是用盐卤和石膏作为凝固剂制作的，所以含钙、镁量也高。而内酯豆腐因为是用葡萄糖内酯作为凝固剂的豆腐，其品质较其他两种豆腐相差甚远，只不过口感细腻些。日本豆腐又称玉子豆腐，其实不是豆腐，因为不含任何豆类成分，只是质感类似豆腐。它以鸡蛋为主要原料，用纯水、植物蛋白、天然调味料等原料制成。

正确看待食品添加剂

Q 市场上总发生食品添加剂问题，让人感到凡是有添加剂的食品都不安全。现在我都不敢给孩子在外面买婴儿食品了，因为很多食品都有食品添加剂。应该如何看待食品添加剂？是不是所有的食品添加剂都有问题？

A 什么是食品添加剂呢？《中华人民共和国食品卫生法》规定，食品添加剂是指为改善食品品质和色、香、味，以及为防腐和加工工艺的需要而加入食品中的化学合成或者天然物质。同时该法还规定，"为增强营养成分而加入食品中的天然的或者人工合成的属于天然营养素范围的食品添加剂"称为"食品强化剂"，也属于食品添加剂范畴。

随着人们生活节奏的加快，食品工业现代化也随之迅速发展，在食品深加工的过程中，食品添加剂也越来越凸显出它的优越性。但是，近来市场上揭露出一系列有关食品添加剂的问题，造成人们对食品添加剂恐惧，甚至达到谈虎色变的地步。似乎所有含食品添加剂的食物都有问题，有些人拒绝吃含有任何食品添加剂的

食物，误认为只要有添加剂都会影响食品安全，尤其有孩子的家长更是如此。其实在我们的生活中，每天都离不开食品添加剂，不用食品添加剂的食品几乎没有。

例如：早晨我们吃的早点中，馒头或面包都需要将面粉用鲜酵母进行发酵；吃的豆花（豆腐脑）、豆腐都需要在豆浆中添加凝固剂才能点制而成；吃的酸奶是在鲜牛奶中添加保加利亚乳杆菌、嗜热链球菌、乳酸菌等有益菌制成的；即使是我们每天离不开的食盐也是国家统一添加碘元素制成的碘盐，以预防因地方水土中缺乏碘或碘摄入不足引起地方性克汀病或单纯性甲状腺肿；一些熟肉制品和水果罐头为了保持食品的鲜美和长期储存，在深加工时也需要添加一定量的防腐剂，才能抑制微生物的生长或杀灭细菌；目前婴幼儿吃的泥糊状的食品或配方奶，也都强化了这个阶段婴幼儿发育所需要的各种营养素；每天吃饭我们离不开食用油，食用油是通过压榨或浸出制成毛油，毛油在炼制的过程中，需要添加食品添加剂，经过精炼才能食用。可以说，我们生活中处处都会有食品添加剂的痕迹。

我国目前批准使用的食品添加剂包括：为增强食品中的营养价值而加入的营养强化剂，如上述谈到的碘、各种维生

素、常量或微量的矿物质以及各种特需的营养素；为防止食品腐败变质加入的防腐剂和抗氧化剂，如山梨酸、苯甲酸、维生素E、硒、维生素C等；为改善食品的品质而加入的品质改良剂；等等。

联合国粮食及农业组织及世界卫生组织下属的食品添加剂联合专家委员会（JECFA）规定了一个"ADI值"，即依据人体体重，摄入一种食品添加剂而无显著健康危害的每日允许摄入量的估计值。它是国内外评价食品添加剂安全性的重要依据。我国《食品添加剂使用卫生标准》及《食品添加剂使用卫生标准（修订稿）》中规定的各种食物添加剂的使用范围和最大使用限量，就是按照这个标准制定的。如果严格按照国家标准，科学、安全、合理、准确使用食品添加剂，不仅不会危害身体健康，某些品种在一定程度上还能够保障食品安全，大大缓解疲劳，提高生活质量，使人们的饮食生活更加多滋多味。

当前中国批准使用的食品添加剂大约有1700种。有些所谓食品添加剂的问题，其实不是添加剂本身的问题，而是一些商家为了降低生产成本或者追求市场利润与份额，把不能作为食品添加剂的物品当作添加剂来用，或滥用、肆意扩大添加剂使用量，造成对人体健康的危害，引起人们对食品添加剂的恐惧，产生消费上的误区。

TIPS：添加了色素的食品是不是一定不能给孩子吃

食用色素包括天然食用色素和合成食用色素两大类。例如，胡萝卜素是一种黄色色素，是维生素A的前体，其中的β-胡萝卜素，能够在体内转化为维生素A。还有像番茄红素、叶黄素、花青素、叶绿素等，都是天然食用色素。天然食用色素大部分取自于植物，部分取自动物和矿物。由于天然色素直接来自动植物，除藤黄外，都对人体无毒害。为了安全，国家对每一种天然食用色素规定了最大使用量。β-胡萝卜素是被允许使用的天然色素，它与日常饮食密切相关，是人类食品的正常成分之一，又是一种必需营养素，用作食品添加剂，不仅无害，反而有益处。

合成色素又分工业用和食品用两大类，只有食品用色素允许添加到食品当中。合成食用色素成本低廉、色泽鲜艳、着色力强、性质和pH稳定，是一些食品厂家喜欢使用的食品添加剂。可合成食用色素或多或少对人体有害，儿童摄入过量合成色素可引起过敏症，如哮喘、喉头水肿、鼻炎、荨麻疹、皮肤瘙痒、神经性头痛、兴奋、注意力难以集中等，甚至会影响孩子的智力发展。添加在食品中的合成色素即使不超标，长期食用对人体也是有害的，严重的甚至可以致癌。

我国制定的《食品添加剂使用卫生标准》中规定了只能使用五种合成色素，即柠檬黄、日落黄、胭脂红、苋菜红和靛蓝，并规定了最大使用量。合成色素禁止用于肉类及其加工品（包括内脏加工品）、鱼类及其加工品、水果及其制品（包括果汁、果脯、果酱、果冻和酿造果酒）、调味品、婴幼儿食品、饼干等。

科学、合理、安全、准确地使用食品添加剂，对于婴幼儿来说尤为重要。因为婴幼儿的各个脏器发育不成熟，免疫功能不健全，对于进入身体中的有害物质，其血液系统的各种免疫细胞不能完全阻止，肝脏解毒功能较弱，肾脏排毒的功能也相对弱，所以非常容易造成非食品添加剂以及过量的食品添加剂蓄积中毒，引起血液系统、肝脏、肾脏以及中枢神经系统的损伤。在选择婴幼儿食品时，不要选颜色鲜艳诱人、香味浓郁、特别甜腻的食品。因为一些商家利用婴幼儿的好奇心理，在食品制作上添加过多的化学合成色素、增香剂以及甜味剂来吸引孩子。尽量选择不加防腐剂的食品或者选择利用天然食品做防腐和抗氧化的食品。为了保证食品的安全性，在选择婴幼儿食品时一定是正规厂家生产的各类食物，还要看食物的配料表，检查添加的各种成分。如果配料表上没有标识或者标识不清楚就最好不买，因为婴幼儿食品不是一般的产品，而是影响生存质量和保护婴幼儿发展的物品。目前，由家庭或工厂生产的婴幼儿食品，都需要添加一定量的食品添加剂，因此正确对待食品添加剂对每个家长都是十分重要的。

举个例子，很多妈妈都曾问过我市面上卖的松软的蛋糕是不是可以给宝宝吃。一般来说，蛋糕都是高热量的食品。对于幼儿来说，如果已经开始食用软固体食物，只要蛋糕中不含有大颗粒坚果（主要预防发生意外），一些食材天然、不含有过多添加剂的蛋糕是可以吃的。但是，在吃之前要考虑孩子是不是对牛奶蛋白、鸡蛋不耐受或者过敏。市面上销售的蛋糕中除了小麦粉、食糖外，大多数含有牛奶、鸡蛋、油脂、香料、膨松剂及一些其他食品添加剂。需要注意的是，蛋糕的一些食品添加剂对大人可能是安全的，但是对于1岁内的婴儿可能就不适宜了，因为婴儿的肝肾功能尚未发育成熟。有些小作坊中制作的蛋糕往往过量使用添加剂，如乳化剂、起酥油等。乳化剂会将油脂和糖、面粉等原料均匀地混在一起，使蛋糕体积增大、气孔均匀，还能防止蛋糕变硬发干。起酥油是棕榈油和部分氢化植物油等配成的，含有大量的反式脂肪酸，能让面粉的面筋蛋白质分散变软，蛋糕疏松。蛋糕的生产中往往还会添加泡打粉，目前绝大多数泡打粉含有明矾，其中的铝对神经系统有毒性作用，对发育中的孩子危害更大。一些所谓的纯鲜奶油实际上是植物奶精，也含有危险的反式脂肪酸，对心血管健康和神经系统的发育危害极大。蛋糕制作时使用的大量油脂多是饱和脂肪酸，可能使血脂升高。所以，一些小作坊制作的过于细腻、松软的蛋糕，我还是建议小婴儿最好不要食用。即使食用，最好将蛋糕配方了解清楚后再吃，而且孩子食用时要限制摄入量。

另外，为了更好地保护儿童合法权益

和促进儿童健康成长，有关食品管理的基 本法规也是家长必须学习和掌握的。

有关食品安全问题

Q 听说一些家畜、家禽是用生长激素喂大的，所以"肝"这个食品很危险。据说，其他一些农副产品也存在着安全问题。那我们吃的鸡肝是不是安全呢？

A 的确，由于农牧渔业科学技术的发展，提高了农副产品的产量，大棚蔬菜和反季节水果、蔬菜繁荣了市场，但是也出现了一些问题，例如大量使用化肥、激素、农药，导致农产品超常生长，造成营养和口感损失，改变了农产品的味道。另外，近年来，一些农作物生产环境状况日益恶化，大气污染、水质污染、土壤污染，直接导致农产品、渔牧产品及其他食品的污染。国际上的科学家们对于转基因食品又争论不休。婴幼儿处于各个脏器发育不成熟阶段，食品污染会严重影响孩子健康成长。例如，人的肝脏不但是造血的器官，还是解毒的器官，当孩子食用不安全的食物时，往往会造成肝脏损伤。孩子发育不成熟的肾脏，还肩负着排泄全身代

TIPS：面粉是越白越好吗

尽量不要给孩子吃过白的面粉。正常小麦面粉的自然色泽为乳白色或略带微黄色。小麦粉中添加适量的增白剂后可以改变面粉的品质，起到面粉增白作用，同时还能杀死一部分微生物，加强面粉的弹性。这种食品添加剂化学名为过氧化苯甲酰，是一种有机过氧化物，具有很强的氧化作用。它可以氧化面粉中产生黄色的β-胡萝卜素、叶黄素等成分，从而使面粉中色素减少，白度增加。大家知道，β-胡萝卜素是维生素A的前体，叶黄素是构成人的视网膜黄斑的重要物质，被过氧化后就不能再转化为维生素A，不能补充黄斑发育需要的叶黄素，从而造成了面粉中营养素的大量破坏。我国自2011年5月1日起，禁止生产添加了过氧化苯甲酰的面粉。但是，要警惕一些不法生产厂家为了提高面粉的品相违法使用增白剂，这样不但破坏面粉中的营养成分，而且过氧化苯甲酰的分解物为苯甲酸，苯甲酸的分解过程是在肝脏内进行的，长期过量食用超标准增白面粉，对人的肝脏功能会有严重危害。尤其是婴幼儿肝脏和肾脏发育不成熟，不能很好地解毒和排毒，长期食用对其记忆力、神经系统、视觉发育和血液系统有着严重的损害。所以，不要给宝宝食用过白的面粉。

谢后产生的毒物，蓄积过多的毒物就会影响婴幼儿的发育。因此，食品安全问题对于婴幼儿来说就更为重要。鸡肝确实存在重金属、生长激素、农药污染的问题。值得欣慰的是，我国有关部门正在努力制定相关法规，食品监督机关尽职尽力地保证人们的食品安全。同时，希望家长高度重视食品安全问题，建议最好选择有质量保证的、安全的食品给婴幼儿食用。如果经济条件允许，可以食用一些经过国际或国家认证的、有质量保证的、著名婴幼儿食品厂家的产品。

究竟是自家做的还是工厂生产的婴幼儿食品好

"

Q 我的孩子已经快1岁了。家里的老人根据自己的喜好给孩子做饭。有的饭菜煮的时间太长，绿色的菜都成黄色的菜泥了。我想给孩子买一些现成的婴幼儿食品，可老人却说"没有自己家做得好，没滋没味的"。究竟该给孩子吃家庭制作的饭菜，还是工厂制作的婴幼儿食品呢？

"

A 这个问题不能简单说哪个好，哪个不好，要具体问题具体分析。家庭制作的食品可以保证原料新鲜，制作过程中干净卫生，现吃现做减少中间流通过程中的污染，不加不利于婴幼儿身体健康的防腐剂、色素、人造香精等，而且相对经济实用。但是，家庭在制作过程中经过淘洗和高温蒸煮会损失一些营养素，而且口味单调，往往是以大人的口味来制作婴幼儿食品，容易造成婴幼儿挑食、偏食，养成不良的饮食喜好，如口味偏咸等，增加婴幼儿的肾脏负担。而且，家庭制作的食品不好保存，现做现吃又增加了父母的负担，尤其是双职工的家长。另外，家庭制作的食品往往品种单调，而且由于季节和区域不同，在原料的选择上受到限制。

工业化的婴幼儿食品根据孩子发育的需要强化了一些营养素，避免了食物原料本身的缺陷。正规厂家的先进工艺能够保证尽量减少在制作过程中营养的丢失，并且独立包装，保存的时间长，品种丰富，不受季节和区域的限制，即开即食，非常方便，适合快节奏的家庭，尤其是双职工的家庭，也有利于孩子养成良好的饮食习惯。正规厂家在婴幼儿食品中不会添加防腐剂、色素、人造香精，而且必须保证原料安全新鲜。但是，它相对贵一些。

近年来，婴幼儿食品工业迅速发展，

生产工艺不断改进，国际上一些先进的著名婴幼儿食品加工厂采取了FD（真空冷冻干燥）工艺，生产婴幼儿食品。这种工艺既保留了自然食品的风味、各种营养素以及有利于孩子消化的膳食纤维，并且根据不同孩子对不同营养的需求，强化了不同的营养物质。尤其是这种产品严格的卫生检疫系统，保证了食品安全，适合经常适量食用，如果家庭经济能够保障的话，确实是妈妈的一个很好的选择。

让孩子养成良好的吃饭习惯

Q 我的孩子已经3岁了，可是体重才12kg，平时挑食、偏食，不爱吃饭。他的体质很差，隔三岔五地生病，我很着急。我该怎么办呀？而且，家里老人喂饭的时候，经常连哄带骗地喂孩子。例如，外婆说："如果你把这些饭菜吃完，我就带你去动物园玩。"或者外婆就和孩子比赛吃饭看谁吃得多，促使孩子多吃、快吃。这样喂孩子可以吗？

A 有很多家长在孩子添加辅食后没有让孩子养成吃饭的好习惯，所以影响了孩子的生长发育，以至于各项发育指标达不到标准。

现在先来说说挑食、偏食的问题。如果孩子挑食、偏食就会造成营养摄入不均衡，发育迟缓或者肥胖，免疫力下降，甚至会影响孩子的智力发育。孩子的饮食习惯是从小养成的，必须及早弄清楚孩子为什么挑食或者偏食，进行纠正，使孩子早日建立良好的饮食习惯。

造成孩子挑食或偏食的原因主要有以下几点。

● 遗传因素。孩子的味觉敏感度或感知觉功能存在着个体差异，对苦味敏感度较低的宝宝容易接受更多的蔬菜和水果。宝宝在不同成长阶段的饮食喜好也不同，消化功能尚未发育完全的话，胃口自然也不好。

● 母亲的饮食习惯。现代科学研究表明，孕期和哺乳期母亲的饮食会影响孩子。例如，母亲在孕期或哺乳期内喜欢吃辣椒，一般孩子出生后接受辣味就比母亲不吃辣味的孩子容易得多。

● 孩子到1岁时，进入第一反抗期。由于自我意识加强，他会处处显示"我"的力量，所以可能会坚持自己的意愿，表现出"挑食""偏食"。

●娇生惯养。孩子喜欢吃什么食物，家长就给买什么食物，长期强化的结果就会使孩子对这种食物产生特殊喜好。另外，零食或甜品吃太多，正经吃饭时孩子就会没有食欲，久而久之就养成偏食和挑食的习惯。

●家庭的饮食习惯。有的家长对某种食物的偏好，贯穿在日常生活中，或者家长不喜欢的食物家中不吃，或言谈举止中吐露出不喜欢某种食物，给孩子一个暗示作用，造成孩子也不喜欢这种食物，使得孩子失去了品尝多种食物的机会。

●过早添加辅食或者非母乳喂养均可能使孩子偏食。

●疾病的原因。一些微量元素的缺乏，如锌、铁、铜，会造成孩子的食欲减退。感染寄生虫会导致严重的营养不良。舌系带过短导致舌头位置不正确，咬合发育受到影响，臼齿接触食物面积小，常常咀嚼不烂食物，孩子因而拒绝吃一些他咬不烂的食物。

●一些药物的副作用，如红霉素等药物容易引起孩子消化道不适，造成食欲减退。

●在吃饭的过程中，家长训斥孩子，使孩子情绪不佳，也影响孩子的食欲和对味道的选择。

那么，该如何纠正孩子挑食、偏食呢？

●孕妇在怀孕过程中或者哺乳期中，应该不挑食，尽量选择各种口味的食品。孩子出生后，家长要注意纠正自己的饮食习惯，尽量将饮食安排得营养全面，在孩子面前不应该表露自己对某些食物的喜好和厌恶，应该做出不挑食、偏食的表率。

●添加辅食时不要刻意回避易过敏的食物，尽量让孩子从小品尝各种食品和各种味道的食物，帮助孩子获得丰富的味觉经验，鼓励孩子进食各种味道的食品，扩大食品种类。孩子所吃菜肴应形状多样、软硬适宜、颜色鲜艳、口味清淡，即所谓的色香味俱全，引起孩子进食的兴趣。尽量减少不当食品和零食的摄入。

●如果孩子处于第一反抗期，要表现自我，满足好奇，家长就要善于引导，转移孩子的兴奋点，使孩子能够顺利进食。

●对于孩子喜好的食品在纠正挑食或偏食的时候尽量少给或不给。不要强迫孩子吃他不喜欢的食物，或用他喜欢的食物作为奖励，这样反而强化了他的坏习惯。偏食、挑食的毛病要慢慢地纠正，如可以一段时间不给他喜欢的食物吃，或者将他不喜欢的食物换个花样，鼓励他进食。当孩子能够吃他所不喜欢的食物后，要及时给予表扬，使孩子愿意做第二次尝试，逐渐改变原来的不好习惯。

●进餐的环境应该是轻松愉快的。纠正孩子挑食或偏食的过程切忌简单粗暴，以免造成他对不喜欢的食物更加厌恶，甚至拒绝进食。

●如果是因为疾病引起的挑食、偏食，针对疾病给予相对应的治疗。

对于连哄带骗地让孩子吃饭的问题，

也很常见。这种方式会让孩子认为吃饭是为了去玩或者做其他事情，而不认为吃饭是满足生存的一种本能，是每个人生活中必须进行的事情。如果吃完饭后家长没有兑现诺言，孩子以后就会不再听家长的话，而且还会模仿家长撒谎，同时也失去了对家长的信任。这样容易养成孩子的双重人格，或者孩子会把吃饭作为要挟家长的条件来达到他的目的。

此外，还有一些不利于培养孩子好好吃饭的因素，我也一并说一说。

- 进餐环境杂乱。一些家长不注意进餐环境安静与否，甚至家长也是看着电视或在高谈阔论中进餐。婴幼儿本来对周围的环境就充满了好奇心，这样的进餐环境对孩子当然非常有吸引力，而且这时的孩子自我控制能力很差，转移注意力就不会好好吃饭了。

- 进餐气氛不好。有的家长在工作上有不顺心的事，经常在餐桌上表现出来，使得餐桌上的气氛很压抑，导致孩子精神紧张。也有的家长在餐桌上训斥孩子，造成孩子的食欲降低，时间长久就会厌食。

- 强迫孩子进食。有的孩子因为某些原因食欲差，家长不好好找孩子食欲差的原因，反而强迫孩子进食，引起孩子神经性厌食，导致孩子进餐不好。

- 孩子进食过快。当食物吃进嘴里时需要在口腔内充分咀嚼，使得唾液中的消化酶充分发挥作用，牙龈和牙齿也能得到充分的锻炼。充分咀嚼后的食物也有利于消化道的机械运动和营养的充分消化吸收。如果孩子进食过快，就缺乏上述过程，产生的不利后果也是显而易见的。

除了上面提及的几点建议外，要养成良好的进餐习惯，家长还应当注意以下两点：

- 进餐的环境一定要安静，周围不要有转移孩子吃饭注意力的物品和声音，做到固定的时间、固定的地点吃饭；

- 使用儿童专用的具有童趣的餐具，也能引起孩子吃饭的兴趣。

胆固醇摄入要适当

高胆固醇食品的摄入？

Q 我听说肥肉容易引起孩子肥胖，为了避免孩子肥胖，是不是需要限制动物脂肪的摄入？是不是也要限制

A 动物脂肪尤其是畜肉中的脂肪主要是饱和脂肪酸，是高胆固醇的食品，过多

食用可以造成孩子血脂升高，确实不利于孩子的身体健康。对于婴幼儿来说，适量的胆固醇摄入是必要的，因为胆固醇摄入不足会影响婴幼儿的生长发育，降低生存率。这是因为人体各组织中皆含有胆固醇，在细胞内除线粒体膜及内质网膜中含量较少外，它是许多生物膜的重要组成成分，参与了神经纤维的组成，也是血浆、脂蛋白的组成成分，还是机体内主要的固醇物质，又是合成类固醇激素（性激素、生长激素和多种其他激素）的原料。另外，胆固醇可以形成胆酸盐乳化脂肪，促进脂肪的消化，是维生素D的前体，可以启动T细胞生成IL-2，增强人体免疫功能，有助于血管壁的修复和保持完整。若血清中胆固醇含量偏低，血管壁会变得脆弱，有可能出现脑出血。据科学家研究发现，胆固醇水平过低可能影响人的心理健康，造成性格改变。

造成孩子单纯性肥胖的原因，是孩子摄入的能量在体内分配不均衡所致。如果孩子摄入得多，但是活动量少，剩余的能量就会转变为脂肪储存起来，孩子逐渐就成了肥胖儿。人体的脂肪细胞具有记忆功能，无论是在胚胎期，还是在生后的生长发育期受到不正常的营养刺激（营养缺乏或营养过度）都会使脂肪细胞在以后的时期内受到再刺激，过度增生堆积，发生肥胖。所以，在孩子生长发育的阶段，力戒营养和进食的不均衡，多让孩子参加户外活动。

对于6个月内的小婴儿来说，强调母乳喂养是最好的方法，因为母乳中含有丰富的不饱和脂肪酸。配方奶也要注意选择以不饱和脂肪酸为主的，适量减少动物脂肪和高脂肪食品的摄入。刚添加辅食的孩子可以进食适当的植物油，而且不要拒绝含有少许脂肪的动物性食品，但适当地控制肥肉是应该的。家族里有高脂血症病史或者小孩的胆固醇明显过高，这时候孩子就需要注意胆固醇的摄取了。

嚼食喂饭是幽门螺杆菌和变形链球菌感染的途径

Q 每次做好孩子的饭菜后，我家老人怕饭菜太热烫着孩子，总是她先尝试后再喂孩子，或者用自己使用过的餐具喂孩子。可她感染了幽门螺杆菌，这样做是不是不好？

A 段云峰所著《晓肚知肠》中谈到，口腔是人体第二大微生物栖息地，与身体其他部位一样，口腔也栖息着细菌、真菌和病毒等，种类可以超过1000种。细菌是口腔中主要的居民，种类有六七百种，主要是厚壁菌门、拟杆菌门、变形菌门和放线菌门……

幽门螺杆菌主要是长在胃黏液下层黏膜表面的微需氧的革兰氏阴性螺旋状杆菌，同时也生长在人的口腔唾液和牙菌斑中。幽门螺杆菌感染易引起慢性胃炎、消化性溃疡、胃癌等，还发现与儿童缺铁性贫血及特发性血小板减少症密切相关。幽门螺杆菌也被列入第一类致癌因子。

人群中幽门螺杆菌感染率是很高的，虽然有的人感染后并没有发病，但依然是幽门螺杆菌的带菌者。幽门螺杆菌主要是通过与感染者唾液在口与口之间传播，也有的人通过不洁的手或被粪水污染的水、没有清洗干净和煮熟的食品传播。我国幽门螺杆菌感染率很高，约为55%。其原因与我国家庭成员之间共用餐具，没有分餐的生活习惯相关。尤其是抚养者尝试食品或咀嚼食物后喂养小儿，或与小儿共用餐具的不良习惯，也会造成婴幼儿幽门螺杆菌感染。因此，在人的一生中，儿童时期较成人期容易感染幽门螺杆菌。据《诸福棠实用儿科学（第8版）》所载，胃癌高发区的50名学龄儿童中，幽门螺杆菌感染率为60%。一旦感染幽门螺杆菌治疗起来很麻烦。近十多年来许多国家的学者对幽门螺杆菌感染的治疗进行了大量的研究，但至今尚未找到理想的治疗方案。

另外，如果成年人是导致龋齿的变形链球菌携带者，经过嚼食喂饭，就会通过口水将自己口腔中的变形链球菌传播到孩子的口腔中去。变形链球菌在孩子口腔定植、繁殖得越早，孩子将来患龋齿的程度就越严重（请参见《疾病防治》分册"如何保护宝宝的乳牙"相关内容）。

TIPS：目前检测幽门螺杆菌的方法

尿素呼气试验、血清抗体检测、快速尿素酶试验、粪便抗原检测是目前检测幽门螺杆菌的常用方法。血清抗体检测呈阳性时，提示患儿可能存在幽门螺杆菌的活动感染，还需要通过呼气试验来进一步判断幽门螺杆菌是否为活动感染。当呼气试验呈阳性，其检测值在临界值2倍以上时，则提示患儿存在幽门螺杆菌活动感染；当呼气试验呈阳性，但其检测值在临界值附近时，则提示可能存在假阳性或假阴性。上面只是谈了幽门螺杆菌和变形链球菌感染所致的疾病，其实口腔中的致病菌还会影响包括心血管、血糖、肺部、神经系统等全身的健康，所以做好预防工作是很重要的。建议家庭实行分餐制，如果不能就要准备公用筷子。使用过的餐具要清洗干净、消毒，同时小儿的餐具以及刷牙用品要专人专用，不允许抚养者用尝试或者咀嚼后的食物喂小儿。另外，注意饭前、便后要洗干净手，饮用清洁水，需要清洗的蔬菜和水果一定要清洗干净，饭菜也要煮熟后再吃。孩子出牙后就要开始刷牙，并清洁舌面，配合使用牙线清除牙菌斑，以阻断幽门螺杆菌和变形链球菌感染的途径。

营养素补充

谨慎选择强化食品

扫码看视频7

> **Q** 我的孩子发育得很快，我怕孩子缺乏某种营养素，看到市场上有很多食品含有孩子发育需要的营养，我可以给孩子选择这些食品吗?

A 问题中提到的食品就是我们常说的强化食品，即将一种或几种营养素加到食物中去，补充其不足或者在加工制作过程中的损失，使之能够改善或提高食物的营养价值。例如，市面上销售的A＋D牛奶、含碘食盐、含锌饼干、强化铁酱油等，这些食品都是强化食品。

合理的强化食品是预防某些营养素缺乏最有效、最安全、最方便又经济的方法，既可以用于治疗体内由于缺乏某种营养素引发的疾病，又可以预防由于进食不当或饮食不合理而造成的营养素的缺乏。因此，强化食品使用恰当就会收到很好的效果。

目前市场上的强化食品很多，一些厂家夸大了强化食品的效能，往往添加的营养素用量并没有科学依据，危及孩子的健康和生命安全。而一些爸爸妈妈会跟着广告走，不管孩子身体是否缺乏营养，盲目给孩子食用，造成对孩子身体的损害。

那么，选用强化食品的原则是什么呢?

注意强化食品的载体选择

以儿童每天基本定量摄入的主食或辅助食品为主选，如米粉、奶粉、食盐等。经过强化的食品必须性质稳定、不变色、无破损，而且生产厂家有先进的科学生产工艺，符合质量标准要求。

注意强化剂的选择

只能强化当地、当时儿童摄入不足，食品又缺乏的营养素。例如，婴幼儿时期由于铁的摄入不足，产生营养不良性缺铁性贫血，而硫酸亚铁是一种常用的补铁药物，但是硫酸亚铁对孩子的胃肠道有刺激，又有铁腥味，孩子不容易接受，于是人们就选用由动物血制成血红素铁，利用它制造婴幼儿喜欢的食品，并提高了生物利用率。又如，现在人们吃的精白米、精白面由于加工的过程中丢失了大量的B族维生素的营养，为了人们的健康，现在已经有添加了B族维生素的米或面粉，满足身体营养的需要；牛奶中强化了维生素D，以满足人们对维生素D的需求。

强化营养素的剂量必须合理

应该根据中国营养学会推荐的每日膳食中营养素的供给量，以及儿童平均每日摄入不足的部分，适量给孩子添加营养剂。家长可参照强化食品包装上说明的每种营养素的强化量，并与供给量相对照，来给孩子添加。强化剂量太少达不到强化的目的，剂量太多则造成营养不均衡甚至中毒。

目前市场上强化食品很多，有些厂家夸大功能，常常误导家长。许多家长爱子心切，给孩子选择了不少强化食品补充营养，结果造成孩子性早熟或性发育迟缓、肥胖症、营养不良等。有的强化食品短期食用可能没有问题，但是长期饮食，可能造成蓄积中毒。因此，希望家长选择强化食品一定要慎重，或者听从医嘱，不要盲目选择。

有关补钙那些事儿

Q 我的宝宝已经8个月了，每天晚上睡觉时特别爱出汗，尤其是刚睡着时。别人说我的孩子是缺钙，是这样吗？另外，我听人说如果孩子枕秃或肋骨外翻就代表他缺钙，是这样吗？我应该怎么给孩子补钙呢？

A 孩子正常出汗对身体有很大的好处，如调节身体的温度、滋润皮肤、排出体内的一些代谢产物等。由于小婴儿的新陈代谢极其旺盛，而中枢神经系统发育还不成熟，不能很好地调节神经的兴奋和抑制，尤其当孩子刚刚入睡，支配汗腺的交感神经出现兴奋状态，孩子的体液含量又比成年人占的比例大，因此孩子出汗就多。一般后半夜孩子身上的汗就减少了。

这是孩子正常的生理现象。如果孩子夜间多汗，同时伴有身体不适，就要警惕孩子是不是要生病。

家长遵照医嘱按时给予孩子补充发育所需要的维生素D，一般不会发生佝偻病，除非孩子对钙或者维生素D吸收得不好。更何况佝偻病不但有多汗、夜惊、夜啼、易激惹的症状，还有骨骼上的变化，出现方颅、肋软骨沟（又称郝氏沟）、肋软骨串珠、鸡胸、腕部手镯、踝部足镯、驼背、脊柱侧弯、X形腿、O形腿、肌肉和肌腱松弛、肌张力下降等（图42）。

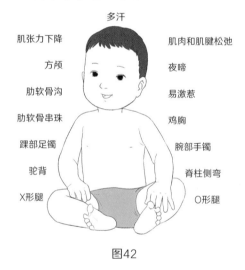

图42

另外，一般人们认为的"缺钙"其实是维生素D缺乏性佝偻病。但维生素D缺乏性佝偻病和缺钙是两回事：前者是因为维生素D缺乏，引起钙代谢异常发生的疾病；后者是因为钙摄入不足，或者由于甲状旁腺及肾功能的异常造成血钙过低，从而引起低钙血症。

那么，根据枕秃和肋骨外翻能否判断

缺钙呢？一些新生儿出生后数周内可能出现脱发，我们称为生理性脱发。新生儿头发绵细色淡，胎毛生长期比较短，加上孩子躺着摩擦、出汗多，所以出现枕秃。枕秃可以突发也可以是隐袭性脱发，一般数月后可以复原，很少能够延长数年的，但是最终都可以复原，这是正常新生儿的特殊表现。同样，肋骨外翻主要是指胸12肋骨向外翻。这是因为肋骨在发育过程中，由于从卧位到坐位、站位时重力的改变，同时膈肌牵拉胸11肋骨造成的，是小婴儿发育过程中出现的一种正常情况，不是维生素D缺乏性佝偻病的体征，补充钙剂是不对的。

关于缺钙、补钙，很多家长都走入了误区，在这里我想纠正一下大家对所谓"缺钙"的错误认识。

钙在人体内的代谢、吸收

人体从食物中获取的钙通过肠道吸收，然后进入血液为血钙。在肠道没有被吸收的钙和消化液中的一部分未被回吸收的钙（内源钙），成为粪钙，排出体外。血钙不但要供给各组织器官和细胞进行钙交换，其中的一部分还要储存在骨骼（骨钙）中或称钙库中以备以后使用。血钙流经肾脏，大部分回吸收，没有被吸收的形成尿钙，排出体外。另外，还有一些钙通过汗排出。如果是处于哺乳期的母亲，还有一部分钙进入乳汁中。

TIPS：每天什么时候给孩子补充钙剂最合适

钙在体内维持着一定的动态平衡。夜间虽然没有食物摄入，但是尿钙依然会排出，这样血钙就会降低，骨骼（钙库）中的钙就要游离出来补充到血液中，以维持血钙的一定浓度，久之骨骼就会出现骨质疏松的情况。另外，钙代谢需要一定的激素来调节，但这些激素一天当中的分泌是有差异的。一般来说，夜间血钙比较低，会刺激甲状旁腺分泌，使得骨骼中的钙更快分离到血液中。为了制止骨骼脱钙，此时补充钙剂或者吃含钙多的食品最好。因此，晚上临睡前补充钙剂或者含钙丰富的食品最佳。

钙主要是在小肠吸收，吸收的方式有主动吸收和被动吸收，其吸收多少与摄入量和身体需要量密切相关。当机体需要量大或摄入量不足时，肠道对钙的主动吸收最为活跃；当摄入量大时，大部分钙是通过离子扩散方式被动吸收。因此，摄入量与吸收量并不成比例，当摄入量大时，吸收率则降低。一般说来，食物中含钙量高时吸收率相应下降，食物中含钙量低时，吸收率相应升高。

此外，钙的吸收还与以下几种因素有关。

● 钙的吸收率随着年龄增长而下降。母乳喂养的婴儿钙的吸收率达到60%～70%，成年人为25%，但孕期吸收率会增高。

● 维生素D影响着钙的吸收。膳食中维生素D多少或者晒太阳是否充足，显著影响着小肠对钙的主动吸收，尤其是膳食中钙低时维生素D的多少就更为重要。

● 肠道中酸碱度和是否进食增加钙溶解度的物质，可影响钙的吸收。例如，乳糖发酵不但可以导致肠道酸碱度下降，而且乳糖与钙能合成低分子可溶性物质，有利于钙的吸收。

● 蛋白质摄入量适合人体需要量时，钙的吸收率增高；蛋白质摄入量高于机体需要量时，不会增高钙的吸收。

● 低磷食品有助于钙的吸收。一般认为钙与磷的比例为1.6～1.8比1时，钙的吸收最好，所以鲜牛奶因为含磷高，钙的吸收不如母乳高。

● 加强体育锻炼也是促进钙吸收的一个重要因素。

● 减少影响钙吸收的不利因素。富含植酸、草酸的食物都会影响钙的吸收，因为植酸和草酸可以与钙形成不可溶性复合物质，影响钙的吸收。因此，对于富含植酸和草酸的食物，如谷类和蔬菜，需要注意烹调方法。

● 不同的钙制剂由于理化性质不同也会影响钙的吸收。

因此，不能给婴幼儿盲目大量地补充钙剂，即使需要补充钙剂也要注意排除钙

吸收的不利因素。（本文部分内容摘自中国营养学会编著《中国居民膳食营养素参考摄入量（2013版）》）

钙和维生素D在人体内的重要作用

钙和维生素D对于孩子的生长发育具有非常重要的生理意义。钙是构成人体的重要组成部分，其中99%存在于骨骼和牙齿中。钙对神经兴奋性的维持、血液凝固、肌肉收缩和舒张、腺体的分泌、多种酶的激活均有作用。钙主要受甲状旁腺激素（PTH）、降钙素（CT）与1,25(OH)-D3的共同调节。钙的吸收也需要一定的磷，磷缺乏也会影响钙的吸收。钙的排泄主要是通过肠道与泌尿系统，皮肤汗液也有一定量的排出。

维生素D与甲状旁腺共同作用，维持血钙的水平稳定，是钙磷代谢的重要调节因子之一。它对正常骨骼的矿化、肌肉收缩、神经传导及体内所有细胞的功能都是必需的，同时还具有免疫调节功能，可改变机体对感染的反应。《英国医学杂志》刊登的一项研究显示，血浆中维生素D水平与患癌风险呈负相关，也就是说，保证维生素D的摄入充足利于防癌。《生命时报》第1207期刊中的《维生素D是抗病新兵》一文中转引了美国MSN网发表的一篇文章，其中总结了维生素D除了强壮骨骼、防癌以外还有其他健康益处。

●呵护母婴。怀孕期间维生素D水平较低的母亲，更容易出现先兆子痫、早产和低出生体重儿问题，剖宫产概率也更高。母亲缺乏维生素D，孩子更容易患哮喘等呼吸道疾病，肥胖率更高，而补充维生素D可减少哮喘和呼吸道感染。

●保护心脏。摄入足量的维生素D可使心血管病患者早逝风险降低30%，原因是维生素D可调节血压、改善心脏功能，降低心脏病和脑卒中发生的风险。

TIPS：腹泻期间没有补充维生素D可以吗

人体在新陈代谢中，每天都需要一定量的各种营养素，其中也包括维生素D。同时，人体每天也有一定量的营养素随着代谢和消化等各种途径流失，如大小便、出汗，以及头发、指甲、皮肤、黏膜脱落排出体外，因此需要通过膳食不断给予补充。婴幼儿由于自身的局限，通过膳食可能无法满足身体发育的需要，因此需要额外补充一定量的营养素。腹泻会造成更多钙和维生素D丢失。孩子发育所需要的钙可以从日常饮食中获得，但是钙的吸收则需要维生素D的帮助，所以腹泻的孩子对钙和维生素D的需求更加强烈，要及时补充维生素D。但是，个别腹泻的孩子吃鱼肝油后容易加重腹泻，家长应该选择其他剂型的维生素D来满足腹泻期间孩子对维生素D的需求。

●防治糖尿病。宝宝1岁时摄入充足的维生素D，未来30年患糖尿病概率降低88%，摄入充足维生素D可使患2型糖尿病风险降低33%，原因在于它也许能促进胰腺细胞分泌胰岛素。

● 预防免疫性疾病。维生素D缺乏可增加风湿性关节炎、克罗恩病、多发性硬化症等免疫性疾病的患病风险。当维生素D与免疫系统中的受体结合时，可调节自身免疫力，防止这类疾病发生。

● 改善情绪。患有中度至重度抑郁的女性在补充维生素D后病情有所好转，原因可能是维生素D能改善血清素的水平，而后者对改善睡眠、带来愉悦感非常重要。

如何给宝宝添加钙剂和维生素D

对于孩子的生长发育来说，钙剂和维生素D都具有非常重要的生理意义。

婴儿因处于快速生长发育期，对维生素D的需求量相对较大。母乳中维生素D的水平较低。维生素D既可由膳食供给，又可经适宜阳光照射皮肤合成。家长应该尽早抱孩子到户外活动，接受适宜的阳光照射。但是，由于养育方式及居住地域的限制，阳光照射可能不是6个月内婴儿获得维生素D的最佳途径，因此出生数日后适当给孩子补充维生素D的制剂对预防维生素D缺乏尤为重要。对于早产儿、双胞胎、冬季或梅雨季节出生以及人工喂养的婴儿，应及时补充维生素D。如果小婴儿缺钙的同时也缺乏维生素D，就会出现骨质软化症和佝偻病，表现为多汗、易惊甚至出现手足搐搦，具体表现前面已进行详细介绍。

中国营养学会2013年制定的《中国居民膳食营养素参考摄入量》，规定了儿童钙和维生素D的摄入量。2016版《营养性佝偻病防治全球共识》也提出了相关建议。

|钙|

0～6个月：婴儿每天钙的生理需要量为200mg，纯母乳喂养的孩子生后6个月内不需要额外补充钙剂。这是因为母乳中的钙足以满足婴儿对钙的需求，且母乳中的钙、磷比例合适，易于对钙的吸收，其吸收率高达60%～70%。每100mL母乳含钙34～40mg，其钙含量在婴儿出生6个月内比较稳定。一般乳母每天的奶量为800～1000mL，因此其中含的钙足以满足6个月内的婴儿对钙的需求。为了孩子和妈妈的身体健康，建议妈妈饮用牛奶。母乳中钙的来源主要是骨骼钙游离出来满足乳汁中的含钙量，因此建议乳母自己每天补充钙的生理需要量1000～1200mg。这样不但可以满足骨骼和混溶钙池对钙的需求，同时也满足了乳汁中钙的含量，减少自身骨骼钙丢失。

7个月～1岁：因为母乳摄入量逐渐减少，其钙的浓度也相应减低，辅食添加并逐渐增多，考虑到孩子发育的需要及辅食钙吸收率较低的原因，定为每天需要钙260mg。

1~4岁：每天发育需要钙600mg。

|维生素D|

母乳中维生素D的含量很低，根据研究表明，平均每升初乳中含维生素D16.9IU，平均每升成熟乳中含维生素D26IU。母乳喂养不能满足孩子发育所需要的维生素D，容易发生维生素D缺乏，引起孩子维生素D缺乏性佝偻病，孩子会出现精神方面以及骨骼的变化。适宜的阳光照射会促进皮肤中维生素D的合成，但是鉴于养育方式的限制，尤其在北方寒冷的季节和南方的梅雨季节，孩子户外活动少，不能进行日光浴，单纯依靠阳光照射可能不是6月龄内婴儿获得维生素D最方便的途径，所以母乳喂养的新生儿出生数日后可以开始每天补充维生素D400IU。

对于每日给宝宝口服维生素D有困难者，每周或每月可一次给婴儿口服相当剂量的维生素D。

具体补充办法见下。

● 0~6个月纯母乳喂养儿：在生后开始每天给予维生素D400IU。不用额外补充钙剂。

● 7~12个月母乳喂养儿：每天需要维生素D400IU。但是，因为这个阶段孩子已经添加辅食，一般婴儿食品厂生产的食品都强化了钙和维生素D等一系列的营养素，自家制作的辅食也要多选择富含钙的食物，所以也不需要额外补充钙剂。

● 1~3岁仍然吃母乳（世界卫生组织建议母乳喂养可以到2岁或以上）：每天需要补充钙600mg、维生素D600IU。如果母乳和食品中钙的含量不足600mg，建议补充不足的部分。

对于人工喂养儿来说，每日的钙和维生素D又该怎么补充呢？

● 0~6个月人工喂养儿，如果吃的是某厂家一阶段配方奶粉，每天摄入配方奶总量是800~1000mL，且此奶粉每100mL含有钙48mg、维生素D48IU，那么孩子从配方奶中获得的钙为384~480mg、维生素D为384~480IU，可以满足孩子每天的生理需要，不用额外补充钙剂。

● 7~12个月人工喂养儿，如果吃的是某品牌二阶段配方奶粉，其每100mL含钙50mg、维生素D48IU，每天摄入配方奶的总量为600~800mL，那么孩子从配方奶中可以获得钙300~400mg、维生素D288~384IU，不用额外补充钙剂，需要补充维生素D不足的部分。

● 1~3岁人工喂养儿，如果吃的是某品牌三阶段配方奶粉，每天的奶量为400~600mL，每100mL奶中含有钙100mg、维生素D63.2IU，那么孩子从奶中获得钙400~600mg、维生素D252~379IU。从奶中获得的钙不足部分可以从膳食中补充，孩子可以多吃一些含钙多的食品，如豆制胆结石发生可能与遗传、内分泌代谢异常及各种病因引起的胆道感染继发胆道动力学障碍有关。胆结石形成必须具备以下条件：

1.胆汁中的胆固醇达到过饱和状态而析出结晶，形成成石性胆汁。

2.胆囊黏液内和胆汁中存在着促成核因子，主要是大量的糖蛋白，起着黏着、捕获过饱和胆汁中析出的胆固醇结晶和微结石，防止其经过胆总管排出。

3.胆汁瘀滞为微结石提供相互聚集、增大成石的机会。如果胆道动力学障碍造成胆汁流动缓慢，胆汁中胆盐进一步包裹结石核心就能形成胆结石。

胆结石的化学成分主要是胆固醇和胆红素结石两大类。婴幼儿的胆结石形成多是因为大肠杆菌感染，或者蛔虫卵、蛔虫残体作为结石核心，导致胆红素钙沉淀而形成胆结石。因此，胆结石的形成与补充钙剂并不相关，完全没有必要为了预防出现胆结石而限制钙的摄入。但是，过量补充钙剂有可能形成尿结石，因此如果饮食已经可以满足孩子发育对钙的需求，就没有必要额外补充钙剂。

品等。虽然通过光照可以获得一些维生素D，但并不可靠，主要还是通过口服维生素D来补充不足的部分。

如何挑选钙剂

挑选钙剂要从四个方面来考虑：含钙量、溶解度、吸收率及价格是否合理。因此，含钙量高（主要是指含有的钙元素要多）、溶解度好、吸收率高、价格便宜，而且对消化道没有刺激的钙制剂就是好的产品。例如，碳酸钙含钙量高，副作用小，吸收率可高达40%，且价格便宜，是不错的钙剂。葡萄糖酸钙含有的钙元素低，仅为9%。活性钙（是用贝壳类高温煅烧的）虽然含钙量高，但是水溶液是强碱性，对胃肠道刺激性大，不适合孩子服用。乳酸钙分解后产生乳酸，容易造成疲劳。选择钙制剂还需要注意原料不要有重金属污染，因此根据自己孩子的情况酌情选用。还需要提醒家长注意，只要饮食含有的钙能够满足孩子发育的需要，就不要额外补充钙剂。

只要带宝宝多晒太阳就能使体内产生足够的维生素 D 吗

Q 很多家长告诉我，只要带孩子多晒太阳，孩子就不用再补充维生素D了，不知道是不是这样？

A 维生素D获得主要靠两条途径：一是从食物中获取，二是通过阳光中的紫外线照射使皮肤合成维生素D。紫外线照射皮肤合成维生素D的量与季节、年龄、性别、纬度、照射面积、照射时间、紫外线强度、皮肤颜色等多种因素有关。如果裸露皮肤面积比较大，如裸露头、后背、臀部半小时，就能产生一定量的维生素D。

但是，晒太阳并不能满足宝宝发育对维生素D的需要。更何况，让宝宝晒太阳太久，阳光中的紫外线会灼伤孩子的皮肤。晒太阳时，注意保护好孩子的眼睛，因为紫外线和红外线通常会被角膜和晶状体所吸收，一般不会接触到视网膜，但阳光中的蓝光会穿过角膜和晶状体并且接触到视网膜，伤害孩子发育中的视网膜和黄斑。美国儿科学会不主张通过晒太阳来满足宝宝对维生素D的需求，而是建议每天补充维生素D400IU。科学研究表明，中午和晴空万里时最好不要晒太阳，天空有点儿云彩时比较适合晒太阳，而且以每天8～10点和16～19点最为适宜。晒太阳时，尽量裸露孩子的皮肤。

适度补充 DHA

Q 目前市面上都在宣传脑黄金，不少奶粉中也都添加了脑黄金，请问脑黄金是什么？对孩子的发育有什么作用？和宣传的DHA是一回事吗？AA是什么物质？对孩子的发育有作用吗？

A 有关DHA的内容请参见本书"选购配方奶粉需谨慎"相关内容。

AA是人体中含量最高、分布最广的一种多元不饱和脂肪酸，主要分布在人体的脂肪、磷脂、血液、大脑和神经组织尤其是神经末梢中，是孩子生长发育的必需营养素。

DHA和AA的前体就是人体不能自

已制造，必须从食物中获取的必需脂肪酸——亚麻酸和亚油酸。

胎儿从3个月开始迅速增长神经细胞，每分钟产生超过25万个神经细胞，到1岁脑的重量已达成人的1/2。0～3岁是孩子大脑发育最快的时期。神经细胞的传出神经必须经过髓鞘化（就像电线外面包裹的绝缘层），才能使信息（神经冲动）传递得又快又准确。经过髓鞘化后，神经传递速度能够提高100倍，使孩子有更好的记忆力，有能力更好地计划和控制自己的意愿，有更好的解决问题的能力，加速大脑前额区域成熟，注意力更集中，思维力更敏捷，还能够提高孩子的视敏度。

孩子出生时已经完成50%的神经系统髓鞘化，其中主要是感觉神经和运动神经的髓鞘化。孩子3岁时神经系统髓鞘化应该达到70%～80%，其中主要是高级情感和高级思维方面的神经系统髓鞘化。孩子8岁达到90%的神经系统髓鞘化。髓鞘化所需的原料主要是不饱和脂肪酸，包括DHA和AA。

《中国孕产妇及婴幼儿补充DHA的专家共识》表示，婴幼儿每天需要的DHA为100mg。母乳喂养的孩子会从母乳中获得DHA，前提是母亲每周要吃2～3次富含DHA低汞的海产品。如果乳母对海产品过敏，可以每天额外补充DHA200mg。配方奶喂养的孩子，因为目前市面上所有的配方奶都已经添加了DHA，而且添加辅食后还可以多选择一些富含DHA的辅食，因此孩子不需要额外补充DHA。

TIPS：新生儿听到大的声响为什么会全身抖动

曾经有位妈妈跟我说，她的孩子刚出生不久，无论是在睡觉时，还是清醒躺着时，只要听到比较大的响声，就会突然"激灵"一下，全身抖动，她不明白为什么会这样。其实，新生儿是在大脑不成熟的状态下出生的，出生以后需要继续发育，如神经细胞不断增殖和肥大以使功能健全，营养和支持神经细胞的神经胶质细胞也在不断增殖，同时神经纤维不断增长，与其他神经细胞进行连接，建立神经通路，完成机体对外界刺激反应的信息传导。为了加快信息以及反应的传递速度，神经纤维外面需要磷脂进行包裹，这样信息传递的过程不但可以加快速度，而且信息传递得准确，使机体对外界的刺激能迅速而且准确地做出反应，而不至于流失和分散。这个过程在医学上叫作神经系统髓鞘化。在婴幼儿时期由于神经系统髓鞘化形成不全，当外界的刺激作用于感觉神经，进而传入大脑时，因无髓鞘的隔离，兴奋即可传于邻近的纤维，在大脑皮层内不能形成一个明确的兴奋灶。同时，刺激在无髓鞘的神经纤维传导得比较慢，所以小婴儿对于外来的刺激反应比较慢而且泛化，会出现全身抖动。但是，有的小婴儿在清醒时没有受到任何刺激的情况下，也会出现全身抖动，这就需要家长高度警惕。因为低血糖或低钙血症也会出现这种行为表现，甚至有可能是某种癫痫或婴儿痉挛症的表现，需要去医院就诊。

目前市面上含有DHA的产品多从鱼油和海藻中提取。虽然鱼油中含有DHA，但是也含有EPA。EPA是一种多元不饱和脂肪酸，是调节血液因子和预防心血管疾病的有效物质，但是它不能通过脑屏障，因此对于胎儿的大脑组织发育作用不大。海藻提取的DHA相对于鱼油中提取的DHA纯度高，极少海洋污染，是一种不错的产品，但是价格比较高。

正确看待牛初乳素

Q 我的宝宝已经1岁3个月了，他经常发热感冒，几乎是每月一次。别人告诉我，可以服用牛初乳素来增加抵抗力。请问我可以给孩子服用牛初乳素吗？

A 牛初乳素就是从牛分娩后7天内的初乳中提炼出来的，也有些类似产品叫"乳珍"。牛初乳素中含有小牛犊发育所需要的各种营养素及免疫物质，对于小牛犊来说是一种不错的营养品和免疫食品。婴幼儿在生长发育过程中，可以吸取自然界中的各种营养，包括牛初乳素。但是，孩子服用牛初乳素是否可以提高机体免疫力呢？这是一个值得商榷的问题。

婴幼儿在生长发育过程中需要从两个方面来提高对疾病的抵抗能力：一方面是提高自身的免疫机制，即自动免疫；另一方面是通过接种疫苗来提高机体免疫力，即被动免疫。牛初乳素虽然含有很多抗疾病的免疫物质，但是这些物质是针对牛的。人和牛不同，各自面临的疾病是不一样的。另外，一些外来免疫物质通过生产加工失去了原来的生存环境，是否还会有活性？目前科学家们只是研究了牛初乳素中含有多少免疫物质，但这些免疫物质究竟是提高人的自动免疫能力还是提高被动免疫能力，具体应用到婴幼儿身上究竟有多大的作用、有没有弊病、免疫的应答如何等，还没有一个准确的结论。因此，通过服用牛初乳素能否提高人体自身的免疫力目前还不能下结论。

2012年国家卫生部明确发文指出，婴幼儿配方食品中不得添加牛初乳及用牛初乳为原料生产的乳制品，并表示牛初乳属于生理异常乳，其物理性质、成分与常乳差别很大，产量低，工业化收集较困难，质量不稳定，不适合用于加工婴幼儿配方食品。儿科专家则认为，牛初乳里雌激素过量，如果不能被孩子正常代谢，会留在身体里促进性腺发育，导致孩子性早熟。

我认为，要提高孩子的免疫力，除了按规定完成国家计划免疫接种外，还要保证孩子发育所必需的营养素，进行科学的、合理的体格锻炼，让孩子在生长过程中刺激自己的免疫系统，自行获得免疫力。

如何认识益生菌、益生元、合生元

Q 目前市面上很多婴幼儿食品都称添加了合生元、益生元、益生菌，这些物质究竟对人体有无好处？需要让孩子长期吃吗？

A 人体中生存的细菌很多，这些细菌之间相互制约、相互依赖，构成人体的微生态平衡，而益生菌、益生元、合生元均属于微生态调节剂。

国际营养界一般将益生菌定义为含有足够数量活菌、组成明确的微生物制剂产品，能通过定植作用改善食用者某一部位菌群组成，从而产生有利于食用者健康作用的微生物制剂产品。"活"是益生菌的基本要求。益生菌不仅对肠道有作用，而且对免疫、泌尿和阴道健康也有好处。目前用得最多的益生菌是乳酸杆菌、双歧杆菌和布拉氏酵母菌。益生菌可以作为食物补充剂或营养成分，也可以作为药物。

益生菌用于长期使用抗生素或者腹泻造成肠道菌群失调的人，而且每次补充必须足量，如果不能保证足量，这些有益菌在肠道中安家繁殖发挥健康作用的可能性会变小。例如，绝大部分乳酸菌在通过胃和小肠的过程中都会死掉，只有数量足够大时，极少数"幸运者"能够存活下来，进入大肠并安家。2014年欧洲儿童胃肠病学、肝病学和营养学会推荐补液外，加用益生菌治疗急性胃肠炎患儿，强烈推荐鼠李糖乳杆菌GG和布拉氏酵母菌。但是，正常的人根本没有必要去吃它，而且益生菌制剂或者食品，在购买时还需要注意是否处于冷链保存中，并且是不是确实能够保证活菌数足量。一些家长把益生菌等制剂作为助消化药使用是不对的，长期使用这些益生菌制剂会对人体构成潜在的危害。医学研究证明，人体长期使用人工合成的口服益生菌产品，会造成肠道功能逐步丧失自身繁殖有益菌的能力，长此下去人体肠道便会产生依赖性，医学上称之为益生菌依赖症。而人体一旦患上益生菌依赖症，终生都将依靠和使用人工合成的口服益生菌产品来维持生命的健康状态。有人谈到可以使用益生菌来预防过敏，但是2015年世界过敏组织（WAO）认为，"益生菌不能减少儿童过敏，也不足以预防湿疹。也有人谈到使用益生菌治疗便秘，但是目前有限的证据不支持儿童使用益生菌来治疗功能性便秘。美国儿科学会认为，目前证实益生菌可以改善肠道问题的证据仍很有限，需要更多研究。现在，益生菌的更多益处只能在摄取益生菌时体现，一旦婴儿停止饮用添加益生菌的配方奶，肠道内细菌就会回到之前的水平"。同时认为，"截至目前，没有足够的证据支持应该给重病的孩子使用益生菌，也没有具有说服力的数据推荐在婴儿配方奶中使用益生菌"。

益生元是指一类能够选择性地刺激肠内一种或几种有益菌生长繁殖，而且不被宿主消化的物质，对肠道菌群组成起到改善作用，常见种类有低聚果糖、低聚异麦芽糖、母乳中的双歧因子、低聚糖等。它们是一些促进人体肠道中有益菌增殖的成分，在小肠中不能被人消化吸收而是进入大肠，大肠一旦有了益生元，益生菌就会茂盛增殖，同时一些有害的腐败菌数量下降。不过，益生元也需要有一定的数量才能产生作用，而且必须具备4个条件：1.在胃肠道的上部既不能水解，也不能被宿主吸收；2.只能选择性对肠内有益菌（如双歧杆菌等）有刺激生长繁殖或激活代谢功能的作用；3.能提高肠内有益于健康的优势菌群的构成和数量；4.能起到增强宿主机体健康的作用。如果家长自行给孩子补充的益生元不能满足以上4个条件，就不能达到使用的目的。孩子自身是无法合成益生元的。到目前为止，已经鉴定出超过200种母乳低聚糖（低聚糖即益生元），部分母乳中的低聚糖在结肠菌群作用下能保持肠道的低pH值，有利于双歧杆菌、乳酸杆菌生长，抑制肠道致病菌过度繁殖，对肠道致病菌产生的毒素有抑制作用。断母乳后通过孩子的均衡饮食，如添加香蕉、韭菜、芦笋和小麦制成的面食等食物，可以获得益生元。益生元对婴幼儿期和老年期人群的作用还是较为显著的。所以，美国儿科学会建议配方奶中可以添加益生元。

合生元是益生元和益生菌的混合制剂，但不是简单地合在一起。在合生元中添加的益生元必须既能促进本制剂中益生菌（如双歧杆菌等）的增殖，又能促进肠道中的益生菌定植和增殖。由于技术条件的限制，成熟的合生元产品凤毛麟角。因此，家长选择产品时需要注意，不要被商家宣传所迷惑。

不能随便补锌

Q 为了让孩子发育得更好，我想给孩子吃柠檬酸锌，用来改善孩子的营养状况。但医生说，我的孩子不需要补锌，只要保证营养均衡、膳食合理搭配就可以了。这是为什么？

A 柠檬酸锌不是保健品，是用作微量元素锌缺乏的治疗药物。补充锌剂必须在医生的指导下进行。过量补充锌剂可能造成孩子锌中毒或者性早熟。

锌是一种微量元素，在人体中含量很少，但是它的作用可不小，而且十分重要。锌是许多金属酶的重要成分和酶的激活剂，是核酸代谢和蛋白质合成过程中重要的辅酶。锌与蛋白质结合可促进生长发育，对性腺发育和成熟也有促进作用。锌还可以促进细胞免疫。如果锌缺乏可造成生长发育停滞、性成熟推迟、嗅觉减退，出现厌食或异食癖、伤口愈合慢、易感染，孕妇早期缺锌还可造成畸胎。有的妈妈相信一些广告的宣传，把一些锌剂作为保健品给孩子吃，岂不知过量补充锌剂会造成孩子锌中毒或者导致孩子性早熟。《中国居民膳食营养素参考摄入量（2013版）》规定了不同年龄段儿童每天锌的生理需要量。

不同年龄段儿童每天锌的生理需要量

年龄	0～0.5岁	0.5～1岁	1～4岁	4～7岁	7岁及以上
锌摄入量	2.0mg	3.5mg	4.0mg	5.5mg	7.0mg

6个月内婴儿从母乳中可以获得锌2.22mg。配方奶每100mL含锌0.6mg，鲜牛奶每100mL含锌1mg，再加上辅食中含有的锌，例如小麦胚粉、海产品、动物内脏、红肉等，孩子一般是不会缺锌的。给孩子盲目补锌很容易过量，尤其是柠檬酸锌含锌量高于硫酸锌和葡萄糖酸锌，1～4岁儿童可耐受的最高量每天才8mg，4～7岁儿童每天可耐受最高量才12mg，过量补充很容易引起锌中毒。

锌中毒可以造成孩子呕吐、头痛、腹泻、抽搐等。另外，人体在高锌的情况下，可以抑制吞噬细胞的活性，降低抵抗疾病的能力，尤其孩子如果患有低血钙或佝偻病，还会导致免疫力的损害。同时，锌还影响了铁的吸收，容易造成孩子缺铁性贫血，从而导致孩子情绪低落、萎靡不振、注意力不集中，严重影响了孩子认知水平的提高。由于人体内二价元素是互相依赖和制约的，因此高锌也会影响钙和镁的代谢。目前已经有报道，过量盲目地补充锌剂，会造成性器官和性腺的发育，引起孩子性早熟。

只要营养均衡，膳食搭配合理，一般孩子是不会缺乏微量元素的。平常应该让孩子吃多样化食品，粗细、荤素搭配，这样就能够保证孩子对锌的需求。

维生素，需不需要补

Q 脂溶性维生素或水溶性维生素是什么意思？维生素摄入得越多，孩子就会越健康吗？补充不同的维生素时，有什么需要注意的吗？

A 维生素是维持人体生命的一类有机化学物质，存在于天然食物中，人体几乎不能合成。虽然维生素既不参与机体组织的组成，也不为人体提供所需要的能量，而且人体的需要量非常少，但是由于它们各自具有特殊的生理机能，对于人体保健起着非常重要的作用，是不可缺少的必需营养素。

维生素的种类

营养学上通常按维生素的溶解性分为脂溶性维生素和水溶性维生素两大类。

脂溶性维生素有维生素A、维生素D、维生素E、维生素K，其共同特点是：1.化学组成仅含碳、氢、氧；2.溶于脂肪和脂溶剂；3.在食物中与脂类共存；4.在肠道吸收时随脂肪经淋巴系统吸收，从胆汁少量排出；5.摄入后大部分储存在脂肪组织里；6.缺乏时症状出现缓慢；7.有大剂量摄入时易引起中毒。

这类维生素非常重要，如眼睛和皮肤系统的发育需要维生素A，骨骼的适当发育需要维生素D，神经系统的发育需要维生素E，而维生素K对凝血因子的形成非常重要。

水溶性维生素包括B族维生素、叶酸、维生素C、泛酸、烟酸、胆碱、生物素。这些维生素可以溶解在水中，而不溶于脂肪及脂溶剂。水溶性维生素的共同特点是：1.化学组成除碳、氢、氧外，还有氮、硫、钴等元素；2.在满足了组织需要后，多余的将由尿排出；3.没有非功能性的单纯储存形式，在体内只有少量储存；

4.绝大多数以辅酶或辅基的形式参加各种酶系统，在中间代谢的很多重要环节发挥重要作用；5.缺乏症状出现较快；6.营养状况大多可以通过血和（或）尿进行评价；7.毒性很小。（部分内容摘自《中国居民膳食营养素参考摄入量（2013版）》）

维生素不能盲目补充

维生素对维持婴幼儿身体的正常生理功能起着非常重要的作用。维生素天然存在于食物中（维生素D除外）。与婴幼儿营养密切相关的维生素主要有12种。各种维生素具有不同的生理代谢功能。

不少人认为维生素是营养药，而且是安全药，甚至把它当作保健品，认为可以用它预防疾病，而且用得越多越好，于是盲目长期、超量服用维生素类药物。如果脂溶性的维生素摄入过多，就会蓄积中毒；水溶性的维生素摄入过多，就会造成身体其他生化反应。因此通过补充维生素来增加孩子抵抗力，是不科学的，也不能让孩子更健康。

目前，母乳或婴儿的配方奶都充分提供了孩子每天需要的维生素（除个别维生素外），幼儿只要平时注意膳食多样化，营养就会平衡，就不会发生维生素缺乏的问题。当孩子不能从进食的食物中获取或者食物中缺乏某些维生素时，为

了满足婴幼儿发育的需要应该额外补充一些维生素，但需要在指导下用药，不能随意补充。

家长一定要记住，婴幼儿发育所需要的营养是全面的，包括碳水化合物、脂肪、蛋白质、维生素、矿物质及膳食纤维等，缺一不可。这些营养素的来源主要依靠每天的饮食，因此每天膳食的安排做到自然食品、科学搭配、种类多样化就可以了。

6个月内的小婴儿如果是纯母乳喂养的话，除了补充每天发育需要的维生素K和维生素D以外，不需要再补充任何维生素。6个月内人工喂养的婴儿只要保证每天配方奶的需要量，就不需要再补充任何维生素。

7～12个月的婴儿如果继续母乳喂养，除继续补充每天发育需要的维生素D外，合理添加辅食，就不需要再补充任何维生素了。7～12个月人工喂养的婴儿只要保证每天所需要的配方奶，合理添加辅食，尽早做到食品多样化，就不需要再补充任何维生素了。

孩子满1岁后，每天喝足量配方奶，基本已经满足每天发育所需要的一部分维生素，剩余的维生素需要从每天多样化的膳食中获取。

有的孩子不喜欢吃蔬菜和水果，家长为了不让孩子营养缺乏，就给孩子补充多种维生素制剂来代替蔬菜和水果，这也

是错误的。因为蔬菜和水果里的维生素是天然成分，同时还有一些虽然不是维生素但对人体起到与维生素相似作用的、称为"类维生素"的物质。而多种维生素制剂中的一些维生素是人工合成的，其营养价值远远不如天然维生素。而且，水果和蔬菜里还含有人体需要的碳水化合物、矿物质以及膳食纤维等。因此，对于1岁以上的幼儿来说，除了保证每天配方奶的供给外，所进食物营养全面丰富、零食选择科学合理，孩子就会健康地生长发育，不需要额外补充多种维生素片。

几种常见维生素

下面简要介绍几种常见维生素的相关事宜（有关维生素D的叙述请参见本书"有关补钙那些事儿"相关内容）。

|维生素A|

很多妈妈都说"多补充维生素A对视力发育有促进作用"。首先，我们要了解一下维生素A对视觉系统的作用。外界物体通过眼的折光系统在视网膜上形成清晰的物像，但是要看到物体产生视觉，必须通过视网膜的感光细胞。视网膜是感光细胞聚集的地方，感光细胞分为视锥细胞和视杆细胞。视锥细胞多分布在近视网膜中心及周围，负责明视觉和色觉；视杆细胞多分布在视网膜的外周部，主要负责暗视觉，对光的敏感度较高，但不能分辨颜色

和物体细节。视杆细胞富含视紫红质，视紫红质把光的刺激转变为神经冲动，传入大脑的视皮质，人才能看见物体。视紫红质的合成需要消耗大量的维生素A（又称为视黄醇）。维生素A是人类必需的一种脂溶性维生素。如果维生素A缺乏会造成视杆细胞内的视紫红质生成减少，暗调节功能下降，延长发展成夜盲症，其后眼睛的球结膜和角膜干燥，逐渐发展为角膜软化、穿孔，虹膜脱出而致盲。为了避免因为维生素A缺乏引起眼部问题，宝宝饮食中应该含有符合中国营养学会推荐摄入量的维生素A。

妈妈在婴儿出生后的最初7天内所分泌的母乳称为初乳，初乳含有多种营养素，包括β-胡萝卜素（又称维生素A原），还有多种有助抵抗感染的免疫因子。母乳的成分自婴儿出生后会慢慢变为成熟乳。根据文献报道，母乳中维生素A的含量为40~70μgRE/dL，胡萝卜素含量为20~40μgRE/dL。按母乳维生素A含量50μgRE/dL，婴儿如果每天吃母乳750mL，那么婴儿维生素A的摄入量为375μgRE/天。我国乳母的泌乳量每天为750~800mL，纯母乳喂养的婴儿从母乳中获得的维生素A的量为375~400μgRE/天。也就是说，凡是健康而且营养良好的妈妈所分泌的成熟乳中都含有足够的维生素A，能够满足宝宝的成长需要。同样，大部分婴儿配方奶粉中也含有足够的维

生素A。所以足月儿出生后到6个月以前（但是早产儿、双胎儿、低出生体重儿，体内储存维生素A量不足，因为追赶生长发育快，已发生维生素A缺乏），无论是喂食母乳或婴儿配方奶，都不会有维生素A不足的危险，因此不需要其他食物来源的维生素A。等到宝宝6个月以后开始添加辅食，注意辅食中多吃一些富含维生素A的食品就能够获取足够其生长发育所需要的维生素A的量了。为了让哺乳期的宝宝能够从母乳中获得充足的维生素A，在《中国居民膳食指南（2016）》关于哺乳期妈妈的膳食指南明确提出，乳母的维生素A推荐量比一般成年女性增加600μgRE。而动物肝脏富含维生素A，若每周增选1~2次猪肝（总量85g）或鸡肝（总量40g），则平均每天可增加摄入维生素A600μgRE。

中国营养学会编著的《中国居民膳食营养素参考摄入量（2013版）》指出的维生素A摄入量为：1岁内婴儿没有适当的其他功能指标确定维生素A的平均需要量，推荐摄入量为300μg/天，可耐受最高摄入量为600μg/天；1~4岁儿童维生素A的平均需要量为220μg/天，推荐摄入量为310μg/天，可耐受最高摄入量为700μg/天。正如《诸福棠实用儿科学（第8版）》所述，吃配方奶同时又添加过多的维生素AD滴剂预防佝偻病，会致每日摄入总量超过最高安全量。因为部分鱼肝油、鲨鱼肝中维生素A与维生素D的比例为10:1，如果按照维生素D每天推荐的需要量，则维生素A可能就要过量了。

婴幼儿一次食用维生素A超过可耐受最高摄入量，可以表现为急性维生素A中毒，如一至数日内发生颅内压增高的症状，出现恶心、呕吐、头痛、烦躁或嗜睡等现象，前囟凸起、颅缝裂开、视乳头水肿、复视、颅神经麻痹等。如果连续每天摄入过量维生素A，数周或数月可致慢性中毒，主要表现为食欲下降、体重不增或反降，可有低热、多汗、烦躁等全身症状；皮肤出现干燥、鳞片样脱屑、瘙痒、皮疹、口唇皲裂、毛发干枯、脱发、手脚心脱皮；骨骼肌肉疼痛、骨骼生长过速、骨骼变脆易折、身材矮小；肝脾肿大、肝硬化，导致肝功能衰竭，可致死。目前我国生产的部分鱼肝油制剂维生素A与维生素D的配制是3:1，只要按照正规的量服用，这种比例不会造成维生素A中毒。

|B族维生素|

B族维生素包括很大一类，除了维生素B$_1$、维生素B$_2$、维生素B$_6$、维生素B$_{12}$，还包括烟酸（维生素B$_3$）、叶酸（维生素B$_9$）等。它们都属于水溶性维生素。缺乏这几种维生素会引起不同的疾病。

维生素B$_1$缺乏时易患脚气病，主要

表现神经—血管系统损伤，早期表现食欲不佳、便秘、恶心、抑郁、周围神经障碍等。维生素B_1主要存在于谷类、豆类、干果类、动物内脏、瘦肉、禽蛋中。但是，如果长期食用精米、精面或加工过细的食物，由于其中维生素B_1损失或破坏较多，或者做捞米饭弃米汤都会造成维生素B_1摄入不足。

维生素B_2又名核黄素，缺乏时可引起口角炎、唇炎、舌炎、血管增生性结膜炎、脂溢性皮炎、阴囊炎或阴唇炎、贫血等。维生素B_2多存在于动植物体内，如奶类、鸡蛋、动物内脏及绿叶蔬菜中。如果长期以大量淀粉类食物为主，少食动物性食品和新鲜的蔬菜，或者淘米过度、蔬菜切碎后洗涤、高温加热都可以造成维生素B_2缺乏。

维生素B_6如果缺乏，可以导致婴幼儿生长速度减慢，神经兴奋性增高，周围神经炎，婴儿抽搐、皮炎和贫血。婴儿最多见的病症是维生素B_6依赖性痉挛症和维生素B_6依赖性贫血。维生素B_6多存在于肝、肉、全麦、大豆、牛奶、母乳及谷物等食物中。

烟酸缺乏会引起腹泻、口腔炎、舌炎、皮炎，以及神经系统症状，如烦躁、抑郁、注意力不集中等，严重者可导致痴呆。烟酸主要存在于动植物组织中，尤以瘦肉、豆类、鱼类、花生中含量丰富。

叶酸缺乏会引起巨幼红细胞性贫血、神经管畸形、高同型半胱氨酸血症、肿瘤性疾病。叶酸主要存在于动植物食物中，如肉类、肝、肾、酵母、新鲜蔬菜、豆类和水果中。叶酸摄入对备孕、孕期和哺乳期的妈妈更为重要。从目前的儿童营养学和优生学的观点来看，一个孩子的营养健康应该从母亲孕前6个月，至少应该从孕前3个月开始。因此，准备要孩子的妈妈一开始就要口服叶酸，使体内的叶酸维持一定的水平，保证受孕后的胚胎早期处于一个较好的叶酸营养状态中。孕前、孕期和产后6个月的叶酸供给，可以促进胎儿和婴儿发育、减少神经管畸形发生、减轻妊娠反应，减少流产，降低宫内发育迟缓的发生率，预防胎儿、婴儿和孕产妇贫血发生。宝宝出生后不需要额外补充叶酸，因为母乳或婴儿配方奶中都含有适量的叶酸。唯一例外的是喂鲜羊奶的婴儿。羊奶中含有的叶酸只为牛奶中的1/5，所以长时间喂食鲜羊奶的宝宝容易患巨幼红细胞性贫血，需要额外补充叶酸。

维生素B_{12}缺乏可引起胃肠道症状，如食欲低下、恶心、呕吐、腹泻、舌炎、味觉消失，严重时影响生长发育。另外，维生素B_{12}缺乏时可以引起巨幼红细胞性贫血，以及神经系统病变，严重者可以出现脑萎缩。维生素B_{12}主要存在于动物食品中，特别是瘦肉和肝脏。此病多见于素食者及素食母亲纯母乳喂养的婴儿。

由此可见，平时膳食多样化是多么重要。保证食物多样化的饮食是孩子健康成长的基础。

|维生素C|

维生素C是最具争议性的一种维生素。从作用上来说，维生素C是人体维持正常生理机能的必需营养素。因为维生素C是强还原剂，具有抗氧化作用，能清除体内的自由基，保护体内组织器官不受损害，而且还对铁的吸收起着决定性的作用。饮食中如果缺乏维生素C，早期表现为轻度疲劳，进而引起坏血病，表现出毛囊过度角质化、带有出血性瘀斑瘀点、牙龈出血、眼球结膜出血、关节疼痛等。但是，大多数人并不缺乏维生素C，如果过量补充，不但起不到保健作用，反而会对身体有害。例如，过量维生素C的摄入可以引起恶心、腹部痉挛、腹泻、骨骼矿物质代谢增强、妨碍抗凝剂的治疗、铁的过量吸收、红细胞破坏、血浆胆固醇升高，同时促进草酸盐排泄，增加形成泌尿道结石的可能性，并可能形成大剂量维生素C依赖症。

目前，很多人每天补充维生素C来预防感冒或其他疾病，可是事实上，并没有科学根据证实维生素C能够预防疾病。有说法认为在感冒一开始时补充比较多的维生素C可以缩短感冒的时间，但是并没有在儿童身上做过这方面的研究。因此，不建议通过给孩子每天吃大量的维生素C来预防和治疗疾病。

人体自身不能合成维生素C，必须从饮食中获取。维生素C主要来源于新鲜的蔬菜和水果，如果经常吃到足量的多种蔬菜和水果，注意合理烹调（经过炒、熬、炖，维生素C大约损失30%），人们一般不会缺乏维生素C的。也就是说，只要宝宝食品种类多种化，每天保证宝宝的新鲜蔬菜水果的摄入，就不需要额外补充维生素C。

|维生素K|

维生素K的功能主要是促进凝血酶原合成。凝血因子的作用有赖于维生素K，因此维生素K缺乏时，可导致凝血机制障碍，出现广泛的出血。人体内所需的维生素K中50%～60%来自肠道内细菌合成，另外40%～50%从食物中摄取。正常成人很少发生维生素K缺乏，但是0～3个月婴儿易发生维生素K缺乏性出血症。孕妇即使不缺乏维生素K，但维生素K的分子量比较大，不易透过胎盘屏障进入胎儿体内。据测定，新生儿脐带血中维生素K含量仅为母血的几十分之一，通常低于0.1mmol/L，或者检测不到。新生儿，尤其是早产、低出生体重儿体内缺乏维生素K。新生儿由于肝脏对凝血酶原的合成未成熟，母乳含维生素K又很少（每750mL母乳仅含维生素K2.5μg/L），初乳几乎不含维生素K，但牛乳维生素K含量却很高，每1000mL牛乳含维生素K5～10μg。新生儿出生头几天肠道菌群很少，因此通过肠道细菌合成的维生素K就更少。所以，单纯吃母乳的婴儿维生素K缺乏症的发病率比牛乳喂养儿高15～20倍。母乳中含有丰富的IgA等多种抗体，这些抗体对于减少呼吸道疾病和肠道感染是有利的，但它能抑制肠道内合成维生素K的正常细菌（如某些大肠杆菌）的生长，影响某些凝血因子激活，出现凝血障碍而发生出血，因此引起新生儿或小婴儿出血。最早的出血可发生在生后24小时内，典型的新生儿出血症多发生在出生后的2～5天，严重者可导致死亡。出血可发生在任何部位，尤其是颅内出血，发病迅猛，一旦出血，往往来不及抢救，对婴儿生命威胁最大。如能及时补充维生素K就能避免出血。因此，孕母和乳母应适当多食富含维生素K的食物。

对于乳母来说，建议多吃一些绿色蔬菜和水果，如猕猴桃、青豌豆、卷心菜、菠菜、生菜、韭菜、西柚、南瓜、胡萝卜等，以及奶酪、蛋黄、动物内脏来补充维生素K。

《中国居民膳食指南（2016）》表示，母乳中维生素K含量较低，新生儿（特别是剖宫产的新生儿）肠道菌群不能及时建立，无法合成足够的维生素K，或者大量使用抗生素的婴儿，肠道菌群可能被破坏，面临维生素K缺乏风险。所以，母乳喂养儿从出生到3月龄，每日口服维生素K_1 25μg，也可以出生后口服维生素K_1 2mg，然后1周龄、1个月再分别口服5mg，共3次。不过，目前在医院出生的新生儿会给其每天肌肉注射维生素K_1 1～5mg，连续3天。合格的配方奶中都添加了足够量的维生素K，使用混合喂养或者配方奶喂养的婴儿，无须额外补充维生素K。

|维生素E|

维生素E又称生育酚，是一种重要的脂溶性抗氧化剂，同时还是具有维持生育和维持免疫功能的一种脂溶性维生素。对于儿童来说，发育中的神经系统对于维生素E缺乏是十分敏感的。当维生素E缺乏时，患儿可能会出现神经系统的异常症状，并影响认知和运动能力的发育。尤其是早产儿，因为维生素E是在孕末2个月内从母体中获得，因此早产儿出生时体内的维生素E的水平很低。而且早产儿消化系统发育不成熟，还会出现维生素E吸收障碍，导致溶血性贫血。所以，早产儿出生后需要在医生的监控下补充维生素E。正常婴儿摄入维生素E的来源主要为母乳或者配方奶粉。

维生素E的主要食物来源请参见本书"早产儿营养素补充"相关内容。

附　录

0～5岁女孩身（长）高生长曲线图

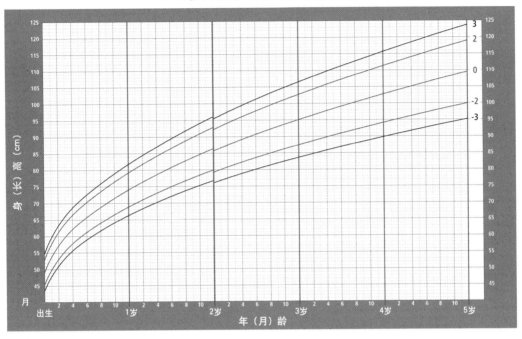

0～5岁男孩身（长）高生长曲线图

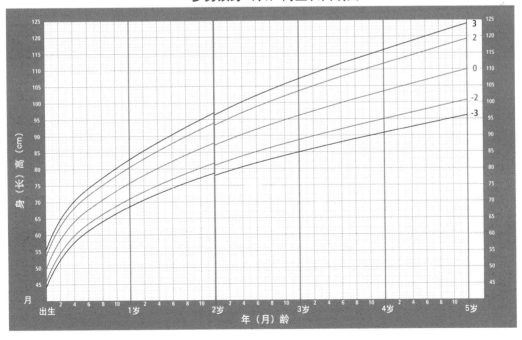

0～5岁女孩体重生长曲线图

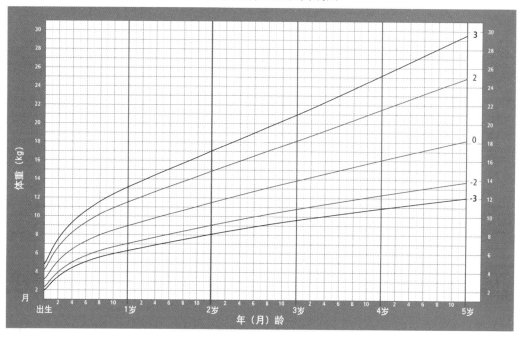

0～5岁男孩体重生长曲线图

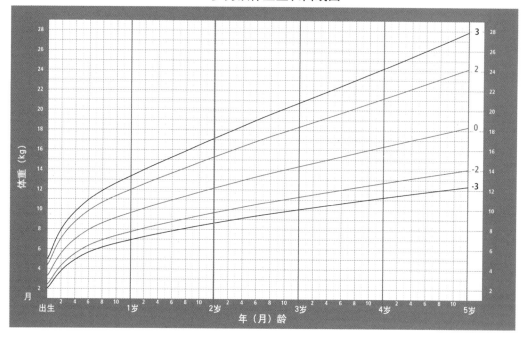

0～5岁女孩BMI生长曲线图

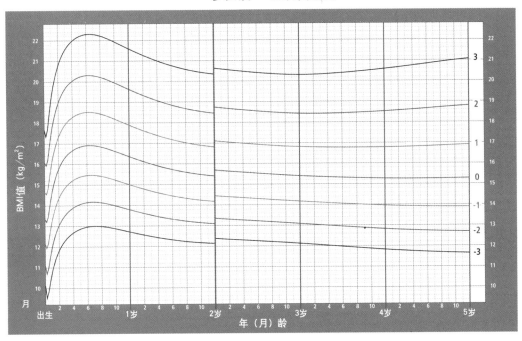

0～5岁男孩BMI生长曲线图

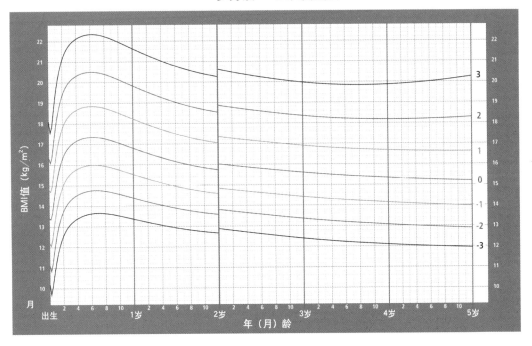

0~5岁女孩头围生长曲线图

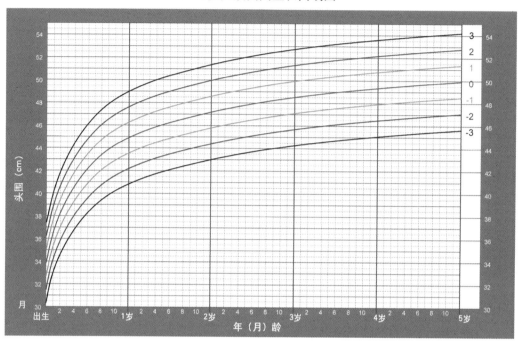

0~5岁男孩头围生长曲线图

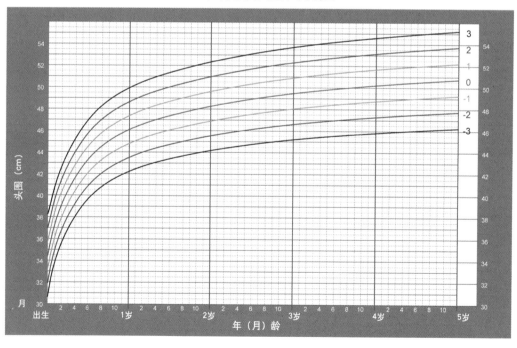

0～24月龄（0～2岁）女孩年龄别身长Z评分

身长：cm

年龄	Z评分						
	-3	-2	-1	0	1	2	3
0周	43.6	45.4	47.3	49.1	51	52.9	54.7
1周	44.7	46.6	48.4	50.3	52.2	54.1	56
2周	45.8	47.7	49.6	51.5	53.4	55.3	57.2
3周	46.7	48.6	50.5	52.5	54.4	56.3	58.2
4周	47.5	49.5	51.4	53.4	55.3	57.3	59.2
1个月	47.8	49.8	51.7	53.7	55.6	57.6	59.5
5周	48.3	50.3	52.3	54.2	56.2	58.2	60.1
6周	49.1	51.1	53.1	55.1	57.1	59	61
7周	49.8	51.8	53.8	55.8	57.8	59.9	61.9
8周	50.5	52.5	54.6	56.6	58.6	60.6	62.6
2个月	51	53	55	57.1	59.1	61.1	63.2
9周	51.2	53.2	55.2	57.3	59.3	61.4	63.4
10周	51.8	53.8	55.9	57.9	60	62.1	64.1
11周	52.4	54.4	56.5	58.6	60.7	62.7	64.8
12周	52.9	55	57.1	59.2	61.3	63.4	65.5
13周	53.5	55.6	57.7	59.8	61.9	64	66.1
3个月	53.5	55.6	57.7	59.8	61.9	64	66.1
4个月	55.6	57.8	59.9	62.1	64.3	66.4	68.6
5个月	57.4	59.6	61.8	64	66.2	68.5	70.7
6个月	58.9	61.2	63.5	65.7	68	70.3	72.5
7个月	60.3	62.7	65	67.3	69.6	71.9	74.2
8个月	61.7	64	66.4	68.7	71.1	73.5	75.8
9个月	62.9	65.3	67.7	70.1	72.6	75	77.4
10个月	64.1	66.5	69	71.5	73.9	76.4	78.9
11个月	65.2	67.7	70.3	72.8	75.3	77.8	80.3
12个月	66.3	68.9	71.4	74	76.6	79.2	81.7
13个月	67.3	70	72.6	75.2	77.8	80.5	83.1
14个月	68.3	71	73.7	76.4	79.1	81.7	84.4
15个月	69.3	72	74.8	77.5	80.2	83	85.7
16个月	70.2	73	75.8	78.6	81.4	84.2	87
17个月	71.1	74	76.8	79.7	82.5	85.4	88.2
18个月	72	74.9	77.8	80.7	83.6	86.5	89.4
19个月	72.8	75.8	78.8	81.7	84.7	87.6	90.6
20个月	73.7	76.7	79.7	82.7	85.7	88.7	91.7
21个月	74.5	77.5	80.6	83.7	86.7	89.8	92.9
22个月	75.2	78.4	81.5	84.6	87.7	90.8	94
23个月	76	79.2	82.3	85.5	88.7	91.9	95
24个月	76.7	80	83.2	86.4	89.6	92.9	96.1

说明：介于-2～+2之间为身（长）高处于正常范围；介于-3～-2之间为轻度生长迟缓；≤-3则为重度生长迟缓；介于+2～+3之间为偏高状态；≥+3则为高身材状况。

24～60月龄（2～5岁）女孩年龄别身高Z评分

身长：cm

年龄	Z评分						
	−3	−2	−1	0	1	2	3
24个月	76	79.3	82.5	85.7	88.9	92.2	95.4
25个月	76.8	80	83.3	86.6	89.9	93.1	96.4
26个月	77.5	80.8	84.1	87.4	90.8	94.1	97.4
27个月	78.1	81.5	84.9	88.3	91.7	95	98.4
28个月	78.8	82.2	85.7	89.1	92.5	96	99.4
29个月	79.5	82.9	86.4	89.9	93.4	96.9	100.3
30个月	80.1	83.6	87.1	90.7	94.2	97.7	101.3
31个月	80.7	84.3	87.9	91.4	95	98.6	102.2
32个月	81.3	84.9	88.6	92.2	95.8	99.4	103.1
33个月	81.9	85.6	89.3	92.9	96.6	100.3	103.9
34个月	82.5	86.2	89.9	93.6	97.4	101.1	104.8
35个月	83.1	86.8	90.6	94.4	98.1	101.9	105.6
36个月	83.6	87.4	91.2	95.1	98.9	102.7	106.5
37个月	84.2	88	91.9	95.7	99.6	103.4	107.3
38个月	84.7	88.6	92.5	96.4	100.3	104.2	108.1
39个月	85.3	89.2	93.1	97.1	101	105	108.9
40个月	85.8	89.8	93.8	97.7	101.7	105.7	109.7
41个月	86.3	90.4	94.4	98.4	102.4	106.4	110.5
42个月	86.8	90.9	95	99	103.1	107.2	111.2
43个月	87.4	91.5	95.6	99.7	103.8	107.9	112
44个月	87.9	92	96.2	100.3	104.5	108.6	112.7
45个月	88.4	92.5	96.7	100.9	105.1	109.3	113.5
46个月	88.9	93.1	97.3	101.5	105.8	110	114.2
47个月	89.3	93.6	97.9	102.1	106.4	110.7	114.9
48个月	89.8	94.1	98.4	102.7	107	111.3	115.7
49个月	90.3	94.6	99	103.3	107.7	112	116.4
50个月	90.7	95.1	99.5	103.9	108.3	112.7	117.1
51个月	91.2	95.6	100.1	104.5	108.9	113.3	117.7
52个月	91.7	96.1	100.6	105	109.5	114	118.4
53个月	92.1	96.6	101.1	105.6	110.1	114.6	119.1
54个月	92.6	97.1	101.6	106.2	110.7	115.2	119.8
55个月	93	97.6	102.2	106.7	111.3	115.9	120.4
56个月	93.4	98.1	102.7	107.3	111.9	116.5	121.1
57个月	93.9	98.5	103.2	107.8	112.5	117.1	121.8
58个月	94.3	99	103.7	108.4	113	117.7	122.4
59个月	94.7	99.5	104.2	108.9	113.6	118.3	123.1
60个月	95.2	99.9	104.7	109.4	114.2	118.9	123.7

说明：介于−2～+2之间为身（长）高处于正常范围；介于−3～−2之间为轻度生长迟缓；≤−3则为重度生长迟缓；介于+2～+3之间为偏高状态；≥+3则为高身材状况。

0～24月龄（0～2岁）男孩年龄别身长Z评分

身长：cm

年龄	Z评分						
	−3	−2	−1	0	1	2	3
0周	44.2	46.1	48	49.9	51.8	53.7	55.6
1周	45.4	47.3	49.2	51.1	53	54.9	56.8
2周	46.6	48.5	50.4	52.3	54.3	56.2	58.1
3周	47.6	49.5	51.5	53.4	55.3	57.2	59.2
4周	48.6	50.5	52.4	54.4	56.3	58.3	60.2
1个月	48.9	50.8	52.8	54.7	56.7	58.6	60.6
5周	49.5	51.4	53.4	55.3	57.3	59.2	61.2
6周	50.3	52.3	54.3	56.2	58.2	60.2	62.1
7周	51.1	53.1	55.1	57.1	59.1	61	63
8周	51.9	53.9	55.9	57.9	59.9	61.9	63.9
2个月	52.4	54.4	56.4	58.4	60.4	62.4	64.4
9周	52.6	54.6	56.6	58.7	60.7	62.7	64.7
10周	53.3	55.4	57.4	59.4	61.4	63.4	65.4
11周	54	56	58.1	60.1	62.1	64.1	66.2
12周	54.7	56.7	58.7	60.8	62.8	64.8	66.9
13周	55.3	57.3	59.4	61.4	63.4	65.5	67.5
3个月	55.3	57.3	59.4	61.4	63.5	65.5	67.6
4个月	57.6	59.7	61.8	63.9	66	68	70.1
5个月	59.6	61.7	63.8	65.9	68	70.1	72.2
6个月	61.2	63.3	65.5	67.6	69.8	71.9	74
7个月	62.7	64.8	67	69.2	71.3	73.5	75.7
8个月	64	66.2	68.4	70.6	72.8	75	77.2
9个月	65.2	67.5	69.7	72	74.2	76.5	78.7
10个月	66.4	68.7	71	73.3	75.6	77.9	80.1
11个月	67.6	69.9	72.2	74.5	76.9	79.2	81.5
12个月	68.6	71	73.4	75.7	78.1	80.5	82.9
13个月	69.6	72.1	74.5	76.9	79.3	81.8	84.2
14个月	70.6	73.1	75.6	78	80.5	83	85.5
15个月	71.6	74.1	76.6	79.1	81.7	84.2	86.7
16个月	72.5	75	77.6	80.2	82.8	85.4	88
17个月	73.3	76	78.6	81.2	83.9	86.5	89.2
18个月	74.2	76.9	79.6	82.3	85	87.7	90.4
19个月	75	77.7	80.5	83.2	86	88.8	91.5
20个月	75.8	78.6	81.4	84.2	87	89.8	92.6
21个月	76.5	79.4	82.3	85.1	88	90.9	93.8
22个月	77.2	80.2	83.1	86	89	91.9	94.9
23个月	78	81	83.9	86.9	89.9	92.9	95.9
24个月	78.7	81.7	84.8	87.8	90.9	93.9	97

说明：介于−2～+2之间为身（长）高处于正常范围；介于−3～−2之间为轻度生长迟缓；≤−3则为重度生长迟缓；介于+2～+3之间为偏高状态；≥+3则为高身材状况。

24～60月龄（2～5岁）男孩年龄别身高Z评分

身长：cm

年龄	Z评分						
	−3	−2	−1	0	1	2	3
24个月	78	81	84.1	87.1	90.2	93.2	96.3
25个月	78.6	81.7	84.9	88	91.1	94.2	97.3
26个月	79.3	82.5	85.6	88.8	92	95.2	98.3
27个月	79.9	83.1	86.4	89.6	92.9	96.1	99.3
28个月	80.5	83.8	87.1	90.4	93.7	97	100.3
29个月	81.1	84.5	87.8	91.2	94.5	97.9	101.2
30个月	81.7	85.1	88.5	91.9	95.3	98.7	102.1
31个月	82.3	85.7	89.2	92.7	96.1	99.6	103
32个月	82.8	86.4	89.9	93.4	96.9	100.4	103.9
33个月	83.4	86.9	90.5	94.1	97.6	101.2	104.8
34个月	83.9	87.5	91.1	94.8	98.4	102	105.6
35个月	84.4	88.1	91.8	95.4	99.1	102.7	106.4
36个月	85	88.7	92.4	96.1	99.8	103.5	107.2
37个月	85.5	89.2	93	96.7	100.5	104.2	108
38个月	86	89.8	93.6	97.4	101.2	105	108.8
39个月	86.5	90.3	94.2	98	101.8	105.7	109.5
40个月	87	90.9	94.7	98.6	102.5	106.4	110.3
41个月	87.5	91.4	95.3	99.2	103.2	107.1	111
42个月	88	91.9	95.9	99.9	103.8	107.8	111.7
43个月	88.4	92.4	96.4	100.4	104.5	108.5	112.5
44个月	88.9	93	97	101	105.1	109.1	113.2
45个月	89.4	93.5	97.5	101.6	105.7	109.8	113.9
46个月	89.8	94	98.1	102.2	106.3	110.4	114.6
47个月	90.3	94.4	98.6	102.8	106.9	111.1	115.2
48个月	90.7	94.9	99.1	103.3	107.5	111.7	115.9
49个月	91.2	95.4	99.7	103.9	108.1	112.4	116.6
50个月	91.6	95.9	100.2	104.4	108.7	113	117.3
51个月	92.1	96.4	100.7	105	109.3	113.6	117.9
52个月	92.5	96.9	101.2	105.6	109.9	114.2	118.6
53个月	93	97.4	101.7	106.1	110.5	114.9	119.2
54个月	93.4	97.8	102.3	106.7	111.1	115.5	119.9
55个月	93.9	98.3	102.8	107.2	111.7	116.1	120.6
56个月	94.3	98.8	103.3	107.8	112.3	116.7	121.2
57个月	94.7	99.3	103.8	108.3	112.8	117.4	121.9
58个月	95.2	99.7	104.3	108.9	113.4	118	122.6
59个月	95.6	100.2	104.8	109.4	114	118.6	123.2
60个月	96.1	100.7	105.3	110	114.6	119.2	123.9

说明：介于−2～+2之间为身（长）高处于正常范围；介于−3～−2之间为轻度生长迟缓；≤−3则为重度生长迟缓；介于+2～+3之间为偏高状态；≥+3则为高身材状况。

0～60月龄（0～5岁）女孩年龄别体重Z评分

体重：kg

年龄	Z评分						
	−3	−2	−1	0	1	2	3
0周	2	2.4	2.8	3.2	3.7	4.2	4.8
1周	2.1	2.5	2.9	3.3	3.9	4.4	5.1
2周	2.3	2.7	3.1	3.6	4.1	4.7	5.4
3周	2.5	2.9	3.3	3.8	4.4	5	5.7
4周	2.7	3.1	3.6	4.1	4.7	5.4	6.1
1个月	2.7	3.2	3.6	4.2	4.8	5.5	6.2
5周	2.9	3.3	3.8	4.3	5	5.7	6.5
6周	3	3.5	4	4.6	5.2	6	6.8
7周	3.2	3.7	4.2	4.8	5.5	6.2	7.1
8周	3.3	3.8	4.4	5	5.7	6.5	7.3
2个月	3.4	3.9	4.5	5.1	5.8	6.6	7.5
9周	3.5	4	4.6	5.2	5.9	6.7	7.6
10周	3.6	4.1	4.7	5.4	6.1	6.9	7.8
11周	3.8	4.3	4.9	5.5	6.3	7.1	8.1
12周	3.9	4.4	5	5.7	6.5	7.3	8.3
13周	4	4.5	5.1	5.8	6.6	7.5	8.5
3个月	4	4.5	5.2	5.8	6.6	7.5	8.5
4个月	4.4	5	5.7	6.4	7.3	8.2	9.3
5个月	4.8	5.4	6.1	6.9	7.8	8.8	10
6个月	5.1	5.7	6.5	7.3	8.2	9.3	10.6
7个月	5.3	6	6.8	7.6	8.6	9.8	11.1
8个月	5.6	6.3	7	7.9	9	10.2	11.6
9个月	5.8	6.5	7.3	8.2	9.3	10.5	12
10个月	5.9	6.7	7.5	8.5	9.6	10.9	12.4
11个月	6.1	6.9	7.7	8.7	9.9	11.2	12.8
12个月	6.3	7	7.9	8.9	10.1	11.5	13.1
13个月	6.4	7.2	8.1	9.2	10.4	11.8	13.5
14个月	6.6	7.4	8.3	9.4	10.6	12.1	13.8
15个月	6.7	7.6	8.5	9.6	10.9	12.4	14.1
16个月	6.9	7.7	8.7	9.8	11.1	12.6	14.5
17个月	7	7.9	8.9	10	11.4	12.9	14.8
18个月	7.2	8.1	9.1	10.2	11.6	13.2	15.1
19个月	7.3	8.2	9.2	10.4	11.8	13.5	15.4
20个月	7.5	8.4	9.4	10.6	12.1	13.7	15.7
21个月	7.6	8.6	9.6	10.9	12.3	14	16
22个月	7.8	8.7	9.8	11.1	12.5	14.3	16.4
23个月	7.9	8.9	10	11.3	12.8	14.6	16.7
24个月	8.1	9	10.2	11.5	13	14.8	17

年龄	Z评分						
	−3	−2	−1	0	1	2	3
25个月	8.2	9.2	10.3	11.7	13.3	15.1	17.3
26个月	8.4	9.4	10.5	11.9	13.5	15.4	17.7
27个月	8.5	9.5	10.7	12.1	13.7	15.7	18
28个月	8.6	9.7	10.9	12.3	14	16	18.3
29个月	8.8	9.8	11.1	12.5	14.2	16.2	18.7
30个月	8.9	10	11.2	12.7	14.4	16.5	19
31个月	9	10.1	11.4	12.9	14.7	16.8	19.3
32个月	9.1	10.3	11.6	13.1	14.9	17.1	19.6
33个月	9.3	10.4	11.7	13.3	15.1	17.3	20
34个月	9.4	10.5	11.9	13.5	15.4	17.6	20.3
35个月	9.5	10.7	12	13.7	15.6	17.9	20.6
36个月	9.6	10.8	12.2	13.9	15.8	18.1	20.9
37个月	9.7	10.9	12.4	14	16	18.4	21.3
38个月	9.8	11.1	12.5	14.2	16.3	18.7	21.6
39个月	9.9	11.2	12.7	14.4	16.5	19	22
40个月	10.1	11.3	12.8	14.6	16.7	19.2	22.3
41个月	10.2	11.5	13	14.8	16.9	19.5	22.7
42个月	10.3	11.6	13.1	15	17.2	19.8	23
43个月	10.4	11.7	13.3	15.2	17.4	20.1	23.4
44个月	10.5	11.8	13.4	15.3	17.6	20.4	23.7
45个月	10.6	12	13.6	15.5	17.8	20.7	24.1
46个月	10.7	12.1	13.7	15.7	18.1	20.9	24.5
47个月	10.8	12.2	13.9	15.9	18.3	21.2	24.8
48个月	10.9	12.3	14	16.1	18.5	21.5	25.2
49个月	11	12.4	14.2	16.3	18.8	21.8	25.5
50个月	11.1	12.6	14.3	16.4	19	22.1	25.9
51个月	11.2	12.7	14.5	16.6	19.2	22.4	26.3
52个月	11.3	12.8	14.6	16.8	19.4	22.6	26.6
53个月	11.4	12.9	14.8	17	19.7	22.9	27
54个月	11.5	13	14.9	17.2	19.9	23.2	27.4
55个月	11.6	13.2	15.1	17.3	20.1	23.5	27.7
56个月	11.7	13.3	15.2	17.5	20.3	23.8	28.1
57个月	11.8	13.4	15.3	17.7	20.6	24.1	28.5
58个月	11.9	13.5	15.5	17.9	20.8	24.4	28.8
59个月	12	13.6	15.6	18	21	24.6	29.2
60个月	12.1	13.7	15.8	18.2	21.2	24.9	29.5

说明：介于−1～+2之间为体重正常范围；介于−2～−1之间为轻度体重不足；−3～−2为中度体重不足；≤−3为严重体重不足；≥+2时，可能存在超重和肥胖的情况，需要结合身（长）高别体重Z评分或年龄别BMI Z评分来判断。

0～60月龄（0～5岁）男孩年龄别体重Z评分

体重：kg

年龄	Z评分						
	−3	−2	−1	0	1	2	3
0周	2.1	2.5	2.9	3.3	3.9	4.4	5
1周	2.2	2.6	3	3.5	4	4.6	5.3
2周	2.4	2.8	3.2	3.8	4.3	4.9	5.6
3周	2.6	3.1	3.5	4.1	4.7	5.3	6
4周	2.9	3.3	3.8	4.4	5	5.7	6.4
1个月	2.9	3.4	3.9	4.5	5.1	5.8	6.6
5周	3.1	3.5	4.1	4.7	5.3	6	6.8
6周	3.3	3.8	4.3	4.9	5.6	6.3	7.2
7周	3.5	4	4.6	5.2	5.9	6.6	7.5
8周	3.7	4.2	4.8	5.4	6.1	6.9	7.8
2个月	3.8	4.3	4.9	5.6	6.3	7.1	8
9周	3.8	4.4	5	5.6	6.4	7.2	8
10周	4	4.5	5.2	5.8	6.6	7.4	8.3
11周	4.2	4.7	5.3	6	6.8	7.6	8.5
12周	4.3	4.9	5.5	6.2	7	7.8	8.8
13周	4.4	5	5.7	6.4	7.2	8	9
3个月	4.4	5	5.7	6.4	7.2	8	9
4个月	4.9	5.6	6.2	7	7.8	8.7	9.7
5个月	5.3	6	6.7	7.5	8.4	9.3	10.4
6个月	5.7	6.4	7.1	7.9	8.8	9.8	10.9
7个月	5.9	6.7	7.4	8.3	9.2	10.3	11.4
8个月	6.2	6.9	7.7	8.6	9.6	10.7	11.9
9个月	6.4	7.1	8	8.9	9.9	11	12.3
10个月	6.6	7.4	8.2	9.2	10.2	11.4	12.7
11个月	6.8	7.6	8.4	9.4	10.5	11.7	13
12个月	6.9	7.7	8.6	9.6	10.8	12	13.3
13个月	7.1	7.9	8.8	9.9	11	12.3	13.7
14个月	7.2	8.1	9	10.1	11.3	12.6	14
15个月	7.4	8.3	9.2	10.3	11.5	12.8	14.3
16个月	7.5	8.4	9.4	10.5	11.7	13.1	14.6
17个月	7.7	8.6	9.6	10.7	12	13.4	14.9
18个月	7.8	8.8	9.8	10.9	12.2	13.7	15.3
19个月	8	8.9	10	11.1	12.5	13.9	15.6
20个月	8.1	9.1	10.1	11.3	12.7	14.2	15.9
21个月	8.2	9.2	10.3	11.5	12.9	14.5	16.2
22个月	8.4	9.4	10.5	11.8	13.2	14.7	16.5
23个月	8.5	9.5	10.7	12	13.4	15	16.8
24个月	8.6	9.7	10.8	12.2	13.6	15.3	17.1

年龄	Z评分						
	−3	−2	−1	0	1	2	3
25个月	8.8	9.8	11	12.4	13.9	15.5	17.5
26个月	8.9	10	11.2	12.5	14.1	15.8	17.8
27个月	9	10.1	11.3	12.7	14.3	16.1	18.1
28个月	9.1	10.2	11.5	12.9	14.5	16.3	18.4
29个月	9.2	10.4	11.7	13.1	14.8	16.6	18.7
30个月	9.4	10.5	11.8	13.3	15	16.9	19
31个月	9.5	10.7	12	13.5	15.2	17.1	19.3
32个月	9.6	10.8	12.1	13.7	15.4	17.4	19.6
33个月	9.7	10.9	12.3	13.8	15.6	17.6	19.9
34个月	9.8	11	12.4	14	15.8	17.8	20.2
35个月	9.9	11.2	12.6	14.2	16	18.1	20.4
36个月	10	11.3	12.7	14.3	16.2	18.3	20.7
37个月	10.1	11.4	12.9	14.5	16.4	18.6	21
38个月	10.2	11.5	13	14.7	16.6	18.8	21.3
39个月	10.3	11.6	13.1	14.8	16.8	19	21.6
40个月	10.4	11.8	13.3	15	17	19.3	21.9
41个月	10.5	11.9	13.4	15.2	17.2	19.5	22.1
42个月	10.6	12	13.6	15.3	17.4	19.7	22.4
43个月	10.7	12.1	13.7	15.5	17.6	20	22.7
44个月	10.8	12.2	13.8	15.7	17.8	20.2	23
45个月	10.9	12.4	14	15.8	18	20.5	23.3
46个月	11	12.5	14.1	16	18.2	20.7	23.6
47个月	11.1	12.6	14.3	16.2	18.4	20.9	23.9
48个月	11.2	12.7	14.4	16.3	18.6	21.2	24.2
49个月	11.3	12.8	14.5	16.5	18.8	21.4	24.5
50个月	11.4	12.9	14.7	16.7	19	21.7	24.8
51个月	11.5	13.1	14.8	16.8	19.2	21.9	25.1
52个月	11.6	13.2	15	17	19.4	22.2	25.4
53个月	11.7	13.3	15.1	17.2	19.6	22.4	25.7
54个月	11.8	13.4	15.2	17.3	19.8	22.7	26
55个月	11.9	13.5	15.4	17.5	20	22.9	26.3
56个月	12	13.6	15.5	17.7	20.2	23.2	26.6
57个月	12.1	13.7	15.6	17.8	20.4	23.4	26.9
58个月	12.2	13.8	15.8	18	20.6	23.7	27.2
59个月	12.3	14	15.9	18.2	20.8	23.9	27.6
60个月	12.4	14.1	16	18.3	21	24.2	27.9

说明：介于−1～+2之间为体重正常范围；介于−2～−1之间为轻度体重不足；−3～−2为中度体重不足；≤−3为严重体重不足；≥+2时，可能存在超重和肥胖的情况，需要结合身（长）高别体重Z评分或年龄别BMI Z评分来判断。

0～24月龄（0～2岁）女孩年龄别BMI Z评分

年龄	Z评分						
	-3	-2	-1	0	1	2	3
0周	10.1	11.1	12.2	13.3	14.6	16.1	17.7
1周	9.5	10.7	11.9	13.2	14.5	15.9	17.3
2周	9.8	11	12.2	13.5	14.8	16.2	17.7
3周	10.2	11.4	12.6	14	15.3	16.8	18.3
4周	10.6	11.8	13.1	14.4	15.8	17.4	19
1个月	10.8	12	13.2	14.6	16	17.5	19.1
5周	11	12.2	13.5	14.8	16.3	17.8	19.5
6周	11.3	12.5	13.8	15.1	16.6	18.2	19.9
7周	11.5	12.7	14	15.4	16.9	18.5	20.3
8周	11.7	12.9	14.2	15.6	17.2	18.8	20.6
2个月	11.8	13	14.3	15.8	17.3	19	20.7
9周	11.9	13.1	14.4	15.8	17.4	19	20.8
10周	12	13.2	14.6	16	17.5	19.2	21
11周	12.1	13.4	14.7	16.1	17.7	19.4	21.2
12周	12.3	13.5	14.8	16.2	17.8	19.5	21.4
13周	12.4	13.6	14.9	16.4	17.9	19.7	21.5
3个月	12.4	13.6	14.9	16.4	17.9	19.7	21.5
4个月	12.7	13.9	15.2	16.7	18.3	20	22
5个月	12.9	14.1	15.4	16.8	18.4	20.2	22.2
6个月	13	14.1	15.5	16.9	18.5	20.3	22.3
7个月	13	14.2	15.5	16.9	18.5	20.3	22.3
8个月	13	14.1	15.4	16.8	18.4	20.2	22.2
9个月	12.9	14.1	15.3	16.7	18.3	20.1	22.1
10个月	12.9	14	15.2	16.6	18.2	19.9	21.9
11个月	12.8	13.9	15.1	16.5	18	19.8	21.8
12个月	12.7	13.8	15	16.4	17.9	19.6	21.6
13个月	12.6	13.7	14.9	16.2	17.7	19.5	21.4
14个月	12.6	13.6	14.8	16.1	17.6	19.3	21.3
15个月	12.5	13.5	14.7	16	17.5	19.2	21.1
16个月	12.4	13.5	14.6	15.9	17.4	19.1	21
17个月	12.4	13.4	14.5	15.8	17.3	18.9	20.9
18个月	12.3	13.3	14.4	15.7	17.2	18.8	20.8
19个月	12.3	13.3	14.4	15.7	17.1	18.8	20.7
20个月	12.2	13.2	14.3	15.6	17	18.7	20.6
21个月	12.2	13.2	14.3	15.5	17	18.6	20.5
22个月	12.2	13.1	14.2	15.5	16.9	18.5	20.4
23个月	12.2	13.1	14.2	15.4	16.9	18.5	20.4
24个月	12.1	13.1	14.2	15.4	16.8	18.4	20.3

说明：1.BMI为体质指数（body mass index），是一个用来衡量人体胖瘦程度以及是否健康的标准。BMI由体重（kg）除以身（长）高（m）的平方计算得出。

2.介于-1～+1之间为正常范围，表明儿童体型正常；介于+1～+2之间，可视为超重；介于+2～+3之间，可视为肥胖；≥+3可视为重度肥胖；介于-1～-2之间，可视为偏瘦；介于-2～-3之间，可视为消瘦；≤-3可视为重度消瘦。

24～60月龄（2～5岁）女孩年龄别BMI Z评分

年龄	Z评分						
	-3	-2	-1	0	1	2	3
24个月	12.4	13.3	14.4	15.7	17.1	18.7	20.6
25个月	12.4	13.3	14.4	15.7	17.1	18.7	20.6
26个月	12.3	13.3	14.4	15.6	17	18.7	20.6
27个月	12.3	13.3	14.4	15.6	17	18.6	20.5
28个月	12.3	13.3	14.3	15.6	17	18.6	20.5
29个月	12.3	13.2	14.3	15.6	17	18.6	20.4
30个月	12.3	13.2	14.3	15.5	16.9	18.5	20.4
31个月	12.2	13.2	14.3	15.5	16.9	18.5	20.4
32个月	12.2	13.2	14.3	15.5	16.9	18.5	20.4
33个月	12.2	13.1	14.2	15.5	16.9	18.5	20.3
34个月	12.2	13.1	14.2	15.4	16.8	18.5	20.3
35个月	12.1	13.1	14.2	15.4	16.8	18.4	20.3
36个月	12.1	13.1	14.2	15.4	16.8	18.4	20.3
37个月	12.1	13.1	14.1	15.4	16.8	18.4	20.3
38个月	12.1	13	14.1	15.4	16.8	18.4	20.3
39个月	12	13	14.1	15.3	16.8	18.4	20.3
40个月	12	13	14.1	15.3	16.8	18.4	20.3
41个月	12	13	14.1	15.3	16.8	18.4	20.4
42个月	12	12.9	14	15.3	16.8	18.4	20.4
43个月	11.9	12.9	14	15.3	16.8	18.4	20.4
44个月	11.9	12.9	14	15.3	16.8	18.5	20.4
45个月	11.9	12.9	14	15.3	16.8	18.5	20.5
46个月	11.9	12.9	14	15.3	16.8	18.5	20.5
47个月	11.8	12.8	14	15.3	16.8	18.5	20.5
48个月	11.8	12.8	14	15.3	16.8	18.5	20.6
49个月	11.8	12.8	13.9	15.3	16.8	18.5	20.6
50个月	11.8	12.8	13.9	15.3	16.8	18.6	20.7
51个月	11.8	12.8	13.9	15.3	16.8	18.6	20.7
52个月	11.7	12.8	13.9	15.2	16.8	18.6	20.7
53个月	11.7	12.7	13.9	15.3	16.8	18.6	20.8
54个月	11.7	12.7	13.9	15.3	16.8	18.7	20.8
55个月	11.7	12.7	13.9	15.3	16.8	18.7	20.9
56个月	11.7	12.7	13.9	15.3	16.8	18.7	20.9
57个月	11.7	12.7	13.9	15.3	16.9	18.7	21
58个月	11.7	12.7	13.9	15.3	16.9	18.8	21
59个月	11.6	12.7	13.9	15.3	16.9	18.8	21
60个月	11.6	12.7	13.9	15.3	16.9	18.8	21.1

说明：1.BMI为体质指数（body mass index），是一个用来衡量人体胖瘦程度以及是否健康的标准。BMI由体重（kg）除以身（长）高（m）的平方计算得出。

2.介于-1～+1之间为正常范围，表明儿童体型正常；介于+1～+2之间，可视为超重；介于+2～+3之间，可视为肥胖；≥+3可视为重度肥胖；介于-1～-2之间，可视为偏瘦；介于-2～-3之间，可视为消瘦；≤-3可视为重度消瘦。

0~24月龄（0~2岁）男孩年龄别BMI Z评分

年龄	Z评分						
	−3	−2	−1	0	1	2	3
0周	10.2	11.1	12.2	13.4	14.8	16.3	18.1
1周	9.7	10.8	12.1	13.3	14.7	16.1	17.5
2周	10.1	11.2	12.4	13.6	15	16.4	17.8
3周	10.6	11.8	13	14.2	15.6	17	18.5
4周	11.1	12.3	13.5	14.8	16.2	17.6	19.2
1个月	11.3	12.4	13.6	14.9	16.3	17.8	19.4
5周	11.5	12.7	13.9	15.2	16.6	18.2	19.8
6周	11.9	13	14.3	15.6	17	18.6	20.2
7周	12.2	13.3	14.6	15.9	17.4	18.9	20.6
8周	12.4	13.6	14.8	16.2	17.6	19.2	20.9
2个月	12.5	13.7	15	16.3	17.8	19.4	21.1
9周	12.6	13.8	15	16.4	17.9	19.4	21.2
10周	12.7	13.9	15.2	16.5	18	19.6	21.4
11周	12.9	14	15.3	16.7	18.2	19.8	21.5
12周	13	14.2	15.4	16.8	18.3	19.9	21.7
13周	13.1	14.3	15.5	16.9	18.4	20	21.8
3个月	13.1	14.3	15.5	16.9	18.4	20	21.8
4个月	13.4	14.5	15.8	17.2	18.7	20.3	22.1
5个月	13.5	14.7	15.9	17.3	18.8	20.5	22.3
6个月	13.6	14.7	16	17.3	18.8	20.5	22.3
7个月	13.7	14.8	16	17.3	18.8	20.5	22.3
8个月	13.6	14.7	15.9	17.3	18.7	20.4	22.2
9个月	13.6	14.7	15.8	17.2	18.6	20.3	22.1
10个月	13.5	14.6	15.7	17	18.5	20.1	22
11个月	13.4	14.5	15.6	16.9	18.4	20	21.8
12个月	13.4	14.4	15.5	16.8	18.2	19.8	21.6
13个月	13.3	14.3	15.4	16.7	18.1	19.7	21.5
14个月	13.2	14.2	15.3	16.6	18	19.5	21.3
15个月	13.1	14.1	15.2	16.4	17.8	19.4	21.2
16个月	13.1	14	15.1	16.3	17.7	19.3	21
17个月	13	13.9	15	16.2	17.6	19.1	20.9
18个月	12.9	13.9	14.9	16.1	17.5	19	20.8
19个月	12.9	13.8	14.9	16.1	17.4	18.9	20.7
20个月	12.8	13.7	14.8	16	17.3	18.8	20.6
21个月	12.8	13.7	14.7	15.9	17.2	18.7	20.5
22个月	12.7	13.6	14.7	15.8	17.2	18.7	20.4
23个月	12.7	13.6	14.6	15.8	17.1	18.6	20.3
24个月	12.7	13.6	14.6	15.7	17	18.5	20.3

说明：1.BMI为体质指数（body mass index），是一个用来衡量人体胖瘦程度以及是否健康的标准。BMI由体重（kg）除以身（长）高（m）的平方计算得出。

2.介于−1～+1之间为正常范围，表明儿童体型正常；介于+1～+2之间，可视为超重；介于+2～+3之间，可视为肥胖；≥+3可视为重度肥胖；介于−1～−2之间，可视为偏瘦；介于−2～−3之间，可视为消瘦；≤−3可视为重度消瘦。

24～60月龄（2～5岁）男孩年龄别BMI Z评分

年龄	Z评分						
	-3	-2	-1	0	1	2	3
24个月	12.9	13.8	14.8	16	17.3	18.9	20.6
25个月	12.8	13.8	14.8	16	17.3	18.8	20.5
26个月	12.8	13.7	14.8	15.9	17.3	18.8	20.5
27个月	12.7	13.7	14.7	15.9	17.2	18.7	20.4
28个月	12.7	13.6	14.7	15.9	17.2	18.7	20.4
29个月	12.7	13.6	14.7	15.8	17.1	18.6	20.3
30个月	12.6	13.6	14.6	15.8	17.1	18.6	20.2
31个月	12.6	13.5	14.6	15.8	17.1	18.5	20.2
32个月	12.5	13.5	14.6	15.7	17	18.5	20.1
33个月	12.5	13.5	14.5	15.7	17	18.5	20.1
34个月	12.5	13.4	14.5	15.7	17	18.4	20
35个月	12.4	13.4	14.5	15.6	16.9	18.4	20
36个月	12.4	13.4	14.4	15.6	16.9	18.4	20
37个月	12.4	13.3	14.4	15.6	16.9	18.3	19.9
38个月	12.3	13.3	14.4	15.5	16.8	18.3	19.9
39个月	12.3	13.3	14.3	15.5	16.8	18.3	19.9
40个月	12.3	13.2	14.3	15.5	16.8	18.2	19.9
41个月	12.2	13.2	14.3	15.5	16.8	18.2	19.9
42个月	12.2	13.2	14.3	15.4	16.8	18.2	19.8
43个月	12.2	13.2	14.2	15.4	16.7	18.2	19.8
44个月	12.2	13.1	14.2	15.4	16.7	18.2	19.8
45个月	12.2	13.1	14.2	15.4	16.7	18.2	19.8
46个月	12.1	13.1	14.2	15.4	16.7	18.2	19.8
47个月	12.1	13.1	14.2	15.3	16.7	18.2	19.9
48个月	12.1	13.1	14.1	15.3	16.7	18.2	19.9
49个月	12.1	13	14.1	15.3	16.7	18.2	19.9
50个月	12.1	13	14.1	15.3	16.7	18.2	19.9
51个月	12.1	13	14.1	15.3	16.6	18.2	19.9
52个月	12	13	14.1	15.3	16.6	18.2	19.9
53个月	12	13	14.1	15.3	16.6	18.2	20
54个月	12	13	14	15.3	16.6	18.2	20
55个月	12	13	14	15.2	16.6	18.2	20
56个月	12	12.9	14	15.2	16.6	18.2	20.1
57个月	12	12.9	14	15.2	16.6	18.2	20.1
58个月	12	12.9	14	15.2	16.6	18.3	20.2
59个月	12	12.9	14	15.2	16.6	18.3	20.2
60个月	12	12.9	14	15.2	16.6	18.3	20.3

说明：1.BMI为体质指数（body mass index），是一个用来衡量人体胖瘦程度以及是否健康的标准。BMI由体重（kg）除以身（长）高（m）的平方计算得出。

2.介于-1～+1之间为正常范围，表明儿童体型正常；介于+1～+2之间，可视为超重；介于+2～+3之间，可视为肥胖；≥+3可视为重度肥胖；介于-1～-2之间，可视为偏瘦；介于-2～-3之间，可视为消瘦；≤-3可视为重度消瘦。

0~60月龄（0~5岁）女孩年龄别头围Z评分

头围：cm

年龄	Z评分						
	-3	-2	-1	0	1	2	3
0周	30.3	31.5	32.7	33.9	35.1	36.2	37.4
1周	31.1	32.2	33.4	34.6	35.7	36.9	38.1
2周	31.8	32.9	34.1	35.2	36.4	37.5	38.7
3周	32.4	33.5	34.7	35.8	37	38.2	39.3
4周	32.9	34	35.2	36.4	37.5	38.7	39.9
1个月	33	34.2	35.4	36.5	37.7	38.9	40.1
5周	33.3	34.5	35.7	36.8	38	39.2	40.4
6周	33.7	34.9	36.1	37.3	38.5	39.6	40.8
7周	34.1	35.3	36.5	37.7	38.9	40.1	41.3
8周	34.4	35.6	36.8	38	39.2	40.4	41.6
2个月	34.6	35.8	37	38.3	39.5	40.7	41.9
9周	34.7	35.9	37.1	38.4	39.6	40.8	42
10周	35	36.2	37.4	38.7	39.9	41.1	42.3
11周	35.3	36.5	37.7	39	40.2	41.4	42.7
12周	35.5	36.8	38	39.3	40.5	41.7	43
13周	35.8	37	38.3	39.5	40.8	42	43.2
3个月	35.8	37.1	38.3	39.5	40.8	42	43.3
4个月	36.8	38.1	39.3	40.6	41.8	43.1	44.4
5个月	37.6	38.9	40.2	41.5	42.7	44	45.3
6个月	38.3	39.6	40.9	42.2	43.5	44.8	46.1
7个月	38.9	40.2	41.5	42.8	44.1	45.5	46.8
8个月	39.4	40.7	42	43.4	44.7	46	47.4
9个月	39.8	41.2	42.5	43.8	45.2	46.5	47.8
10个月	40.2	41.5	42.9	44.2	45.6	46.9	48.3
11个月	40.5	41.9	43.2	44.6	45.9	47.3	48.6
12个月	40.8	42.2	43.5	44.9	46.3	47.6	49
13个月	41.1	42.4	43.8	45.2	46.5	47.9	49.3
14个月	41.3	42.7	44.1	45.4	46.8	48.2	49.5
15个月	41.5	42.9	44.3	45.7	47	48.4	49.8
16个月	41.7	43.1	44.5	45.9	47.2	48.6	50
17个月	41.9	43.3	44.7	46.1	47.4	48.8	50.2
18个月	42.1	43.5	44.9	46.2	47.6	49	50.4
19个月	42.3	43.6	45	46.4	47.8	49.2	50.6
20个月	42.4	43.8	45.2	46.6	48	49.4	50.7
21个月	42.6	44	45.3	46.7	48.1	49.5	50.9
22个月	42.7	44.1	45.5	46.9	48.3	49.7	51.1
23个月	42.9	44.3	45.6	47	48.4	49.8	51.2
24个月	43	44.4	45.8	47.2	48.6	50	51.4

年龄	Z评分						
	-3	-2	-1	0	1	2	3
25个月	43.1	44.5	45.9	47.3	48.7	50.1	51.5
26个月	43.3	44.7	46.1	47.5	48.9	50.3	51.7
27个月	43.4	44.8	46.2	47.6	49	50.4	51.8
28个月	43.5	44.9	46.3	47.7	49.1	50.5	51.9
29个月	43.6	45	46.4	47.8	49.2	50.6	52
30个月	43.7	45.1	46.5	47.9	49.3	50.7	52.2
31个月	43.8	45.2	46.6	48	49.4	50.9	52.3
32个月	43.9	45.3	46.7	48.1	49.6	51	52.4
33个月	44	45.4	46.8	48.2	49.7	51.1	52.5
34个月	44.1	45.5	46.9	48.3	49.7	51.2	52.6
35个月	44.2	45.6	47	48.4	49.8	51.2	52.7
36个月	44.3	45.7	47.1	48.5	49.9	51.3	52.7
37个月	44.4	45.8	47.2	48.6	50	51.4	52.8
38个月	44.4	45.8	47.3	48.7	50.1	51.5	52.9
39个月	44.5	45.9	47.3	48.7	50.2	51.6	53
40个月	44.6	46	47.4	48.8	50.2	51.7	53.1
41个月	44.6	46.1	47.5	48.9	50.3	51.7	53.1
42个月	44.7	46.1	47.5	49	50.4	51.8	53.2
43个月	44.8	46.2	47.6	49	50.4	51.9	53.3
44个月	44.8	46.3	47.7	49.1	50.5	51.9	53.3
45个月	44.9	46.3	47.7	49.2	50.6	52	53.4
46个月	45	46.4	47.8	49.2	50.6	52.1	53.5
47个月	45	46.4	47.9	49.3	50.7	52.1	53.5
48个月	45.1	46.5	47.9	49.3	50.8	52.2	53.6
49个月	45.1	46.5	48	49.4	50.8	52.2	53.6
50个月	45.2	46.6	48	49.4	50.9	52.3	53.7
51个月	45.2	46.7	48.1	49.5	50.9	52.3	53.8
52个月	45.3	46.7	48.1	49.5	51	52.4	53.8
53个月	45.3	46.8	48.2	49.6	51	52.4	53.9
54个月	45.4	46.8	48.2	49.6	51.1	52.5	53.9
55个月	45.4	46.9	48.3	49.7	51.1	52.5	54
56个月	45.5	46.9	48.3	49.7	51.2	52.6	54
57个月	45.5	46.9	48.4	49.8	51.2	52.6	54.1
58个月	45.6	47	48.4	49.8	51.3	52.7	54.1
59个月	45.6	47	48.5	49.9	51.3	52.7	54.1
60个月	45.7	47.1	48.5	49.9	51.3	52.8	54.2

说明：介于-2～+2之间为头围处于正常范围；介于+2～+3之间为头大畸形；介于-3～-2之间为头小畸形。

0～60月龄（0～5岁）男孩年龄别头围Z评分

头围：cm

年龄	Z评分						
	-3	-2	-1	0	1	2	3
0周	30.7	31.9	33.2	34.5	35.7	37	38.3
1周	31.5	32.7	33.9	35.2	36.4	37.6	38.8
2周	32.4	33.5	34.7	35.9	37	38.2	39.4
3周	33	34.2	35.4	36.5	37.7	38.9	40
4周	33.6	34.8	35.9	37.1	38.3	39.4	40.6
1个月	33.8	34.9	36.1	37.3	38.4	39.6	40.8
5周	34.1	35.3	36.4	37.6	38.8	39.9	41.1
6周	34.6	35.7	36.9	38.1	39.2	40.4	41.6
7周	35	36.1	37.3	38.5	39.7	40.8	42
8周	35.4	36.5	37.7	38.9	40	41.2	42.4
2个月	35.6	36.8	38	39.1	40.3	41.5	42.6
9周	35.7	36.9	38.1	39.2	40.4	41.6	42.8
10周	36.1	37.2	38.4	39.6	40.8	41.9	43.1
11周	36.4	37.5	38.7	39.9	41.1	42.3	43.4
12周	36.7	37.9	39	40.2	41.4	42.6	43.7
13周	37	38.1	39.3	40.5	41.7	42.9	44
3个月	37	38.1	39.3	40.5	41.7	42.9	44.1
4个月	38	39.2	40.4	41.6	42.8	44	45.2
5个月	38.9	40.1	41.4	42.6	43.8	45	46.2
6个月	39.7	40.9	42.1	43.3	44.6	45.8	47
7个月	40.3	41.5	42.7	44	45.2	46.4	47.7
8个月	40.8	42	43.3	44.5	45.8	47	48.3
9个月	41.2	42.5	43.7	45	46.3	47.5	48.8
10个月	41.6	42.9	44.1	45.4	46.7	47.9	49.2
11个月	41.9	43.2	44.5	45.8	47	48.3	49.6
12个月	42.2	43.5	44.8	46.1	47.4	48.6	49.9
13个月	42.5	43.8	45	46.3	47.6	48.9	50.2
14个月	42.7	44	45.3	46.6	47.9	49.2	50.5
15个月	42.9	44.2	45.5	46.8	48.1	49.4	50.7
16个月	43.1	44.4	45.7	47	48.3	49.6	51
17个月	43.2	44.6	45.9	47.2	48.5	49.8	51.2
18个月	43.4	44.7	46	47.4	48.7	50	51.4
19个月	43.5	44.9	46.2	47.5	48.9	50.2	51.5
20个月	43.7	45	46.4	47.7	49	50.4	51.7
21个月	43.8	45.2	46.5	47.8	49.2	50.5	51.9
22个月	43.9	45.3	46.6	48	49.3	50.7	52
23个月	44.1	45.4	46.8	48.1	49.5	50.8	52.2
24个月	44.2	45.5	46.9	48.3	49.6	51	52.3

285

年龄	Z评分						
	−3	−2	−1	0	1	2	3
25个月	44.3	45.6	47	48.4	49.7	51.1	52.5
26个月	44.4	45.8	47.1	48.5	49.9	51.2	52.6
27个月	44.5	45.9	47.2	48.6	50	51.4	52.7
28个月	44.6	46	47.3	48.7	50.1	51.5	52.9
29个月	44.7	46.1	47.4	48.8	50.2	51.6	53
30个月	44.8	46.1	47.5	48.9	50.3	51.7	53.1
31个月	44.8	46.2	47.6	49	50.4	51.8	53.2
32个月	44.9	46.3	47.7	49.1	50.5	51.9	53.3
33个月	45	46.4	47.8	49.2	50.6	52	53.4
34个月	45.1	46.5	47.9	49.3	50.7	52.1	53.5
35个月	45.1	46.6	48	49.4	50.8	52.2	53.6
36个月	45.2	46.6	48	49.5	50.9	52.3	53.7
37个月	45.3	46.7	48.1	49.5	51	52.4	53.8
38个月	45.3	46.8	48.2	49.6	51	52.5	53.9
39个月	45.4	46.8	48.2	49.7	51.1	52.5	54
40个月	45.4	46.9	48.3	49.7	51.2	52.6	54.1
41个月	45.5	46.9	48.4	49.8	51.3	52.7	54.1
42个月	45.5	47	48.4	49.9	51.3	52.8	54.2
43个月	45.6	47	48.5	49.9	51.4	52.8	54.3
44个月	45.6	47.1	48.5	50	51.4	52.9	54.3
45个月	45.7	47.1	48.6	50.1	51.5	53	54.4
46个月	45.7	47.2	48.7	50.1	51.6	53	54.5
47个月	45.8	47.2	48.7	50.2	51.6	53.1	54.5
48个月	45.8	47.3	48.7	50.2	51.7	53.1	54.6
49个月	45.9	47.3	48.8	50.3	51.7	53.2	54.7
50个月	45.9	47.4	48.8	50.3	51.8	53.2	54.7
51个月	45.9	47.4	48.9	50.4	51.8	53.3	54.8
52个月	46	47.5	48.9	50.4	51.9	53.4	54.8
53个月	46	47.5	49	50.4	51.9	53.4	54.9
54个月	46.1	47.5	49	50.5	52	53.5	54.9
55个月	46.1	47.6	49.1	50.5	52	53.5	55
56个月	46.1	47.6	49.1	50.6	52.1	53.5	55
57个月	46.2	47.6	49.1	50.6	52.1	53.6	55.1
58个月	46.2	47.7	49.2	50.7	52.1	53.6	55.1
59个月	46.2	47.7	49.2	50.7	52.2	53.7	55.2
60个月	46.3	47.7	49.2	50.7	52.2	53.7	55.2

说明：介于−2～+2之间为头围处于正常范围；介于+2～+3之间为头大畸形；介于−3～−2之间为头小畸形。

0～24月龄（0～2岁）女孩身长别体重Z评分

体重：kg

身高 (cm)	Z评分						
	-3	-2	-1	0	1	2	3
45	1.9	2.1	2.3	2.5	2.7	3	3.3
45.5	2	2.1	2.3	2.5	2.8	3.1	3.4
46	2	2.2	2.4	2.6	2.9	3.2	3.5
46.5	2.1	2.3	2.5	2.7	3	3.3	3.6
47	2.2	2.4	2.6	2.8	3.1	3.4	3.7
47.5	2.2	2.4	2.6	2.9	3.2	3.5	3.8
48	2.3	2.5	2.7	3	3.3	3.6	4
48.5	2.4	2.6	2.8	3.1	3.4	3.7	4.1
49	2.4	2.6	2.9	3.2	3.5	3.8	4.2
49.5	2.5	2.7	3	3.3	3.6	3.9	4.3
50	2.6	2.8	3.1	3.4	3.7	4	4.5
50.5	2.7	2.9	3.2	3.5	3.8	4.2	4.6
51	2.8	3	3.3	3.6	3.9	4.3	4.8
51.5	2.8	3.1	3.4	3.7	4	4.4	4.9
52	2.9	3.2	3.5	3.8	4.2	4.6	5.1
52.5	3	3.3	3.6	3.9	4.3	4.7	5.2
53	3.1	3.4	3.7	4	4.4	4.9	5.4
53.5	3.2	3.5	3.8	4.2	4.6	5	5.5
54	3.3	3.6	3.9	4.3	4.7	5.2	5.7
54.5	3.4	3.7	4	4.4	4.8	5.3	5.9
55	3.5	3.8	4.2	4.5	5	5.5	6.1
55.5	3.6	3.9	4.3	4.7	5.1	5.7	6.3
56	3.7	4	4.4	4.8	5.3	5.8	6.4
56.5	3.8	4.1	4.5	5	5.4	6	6.6
57	3.9	4.3	4.6	5.1	5.6	6.1	6.8
57.5	4	4.4	4.8	5.2	5.7	6.3	7
58	4.1	4.5	4.9	5.4	5.9	6.5	7.1
58.5	4.2	4.6	5	5.5	6	6.6	7.3
59	4.3	4.7	5.1	5.6	6.2	6.8	7.5
59.5	4.4	4.8	5.3	5.7	6.3	6.9	7.7
60	4.5	4.9	5.4	5.9	6.4	7.1	7.8
60.5	4.6	5	5.5	6	6.6	7.3	8
61	4.7	5.1	5.6	6.1	6.7	7.4	8.2
61.5	4.8	5.2	5.7	6.3	6.9	7.6	8.4
62	4.9	5.3	5.8	6.4	7	7.7	8.5
62.5	5	5.4	5.9	6.5	7.1	7.8	8.7
63	5.1	5.5	6	6.6	7.3	8	8.8
63.5	5.2	5.6	6.2	6.7	7.4	8.1	9
64	5.3	5.7	6.3	6.9	7.5	8.3	9.1
64.5	5.4	5.8	6.4	7	7.6	8.4	9.3
65	5.5	5.9	6.5	7.1	7.8	8.6	9.5

身高 (cm)	Z评分						
	−3	−2	−1	0	1	2	3
65.5	5.5	6	6.6	7.2	7.9	8.7	9.6
66	5.6	6.1	6.7	7.3	8	8.8	9.8
66.5	5.7	6.2	6.8	7.4	8.1	9	9.9
67	5.8	6.3	6.9	7.5	8.3	9.1	10
67.5	5.9	6.4	7	7.6	8.4	9.2	10.2
68	6	6.5	7.1	7.7	8.5	9.4	10.3
68.5	6.1	6.6	7.2	7.9	8.6	9.5	10.5
69	6.1	6.7	7.3	8	8.7	9.6	10.6
69.5	6.2	6.8	7.4	8.1	8.8	9.7	10.7
70	6.3	6.9	7.5	8.2	9	9.9	10.9
70.5	6.4	6.9	7.6	8.3	9.1	10	11
71	6.5	7	7.7	8.4	9.2	10.1	11.1
71.5	6.5	7.1	7.7	8.5	9.3	10.2	11.3
72	6.6	7.2	7.8	8.6	9.4	10.3	11.4
72.5	6.7	7.3	7.9	8.7	9.5	10.5	11.5
73	6.8	7.4	8	8.8	9.6	10.6	11.7
73.5	6.9	7.4	8.1	8.9	9.7	10.7	11.8
74	6.9	7.5	8.2	9	9.8	10.8	11.9
74.5	7	7.6	8.3	9.1	9.9	10.9	12
75	7.1	7.7	8.4	9.1	10	11	12.2
75.5	7.1	7.8	8.5	9.2	10.1	11.1	12.3
76	7.2	7.8	8.5	9.3	10.2	11.2	12.4
76.5	7.3	7.9	8.6	9.4	10.3	11.4	12.5
77	7.4	8	8.7	9.5	10.4	11.5	12.6
77.5	7.4	8.1	8.8	9.6	10.5	11.6	12.8
78	7.5	8.2	8.9	9.7	10.6	11.7	12.9
78.5	7.6	8.2	9	9.8	10.7	11.8	13
79	7.7	8.3	9.1	9.9	10.8	11.9	13.1
79.5	7.7	8.4	9.1	10	10.9	12	13.3
80	7.8	8.5	9.2	10.1	11	12.1	13.4
80.5	7.9	8.6	9.3	10.2	11.2	12.3	13.5
81	8	8.7	9.4	10.3	11.3	12.4	13.7
81.5	8.1	8.8	9.5	10.4	11.4	12.5	13.8
82	8.1	8.8	9.6	10.5	11.5	12.6	13.9
82.5	8.2	8.9	9.7	10.6	11.6	12.8	14.1
83	8.3	9	9.8	10.7	11.8	12.9	14.2
83.5	8.4	9.1	9.9	10.9	11.9	13.1	14.4
84	8.5	9.2	10.1	11	12	13.2	14.5
84.5	8.6	9.3	10.2	11.1	12.1	13.3	14.7
85	8.7	9.4	10.3	11.2	12.3	13.5	14.9
85.5	8.8	9.5	10.4	11.3	12.4	13.6	15
86	8.9	9.7	10.5	11.5	12.6	13.8	15.2
86.5	9	9.8	10.6	11.6	12.7	13.9	15.4

身高 (cm)	Z评分						
	−3	−2	−1	0	1	2	3
87	9.1	9.9	10.7	11.7	12.8	14.1	15.5
87.5	9.2	10	10.9	11.8	13	14.2	15.7
88	9.3	10.1	11	12	13.1	14.4	15.9
88.5	9.4	10.2	11.1	12.1	13.2	14.5	16
89	9.5	10.3	11.2	12.2	13.4	14.7	16.2
89.5	9.6	10.4	11.3	12.3	13.5	14.8	16.4
90	9.7	10.5	11.4	12.5	13.7	15	16.5
90.5	9.8	10.6	11.5	12.6	13.8	15.1	16.7
91	9.9	10.7	11.7	12.7	13.9	15.3	16.9
91.5	10	10.8	11.8	12.8	14.1	15.5	17
92	10.1	10.9	11.9	13	14.2	15.6	17.2
92.5	10.1	11	12	13.1	14.3	15.8	17.4
93	10.2	11.1	12.1	13.2	14.5	15.9	17.5
93.5	10.3	11.2	12.2	13.3	14.6	16.1	17.7
94	10.4	11.3	12.3	13.5	14.7	16.2	17.9
94.5	10.5	11.4	12.4	13.6	14.9	16.4	18
95	10.6	11.5	12.6	13.7	15	16.5	18.2
95.5	10.7	11.6	12.7	13.8	15.2	16.7	18.4
96	10.8	11.7	12.8	14	15.3	16.8	18.6
96.5	10.9	11.8	12.9	14.1	15.4	17	18.7
97	11	12	13	14.2	15.6	17.1	18.9
97.5	11.1	12.1	13.1	14.4	15.7	17.3	19.1
98	11.2	12.2	13.3	14.5	15.9	17.5	19.3
98.5	11.3	12.3	13.4	14.6	16	17.6	19.5
99	11.4	12.4	13.5	14.8	16.2	17.8	19.6
99.5	11.5	12.5	13.6	14.9	16.3	18	19.8
100	11.6	12.6	13.7	15	16.5	18.1	20
100.5	11.7	12.7	13.9	15.2	16.6	18.3	20.2
101	11.8	12.8	14	15.3	16.8	18.5	20.4
101.5	11.9	13	14.1	15.5	17	18.7	20.6
102	12	13.1	14.3	15.6	17.1	18.9	20.8
102.5	12.1	13.2	14.4	15.8	17.3	19	21
103	12.3	13.3	14.5	15.9	17.5	19.2	21.3
103.5	12.4	13.5	14.7	16.1	17.6	19.4	21.5
104	12.5	13.6	14.8	16.2	17.8	19.6	21.7
104.5	12.6	13.7	15	16.4	18	19.8	21.9
105	12.7	13.8	15.1	16.5	18.2	20	22.2
105.5	12.8	14	15.3	16.7	18.4	20.2	22.4
106	13	14.1	15.4	16.9	18.5	20.5	22.6
106.5	13.1	14.3	15.6	17.1	18.7	20.7	22.9
107	13.2	14.4	15.7	17.2	18.9	20.9	23.1
107.5	13.3	14.5	15.9	17.4	19.1	21.1	23.4

身高 (cm)	Z评分						
	−3	−2	−1	0	1	2	3
108	13.5	14.7	16	17.6	19.3	21.3	23.6
108.5	13.6	14.8	16.2	17.8	19.5	21.6	23.9
109	13.7	15	16.4	18	19.7	21.8	24.2
109.5	13.9	15.1	16.5	18.1	20	22	24.4
110	14	15.3	16.7	18.3	20.2	22.3	24.7

说明：介于−1～+1之间为正常范围，表明儿童体型正常；介于+1～+2之间，可视为超重；介于+2～+3之间，可视为肥胖；≥+3可视为重度肥胖；介于−1～−2之间，可视为偏瘦；介于−2～−3之间，可视为消瘦；≤−3可视为重度消瘦。

24～60月龄（2～5岁）女孩身高别体重Z评分

体重：kg

身高 (cm)	Z评分						
	−3	−2	−1	0	1	2	3
65	5.6	6.1	6.6	7.2	7.9	8.7	9.7
65.5	5.7	6.2	6.7	7.4	8.1	8.9	9.8
66	5.8	6.3	6.8	7.5	8.2	9	10
66.5	5.8	6.4	6.9	7.6	8.3	9.1	10.1
67	5.9	6.4	7	7.7	8.4	9.3	10.2
67.5	6	6.5	7.1	7.8	8.5	9.4	10.4
68	6.1	6.6	7.2	7.9	8.7	9.5	10.5
68.5	6.2	6.7	7.3	8	8.8	9.7	10.7
69	6.3	6.8	7.4	8.1	8.9	9.8	10.8
69.5	6.3	6.9	7.5	8.2	9	9.9	10.9
70	6.4	7	7.6	8.3	9.1	10	11.1
70.5	6.5	7.1	7.7	8.4	9.2	10.1	11.2
71	6.6	7.1	7.8	8.5	9.3	10.3	11.3
71.5	6.7	7.2	7.9	8.6	9.4	10.4	11.5
72	6.7	7.3	8	8.7	9.5	10.5	11.6
72.5	6.8	7.4	8.1	8.8	9.7	10.6	11.7
73	6.9	7.5	8.1	8.9	9.8	10.7	11.8
73.5	7	7.6	8.2	9	9.9	10.8	12
74	7	7.6	8.3	9.1	10	11	12.1
74.5	7.1	7.7	8.4	9.2	10.1	11.1	12.2
75	7.2	7.8	8.5	9.3	10.2	11.2	12.3
75.5	7.2	7.9	8.6	9.4	10.3	11.3	12.5
76	7.3	8	8.7	9.5	10.4	11.4	12.6
76.5	7.4	8	8.7	9.6	10.5	11.5	12.7
77	7.5	8.1	8.8	9.6	10.6	11.6	12.8
77.5	7.5	8.2	8.9	9.7	10.7	11.7	12.9

身高 (cm)	Z评分						
	−3	−2	−1	0	1	2	3
78	7.6	8.3	9	9.8	10.8	11.8	13.1
78.5	7.7	8.4	9.1	9.9	10.9	12	13.2
79	7.8	8.4	9.2	10	11	12.1	13.3
79.5	7.8	8.5	9.3	10.1	11.1	12.2	13.4
80	7.9	8.6	9.4	10.2	11.2	12.3	13.6
80.5	8	8.7	9.5	10.3	11.3	12.4	13.7
81	8.1	8.8	9.6	10.4	11.4	12.6	13.9
81.5	8.2	8.9	9.7	10.6	11.6	12.7	14
82	8.3	9	9.8	10.7	11.7	12.8	14.1
82.5	8.4	9.1	9.9	10.8	11.8	13	14.3
83	8.5	9.2	10	10.9	11.9	13.1	14.5
83.5	8.5	9.3	10.1	11	12.1	13.3	14.6
84	8.6	9.4	10.2	11.1	12.2	13.4	14.8
84.5	8.7	9.5	10.3	11.3	12.3	13.5	14.9
85	8.8	9.6	10.4	11.4	12.5	13.7	15.1
85.5	8.9	9.7	10.6	11.5	12.6	13.8	15.3
86	9	9.8	10.7	11.6	12.7	14	15.4
86.5	9.1	9.9	10.8	11.8	12.9	14.2	15.6
87	9.2	10	10.9	11.9	13	14.3	15.8
87.5	9.3	10.1	11	12	13.2	14.5	15.9
88	9.4	10.2	11.1	12.1	13.3	14.6	16.1
88.5	9.5	10.3	11.2	12.3	13.4	14.8	16.3
89	9.6	10.4	11.4	12.4	13.6	14.9	16.4
89.5	9.7	10.5	11.5	12.5	13.7	15.1	16.6
90	9.8	10.6	11.6	12.6	13.8	15.2	16.8
90.5	9.9	10.7	11.7	12.8	14	15.4	16.9
91	10	10.9	11.8	12.9	14.1	15.5	17.1
91.5	10.1	11	11.9	13	14.3	15.7	17.3
92	10.2	11.1	12	13.1	14.4	15.8	17.4
92.5	10.3	11.2	12.1	13.3	14.5	16	17.6
93	10.4	11.3	12.3	13.4	14.7	16.1	17.8
93.5	10.5	11.4	12.4	13.5	14.8	16.3	17.9
94	10.6	11.5	12.5	13.6	14.9	16.4	18.1
94.5	10.7	11.6	12.6	13.8	15.1	16.6	18.3
95	10.8	11.7	12.7	13.9	15.2	16.7	18.5
95.5	10.8	11.8	12.8	14	15.4	16.9	18.6
96	10.9	11.9	12.9	14.1	15.5	17	18.8
96.5	11	12	13.1	14.3	15.6	17.2	19
97	11.1	12.1	13.2	14.4	15.8	17.4	19.2
97.5	11.2	12.2	13.3	14.5	15.9	17.5	19.3
98	11.3	12.3	13.4	14.7	16.1	17.7	19.5
98.5	11.4	12.4	13.5	14.8	16.2	17.9	19.7

身高 (cm)	Z评分						
	−3	−2	−1	0	1	2	3
99	11.5	12.5	13.7	14.9	16.4	18	19.9
99.5	11.6	12.7	13.8	15.1	16.5	18.2	20.1
100	11.7	12.8	13.9	15.2	16.7	18.4	20.3
100.5	11.9	12.9	14.1	15.4	16.9	18.6	20.5
101	12	13	14.2	15.5	17	18.7	20.7
101.5	12.1	13.1	14.3	15.7	17.2	18.9	20.9
102	12.2	13.3	14.5	15.8	17.4	19.1	21.1
102.5	12.3	13.4	14.6	16	17.5	19.3	21.4
103	12.4	13.5	14.7	16.1	17.7	19.5	21.6
103.5	12.5	13.6	14.9	16.3	17.9	19.7	21.8
104	12.6	13.8	15	16.4	18.1	19.9	22
104.5	12.8	13.9	15.2	16.6	18.2	20.1	22.3
105	12.9	14	15.3	16.8	18.4	20.3	22.5
105.5	13	14.2	15.5	16.9	18.6	20.5	22.7
106	13.1	14.3	15.6	17.1	18.8	20.8	23
106.5	13.3	14.5	15.8	17.3	19	21	23.2
107	13.4	14.6	15.9	17.5	19.2	21.2	23.5
107.5	13.5	14.7	16.1	17.7	19.4	21.4	23.7
108	13.7	14.9	16.3	17.8	19.6	21.7	24
108.5	13.8	15	16.4	18	19.8	21.9	24.3
109	13.9	15.2	16.6	18.2	20	22.1	24.5
109.5	14.1	15.4	16.8	18.4	20.3	22.4	24.8
110	14.2	15.5	17	18.6	20.5	22.6	25.1
110.5	14.4	15.7	17.1	18.8	20.7	22.9	25.4
111	14.5	15.8	17.3	19	20.9	23.1	25.7
111.5	14.7	16	17.5	19.2	21.2	23.4	26
112	14.8	16.2	17.7	19.4	21.4	23.6	26.2
112.5	15	16.3	17.9	19.6	21.6	23.9	26.5
113	15.1	16.5	18	19.8	21.8	24.2	26.8
113.5	15.3	16.7	18.2	20	22.1	24.4	27.1
114	15.4	16.8	18.4	20.2	22.3	24.7	27.4
114.5	15.6	17	18.6	20.5	22.6	25	27.8
115	15.7	17.2	18.8	20.7	22.8	25.2	28.1
115.5	15.9	17.3	19	20.9	23	25.5	28.4
116	16	17.5	19.2	21.1	23.3	25.8	28.7
116.5	16.2	17.7	19.4	21.3	23.5	26.1	29
117	16.3	17.8	19.6	21.5	23.8	26.3	29.3
117.5	16.5	18	19.8	21.7	24	26.6	29.6
118	16.6	18.2	19.9	22	24.2	26.9	29.9
118.5	16.8	18.4	20.1	22.2	24.5	27.2	30.3
119	16.9	18.5	20.3	22.4	24.7	27.4	30.6

续表

身高(cm)	Z评分						
	−3	−2	−1	0	1	2	3
119.5	17.1	18.7	20.5	22.6	25	27.7	30.9
120	17.3	18.9	20.7	22.8	25.2	28	31.2

说明：介于−1～+1之间为正常范围，表明儿童体型正常；介于+1～+2之间，可视为超重；介于+2～+3之间，可视为肥胖；≥+3可视为重度肥胖；介于−1～−2之间，可视为偏瘦；介于−2～−3之间，可视为消瘦；≤−3可视为重度消瘦。

0～24月龄（0～2岁）男孩身长别体重Z评分

体重：kg

身高(cm)	Z评分						
	−3	−2	−1	0	1	2	3
45	1.9	2	2.2	2.4	2.7	3	3.3
45.5	1.9	2.1	2.3	2.5	2.8	3.1	3.4
46	2	2.2	2.4	2.6	2.9	3.1	3.5
46.5	2.1	2.3	2.5	2.7	3	3.2	3.6
47	2.1	2.3	2.5	2.8	3	3.3	3.7
47.5	2.2	2.4	2.6	2.9	3.1	3.4	3.8
48	2.3	2.5	2.7	2.9	3.2	3.6	3.9
48.5	2.3	2.6	2.8	3	3.3	3.7	4
49	2.4	2.6	2.9	3.1	3.4	3.8	4.2
49.5	2.5	2.7	3	3.2	3.5	3.9	4.3
50	2.6	2.8	3	3.3	3.6	4	4.4
50.5	2.7	2.9	3.1	3.4	3.8	4.1	4.5
51	2.7	3	3.2	3.5	3.9	4.2	4.7
51.5	2.8	3.1	3.3	3.6	4	4.4	4.8
52	2.9	3.2	3.5	3.8	4.1	4.5	5
52.5	3	3.3	3.6	3.9	4.2	4.6	5.1
53	3.1	3.4	3.7	4	4.4	4.8	5.3
53.5	3.2	3.5	3.8	4.1	4.5	4.9	5.4
54	3.3	3.6	3.9	4.3	4.7	5.1	5.6
54.5	3.4	3.7	4	4.4	4.8	5.3	5.8
55	3.6	3.8	4.2	4.5	5	5.4	6
55.5	3.7	4	4.3	4.7	5.1	5.6	6.1
56	3.8	4.1	4.4	4.8	5.3	5.8	6.3
56.5	3.9	4.2	4.6	5	5.4	5.9	6.5
57	4	4.3	4.7	5.1	5.6	6.1	6.7
57.5	4.1	4.5	4.9	5.3	5.7	6.3	6.9
58	4.3	4.6	5	5.4	5.9	6.4	7.1
58.5	4.4	4.7	5.1	5.6	6.1	6.6	7.2

293

身高 (cm)	Z评分						
	−3	−2	−1	0	1	2	3
59	4.5	4.8	5.3	5.7	6.2	6.8	7.4
59.5	4.6	5	5.4	5.9	6.4	7	7.6
60	4.7	5.1	5.5	6	6.5	7.1	7.8
60.5	4.8	5.2	5.6	6.1	6.7	7.3	8
61	4.9	5.3	5.8	6.3	6.8	7.4	8.1
61.5	5	5.4	5.9	6.4	7	7.6	8.3
62	5.1	5.6	6	6.5	7.1	7.7	8.5
62.5	5.2	5.7	6.1	6.7	7.2	7.9	8.6
63	5.3	5.8	6.2	6.8	7.4	8	8.8
63.5	5.4	5.9	6.4	6.9	7.5	8.2	8.9
64	5.5	6	6.5	7	7.6	8.3	9.1
64.5	5.6	6.1	6.6	7.1	7.8	8.5	9.3
65	5.7	6.2	6.7	7.3	7.9	8.6	9.4
65.5	5.8	6.3	6.8	7.4	8	8.7	9.6
66	5.9	6.4	6.9	7.5	8.2	8.9	9.7
66.5	6	6.5	7	7.6	8.3	9	9.9
67	6.1	6.6	7.1	7.7	8.4	9.2	10
67.5	6.2	6.7	7.2	7.9	8.5	9.3	10.2
68	6.3	6.8	7.3	8	8.7	9.4	10.3
68.5	6.4	6.9	7.5	8.1	8.8	9.6	10.5
69	6.5	7	7.6	8.2	8.9	9.7	10.6
69.5	6.6	7.1	7.7	8.3	9	9.8	10.8
70	6.6	7.2	7.8	8.4	9.2	10	10.9
70.5	6.7	7.3	7.9	8.5	9.3	10.1	11.1
71	6.8	7.4	8	8.6	9.4	10.2	11.2
71.5	6.9	7.5	8.1	8.8	9.5	10.4	11.3
72	7	7.6	8.2	8.9	9.6	10.5	11.5
72.5	7.1	7.6	8.3	9	9.8	10.6	11.6
73	7.2	7.7	8.4	9.1	9.9	10.8	11.8
73.5	7.2	7.8	8.5	9.2	10	10.9	11.9
74	7.3	7.9	8.6	9.3	10.1	11	12.1
74.5	7.4	8	8.7	9.4	10.2	11.2	12.2
75	7.5	8.1	8.8	9.5	10.3	11.3	12.3
75.5	7.6	8.2	8.8	9.6	10.4	11.4	12.5
76	7.6	8.3	8.9	9.7	10.6	11.5	12.6
76.5	7.7	8.3	9	9.8	10.7	11.6	12.7
77	7.8	8.4	9.1	9.9	10.8	11.7	12.8
77.5	7.9	8.5	9.2	10	10.9	11.9	13
78	7.9	8.6	9.3	10.1	11	12	13.1
78.5	8	8.7	9.4	10.2	11.1	12.1	13.2
79	8.1	8.7	9.5	10.3	11.2	12.2	13.3
79.5	8.2	8.8	9.5	10.4	11.3	12.3	13.4

身高 (cm)	Z评分						
	−3	−2	−1	0	1	2	3
80	8.2	8.9	9.6	10.4	11.4	12.4	13.6
80.5	8.3	9	9.7	10.5	11.5	12.5	13.7
81	8.4	9.1	9.8	10.6	11.6	12.6	13.8
81.5	8.5	9.1	9.9	10.7	11.7	12.7	13.9
82	8.5	9.2	10	10.8	11.8	12.8	14
82.5	8.6	9.3	10.1	10.9	11.9	13	14.2
83	8.7	9.4	10.2	11	12	13.1	14.3
83.5	8.8	9.5	10.3	11.2	12.1	13.2	14.4
84	8.9	9.6	10.4	11.3	12.2	13.3	14.6
84.5	9	9.7	10.5	11.4	12.4	13.5	14.7
85	9.1	9.8	10.6	11.5	12.5	13.6	14.9
85.5	9.2	9.9	10.7	11.6	12.6	13.7	15
86	9.3	10	10.8	11.7	12.8	13.9	15.2
86.5	9.4	10.1	11	11.9	12.9	14	15.3
87	9.5	10.2	11.1	12	13	14.2	15.5
87.5	9.6	10.4	11.2	12.1	13.2	14.3	15.6
88	9.7	10.5	11.3	12.2	13.3	14.5	15.8
88.5	9.8	10.6	11.4	12.4	13.4	14.6	15.9
89	9.9	10.7	11.5	12.5	13.5	14.7	16.1
89.5	10	10.8	11.6	12.6	13.7	14.9	16.2
90	10.1	10.9	11.8	12.7	13.8	15	16.4
90.5	10.2	11	11.9	12.8	13.9	15.1	16.5
91	10.3	11.1	12	13	14.1	15.3	16.7
91.5	10.4	11.2	12.1	13.1	14.2	15.4	16.8
92	10.5	11.3	12.2	13.2	14.3	15.6	17
92.5	10.6	11.4	12.3	13.3	14.4	15.7	17.1
93	10.7	11.5	12.4	13.4	14.6	15.8	17.3
93.5	10.7	11.6	12.5	13.5	14.7	16	17.4
94	10.8	11.7	12.6	13.7	14.8	16.1	17.6
94.5	10.9	11.8	12.7	13.8	14.9	16.3	17.7
95	11	11.9	12.8	13.9	15.1	16.4	17.9
95.5	11.1	12	12.9	14	15.2	16.5	18
96	11.2	12.1	13.1	14.1	15.3	16.7	18.2
96.5	11.3	12.2	13.2	14.3	15.5	16.8	18.4
97	11.4	12.3	13.3	14.4	15.6	17	18.5
97.5	11.5	12.4	13.4	14.5	15.7	17.1	18.7
98	11.6	12.5	13.5	14.6	15.9	17.3	18.9
98.5	11.7	12.6	13.6	14.8	16	17.5	19.1
99	11.8	12.7	13.7	14.9	16.2	17.6	19.2
99.5	11.9	12.8	13.9	15	16.3	17.8	19.4
100	12	12.9	14	15.2	16.5	18	19.6
100.5	12.1	13	14.1	15.3	16.6	18.1	19.8

身高 (cm)	Z评分						
	−3	−2	−1	0	1	2	3
101	12.2	13.2	14.2	15.4	16.8	18.3	20
101.5	12.3	13.3	14.4	15.6	16.9	18.5	20.2
102	12.4	13.4	14.5	15.7	17.1	18.7	20.4
102.5	12.5	13.5	14.6	15.9	17.3	18.8	20.6
103	12.6	13.6	14.8	16	17.4	19	20.8
103.5	12.7	13.7	14.9	16.2	17.6	19.2	21
104	12.8	13.9	15	16.3	17.8	19.4	21.2
104.5	12.9	14	15.2	16.5	17.9	19.6	21.5
105	13	14.1	15.3	16.6	18.1	19.8	21.7
105.5	13.2	14.2	15.4	16.8	18.3	20	21.9
106	13.3	14.4	15.6	16.9	18.5	20.2	22.1
106.5	13.4	14.5	15.7	17.1	18.6	20.4	22.4
107	13.5	14.6	15.9	17.3	18.8	20.6	22.6
107.5	13.6	14.7	16	17.4	19	20.8	22.8
108	13.7	14.9	16.2	17.6	19.2	21	23.1
108.5	13.8	15	16.3	17.8	19.4	21.2	23.3
109	14	15.1	16.5	17.9	19.6	21.4	23.6
109.5	14.1	15.3	16.6	18.1	19.8	21.7	23.8
110	14.2	15.4	16.8	18.3	20	21.9	24.1

说明：介于−1～+1之间为正常范围，表明儿童体型正常；介于+1～+2之间，可视为超重；介于+2～+3之间，可视为肥胖；≥+3可视为重度肥胖；介于−1～−2之间，可视为偏瘦；介于−2～−3之间，可视为消瘦；≤−3可视为重度消瘦。

24～60月龄（2～5岁）男孩身高别体重Z评分

体重：kg

身高 (cm)	Z评分						
	−3	−2	−1	0	1	2	3
65	5.9	6.3	6.9	7.4	8.1	8.8	9.6
65.5	6	6.4	7	7.6	8.2	8.9	9.8
66	6.1	6.5	7.1	7.7	8.3	9.1	9.9
66.5	6.1	6.6	7.2	7.8	8.5	9.2	10.1
67	6.2	6.7	7.3	7.9	8.6	9.4	10.2
67.5	6.3	6.8	7.4	8	8.7	9.5	10.4
68	6.4	6.9	7.5	8.1	8.8	9.6	10.5
68.5	6.5	7	7.6	8.2	9	9.8	10.7
69	6.6	7.1	7.7	8.4	9.1	9.9	10.8
69.5	6.7	7.2	7.8	8.5	9.2	10	11
70	6.8	7.3	7.9	8.6	9.3	10.2	11.1
70.5	6.9	7.4	8	8.7	9.5	10.3	11.3
71	6.9	7.5	8.1	8.8	9.6	10.4	11.4

身高 (cm)	Z评分						
	−3	−2	−1	0	1	2	3
71.5	7	7.6	8.2	8.9	9.7	10.6	11.6
72	7.1	7.7	8.3	9	9.8	10.7	11.7
72.5	7.2	7.8	8.4	9.1	9.9	10.8	11.8
73	7.3	7.9	8.5	9.2	10	11	12
73.5	7.4	7.9	8.6	9.3	10.2	11.1	12.1
74	7.4	8	8.7	9.4	10.3	11.2	12.2
74.5	7.5	8.1	8.8	9.5	10.4	11.3	12.4
75	7.6	8.2	8.9	9.6	10.5	11.4	12.5
75.5	7.7	8.3	9	9.7	10.6	11.6	12.6
76	7.7	8.4	9.1	9.8	10.7	11.7	12.8
76.5	7.8	8.5	9.2	9.9	10.8	11.8	12.9
77	7.9	8.5	9.2	10	10.9	11.9	13
77.5	8	8.6	9.3	10.1	11	12	13.1
78	8	8.7	9.4	10.2	11.1	12.1	13.3
78.5	8.1	8.8	9.5	10.3	11.2	12.2	13.4
79	8.2	8.8	9.6	10.4	11.3	12.3	13.5
79.5	8.3	8.9	9.7	10.5	11.4	12.4	13.6
80	8.3	9	9.7	10.6	11.5	12.6	13.7
80.5	8.4	9.1	9.8	10.7	11.6	12.7	13.8
81	8.5	9.2	9.9	10.8	11.7	12.8	14
81.5	8.6	9.3	10	10.9	11.8	12.9	14.1
82	8.7	9.3	10.1	11	11.9	13	14.2
82.5	8.7	9.4	10.2	11.1	12.1	13.1	14.4
83	8.8	9.5	10.3	11.2	12.2	13.3	14.5
83.5	8.9	9.6	10.4	11.3	12.3	13.4	14.6
84	9	9.7	10.5	11.4	12.4	13.5	14.8
84.5	9.1	9.9	10.7	11.5	12.5	13.7	14.9
85	9.2	10	10.8	11.7	12.7	13.8	15.1
85.5	9.3	10.1	10.9	11.8	12.8	13.9	15.2
86	9.4	10.2	11	11.9	12.9	14.1	15.4
86.5	9.5	10.3	11.1	12	13.1	14.2	15.5
87	9.6	10.4	11.2	12.2	13.2	14.4	15.7
87.5	9.7	10.5	11.3	12.3	13.3	14.5	15.8
88	9.8	10.6	11.5	12.4	13.5	14.7	16
88.5	9.9	10.7	11.6	12.5	13.6	14.8	16.1
89	10	10.8	11.7	12.6	13.7	14.9	16.3
89.5	10.1	10.9	11.8	12.8	13.9	15.1	16.4
90	10.2	11	11.9	12.9	14	15.2	16.6
90.5	10.3	11.1	12	13	14.1	15.3	16.7
91	10.4	11.2	12.1	13.1	14.2	15.5	16.9
91.5	10.5	11.3	12.2	13.2	14.4	15.6	17

續表

身高 (cm)	Z评分						
	−3	−2	−1	0	1	2	3
92	10.6	11.4	12.3	13.4	14.5	15.8	17.2
92.5	10.7	11.5	12.4	13.5	14.6	15.9	17.3
93	10.8	11.6	12.6	13.6	14.7	16	17.5
93.5	10.9	11.7	12.7	13.7	14.9	16.2	17.6
94	11	11.8	12.8	13.8	15	16.3	17.8
94.5	11.1	11.9	12.9	13.9	15.1	16.5	17.9
95	11.1	12	13	14.1	15.3	16.6	18.1
95.5	11.2	12.1	13.1	14.2	15.4	16.7	18.3
96	11.3	12.2	13.2	14.3	15.5	16.9	18.4
96.5	11.4	12.3	13.3	14.4	15.7	17	18.6
97	11.5	12.4	13.4	14.6	15.8	17.2	18.8
97.5	11.6	12.5	13.6	14.7	15.9	17.4	18.9
98	11.7	12.6	13.7	14.8	16.1	17.5	19.1
98.5	11.8	12.8	13.8	14.9	16.2	17.7	19.3
99	11.9	12.9	13.9	15.1	16.4	17.9	19.5
99.5	12	13	14	15.2	16.5	18	19.7
100	12.1	13.1	14.2	15.4	16.7	18.2	19.9
100.5	12.2	13.2	14.3	15.5	16.9	18.4	20.1
101	12.3	13.3	14.4	15.6	17	18.5	20.3
101.5	12.4	13.4	14.5	15.8	17.2	18.7	20.5
102	12.5	13.6	14.7	15.9	17.3	18.9	20.7
102.5	12.6	13.7	14.8	16.1	17.5	19.1	20.9
103	12.8	13.8	14.9	16.2	17.7	19.3	21.1
103.5	12.9	13.9	15.1	16.4	17.8	19.5	21.3
104	13	14	15.2	16.5	18	19.7	21.6
104.5	13.1	14.2	15.4	16.7	18.2	19.9	21.8
105	13.2	14.3	15.5	16.8	18.4	20.1	22
105.5	13.3	14.4	15.6	17	18.5	20.3	22.2
106	13.4	14.5	15.8	17.2	18.7	20.5	22.5
106.5	13.5	14.7	15.9	17.3	18.9	20.7	22.7
107	13.7	14.8	16.1	17.5	19.1	20.9	22.9
107.5	13.8	14.9	16.2	17.7	19.3	21.1	23.2
108	13.9	15.1	16.4	17.8	19.5	21.3	23.4
108.5	14	15.2	16.5	18	19.7	21.5	23.7
109	14.1	15.3	16.7	18.2	19.8	21.8	23.9
109.5	14.3	15.5	16.8	18.3	20	22	24.2
110	14.4	15.6	17	18.5	20.2	22.2	24.4
110.5	14.5	15.8	17.1	18.7	20.4	22.4	24.7
111	14.6	15.9	17.3	18.9	20.7	22.7	25
111.5	14.8	16	17.5	19.1	20.9	22.9	25.2

298

身高 (cm)	Z评分						
	−3	−2	−1	0	1	2	3
112	14.9	16.2	17.6	19.2	21.1	23.1	25.5
112.5	15	16.3	17.8	19.4	21.3	23.4	25.8
113	15.2	16.5	18	19.6	21.5	23.6	26
113.5	15.3	16.6	18.1	19.8	21.7	23.9	26.3
114	15.4	16.8	18.3	20	21.9	24.1	26.6
114.5	15.6	16.9	18.5	20.2	22.1	24.4	26.9
115	15.7	17.1	18.6	20.4	22.4	24.6	27.2
115.5	15.8	17.2	18.8	20.6	22.6	24.9	27.5
116	16	17.4	19	20.8	22.8	25.1	27.8
116.5	16.1	17.5	19.2	21	23	25.4	28
117	16.2	17.7	19.3	21.2	23.3	25.6	28.3
117.5	16.4	17.9	19.5	21.4	23.5	25.9	28.6
118	16.5	18	19.7	21.6	23.7	26.1	28.9
118.5	16.7	18.2	19.9	21.8	23.9	26.4	29.2
119	16.8	18.3	20	22	24.1	26.6	29.5
119.5	16.9	18.5	20.2	22.2	24.4	26.9	29.8
120	17.1	18.6	20.4	22.4	24.6	27.2	30.1

说明：介于−1～+1之间为正常范围，表明儿童体型正常；介于+1～+2之间，可视为超重；介于+2～+3之间，可视为肥胖；≥+3可视为重度肥胖；介于−1～−2之间，可视为偏瘦；介于−2～−3之间，可视为消瘦；≤−3可视为重度消瘦。

不同年龄儿童矿物质推荐摄入量/适宜摄入量（RNI/AI）

人群	钙 (mg/d) RNI	磷 (mg/d) RNI	钾 (mg/d) AI	钠 (mg/d) AI	镁 (mg/d) RNI	氯 (mg/d) AI	铁 (mg/d) RNI	碘 (μg/d) RNI	锌 (mg/d) RNI	硒 (μg/d) RNI	铜 (mg/d) RNI	氟 (mg/d) AI	铬 (μg/d) AI	锰 (mg/d) AI	钼 (μg/d) RNI
0岁~	200 (AI)	100 (AI)	350	170	20 (AI)	260	0.3 (AI)	85 (AI)	2.0 (AI)	15 (AI)	0.3 (AI)	0.01	0.2	0.01	2 (AI)
0.5岁~	250 (AI)	180 (AI)	550	350	65 (AI)	550	10	115 (AI)	3.5	20 (AI)	0.3 (AI)	0.23	4.0	0.7	15 (AI)
1岁~	600	300	900	700	140	1100	9	90	4.0	25	0.3	0.6	15	1.5	40
4岁~	800	350	1200	900	160	1400	10	90	5.5	30	0.4	0.7	20	2.0	50
7岁~	1000	470	1500	1200	220	1900	13	90	7.0	40	0.5	1.0	25	3.0	65

（摘自中国营养学会编著《中国居民膳食营养素摄入量参考标准（2013年）》）

说明：
RNI：推荐摄入量
AI：适宜摄入量
RAE：视黄醇活性当量
α-TE：α-生育酚当量
DFE：膳食叶酸当量
NE：烟酸当量

不同年龄儿童维生素推荐摄入量／适宜摄入量（RNI／AI）

人群	维生素A (μgRAE/d) RNI	维生素D (μg/d) AI	维生素E (mg α-TE/d) AI	维生素K (μg/d) AI	维生素B₁ (mg/d) RNI	维生素B₂ (mg/d) RNI	维生素B₆ (mg/d) RNI	维生素B₁₂ (μg/d) RNI	泛酸 (mg/d) AI	叶酸 (mgDFE/d) RNI	烟酸 (mgNE/d) RNI	胆碱 (mg/d) AI	生物素 (μg/d) AI	维生素C (mg/d) RNI
0岁~	300 (AI)	10 (AI)	3	2	0.1 (AI)	0.4 (AI)	0.2 (AI)	0.3 (AI)	1.7	65 (AI)	2 (AI)	120	5	40 (AI)
0.5岁~	350 (AI)	10 (AI)	4	10	0.3 (AI)	0.5 (AI)	0.4 (AI)	0.6 (AI)	1.9	100 (AI)	3 (AI)	150	9	40 (AI)
1岁~	310	10	6	30	0.6	0.6	0.6	1.0	2.1	160	6	200	17	40
4岁~	360	10	7	40	0.8	0.7	0.7	1.2	2.5	190	8	250	20	50
7岁~	500	10	9	50	1.0	1.0	1.0	1.6	3.5	250	男11女10	300	25	65

（摘自中国营养学会编著《中国居民膳食营养素摄入量参考标准（2013年）》）

301

不同年龄儿童呼吸次数平均值

年龄	每分钟呼吸次数平均值（次）
新生儿	40～44
出生～1岁	30
1～3岁	24
4～7岁	22

（摘自《诸福棠实用儿科学（第8版）》）

不同年龄儿童心率次数平均值

年龄	最小～最大值（次/分）
出生	88～158
2天～	85～162
8天～	115～172
1个月～	111～167
4个月～	105～158
7个月～	109～154
1岁～	85～187
3岁～	75～133
4岁～	71～133
6岁～	68～125

（摘自《诸福棠实用儿科学（第8版）》）

说明：年龄越小，心率越快。发热时，体温升高1℃，心率可加速15～20次/分。精神紧张、哭闹或进行大体力活动时，心率可明显增加。因此，小儿心率测定最好在睡眠或安静时进行。

不同年龄儿童血压平均值

年龄	平均收缩压（mmHg）	平均舒张压（mmHg）
新生儿	80±16	46±16
6个月	89±19	60±10
1岁	96±30	66±25
2岁	99±25	64±25
3岁	100±25	67±23
4岁	99±20	65±20
5岁	94±14	55±9
6岁	100±15	56±8

（摘自《诸福棠实用儿科学（第8版）》）

说明：小儿年龄越小，血压越低。1岁以上小儿下肢血压比上肢血压高20～40mmHg，婴儿上肢血压略比下肢高。

全书操作视频索引

本书育儿视频由新浪育儿提供

图书在版编目（CIP）数据

张思莱科学育儿全典：图解珍藏版 / 张思莱著 . ——
北京：中国妇女出版社，2020.5
ISBN 978-7-5127-1775-6

Ⅰ . ①张… Ⅱ . ①张… Ⅲ . ①婴幼儿－哺育－基本知
识 Ⅳ . ① TS976.31

中国版本图书馆 CIP 数据核字（2019）第 242777 号

张思莱科学育儿全典（图解珍藏版）

作 者：张思莱 著
责任编辑：王 琳 耿 剑
装帧设计：季晨设计工作室
责任印制：王卫东
出版发行：中国妇女出版社
地 址：北京市东城区史家胡同甲 24 号 邮政编码：100010
电 话：（010）65133160（发行部） 65133161（邮购）
网 址：www.womenbooks.cn
法律顾问：北京市道可特律师事务所
经 销：各地新华书店
印 刷：北京通州皇家印刷厂
开 本：185×260 1/16
印 张：54.5
字 数：880 千字
版 次：2020 年 5 月第 1 版
印 次：2020 年 5 月第 1 次
书 号：ISBN 978-7-5127-1775-6
定 价：169.00 元（全四册）